刘东

（1955— ）

浙江大学敦和讲席教授、中西书院院长，曾先后任职于浙江大学、南京大学、中国社会科学院、北京大学和清华大学，并曾主持恢复了清华国学院。发表了《西方的丑学》《理论与心智》《道术与天下》《悲剧的文化解析》《思想的浮冰》《天边有一块乌云》《自由与传统》《引子与回旋》《前期与后期》《我们共通的理性》等三十余种著作或译作。主编了“海外中国研究丛书”“人文与社会译丛”等十几套学术丛书，并创办了长期由哈佛燕京学社赞助的《中国学术》杂志。

中西书院推荐读物

德教释疑

围绕《德育鉴》的解释与发挥

刘东 著

译林出版社

图书在版编目（CIP）数据

德教释疑 / 刘东著. —南京：译林出版社，2022.5
ISBN 978-7-5447-9089-5

Ⅰ. ①德…　Ⅱ. ①刘…　Ⅲ. ①道德修养－语录－中国－古代　Ⅳ. ①B825

中国版本图书馆 CIP 数据核字（2022）第 039766 号

德教释疑　刘　东 / 著

责任编辑　陆晨希
特约编辑　童可依
装帧设计　韦　枫
校　　对　戴小娥
责任印制　单　莉

出版发行　译林出版社
地　　址　南京市湖南路 1 号 A 楼
邮　　箱　yilin@yilin.com
网　　址　www.yilin.com
市场热线　025-86633278
排　　版　南京展望文化发展有限公司
印　　刷　南京新世纪联盟印务有限公司
开　　本　880毫米 × 1230毫米　1/32
印　　张　15.5
插　　页　4
版　　次　2022 年 5 月第 1 版
印　　次　2022 年 5 月第 1 次印刷
书　　号　ISBN 978-7-5447-9089-5
定　　价　89.00 元

目　录

小 引

大约是在去年年底，我刚调来浙江大学不久，译林出版社的负责人就造访杭州，跟我商讨下一步的合作。考虑到正要为筹办中的中西书院准备通识教育的教材，我就顺口推荐了《德育鉴》。

其实在多年以前，我便已经在清华大学国学研究院里，从梁启超文集中发现它，为它写了篇新版的导言，推荐给了北京大学出版社，作为院里指定的“德育教材”。然而这一次，译林出版社的编辑读罢还不解渴，又希望我接着再为该书的各章，分别写出它们的“题解”来，以帮助读者们更好地掌握。

于是，我又从头把它重读了一过。梁启超当年选编的这本书，原有一篇例言和六章正文，加起来总共有七个部分。那么这样一来，我也就打算为它的每个部分，都分别写出两篇“题解”来，所以随手就写下了十四章的提纲，而随即便埋头一口气写了下去。

不过，尽管提纲还是这个提纲，可写着写着，却发现情况并不如此简单。虽然说，那都是些考虑已久的问题，可等到真要把它们给铺陈开来了，却发现远比预想的要费力气。——由于我在这里要讲述的，都不是学术界的现成结论，那就需要像写“论文”那样，去引证、去立论、去驳议，所以等杀青以后再来点算，这些“题解”本身竟已相当不薄了。

这就不免让人有些挠头了。如果把这次写成的文字，孤立地拆分成十四个单元，再塞到只有几万字的《德育鉴》里，那就显得太过“喧宾夺主”了，会比原书整整多出三四倍来。由此看来，也就只好让它独立出来，另作一本专门的著作了。——不知这算不算得“好事”，反正我近来总是这样，一不小心就脱离了原定计划，顺手写出一本“意外”的书。

不过转念想想，也许这样反而更好。将来我们在中西书院里，也就有了两种“通识教材”，一本可以当作初始教本，另一本则可以当作参考读物。也就是说，可以安排同学们先阅读《德育鉴》，然后再来读这本《德教释疑》，乃至于，他们还可又回过头来，再从头温习一遍《德育鉴》。

本书既然取名为《德教释疑》，自是要围绕着儒家的“德教”，去解开一些缠绕着的“疑团”。不过又应该声明，书中进行的这些“释疑”，却首先是冲着我本人的。也就是说，心头确实有很多的“疑难”，当初在读书时就已经“起疑”，而再查询固有的注疏，也还是感到同样“可疑”，可充其量也只写了点批注。——那么这一次正好，就干脆抖擞起精神来，分别对之进行清洗和剥离了。

当然同时也可以说，这些“释疑”也是写给读者们的，说不定自己的这番努力，也能帮他们解开某些“疑团”。毕竟，充满了腐恶的当今学术界，已经太惯于陈陈相因、以讹传讹了，由此造成了太多的“云山雾罩”，使得孔子思想中的很多精义，都跟人们长久地隔膜了，使之就算想要找回“文化自信”，也并不知那“文化”意味着什么。

具体而言，如果我在《天边有一块乌云》中，已经从比较哲学的宏观角度率先提出了，先秦的儒学思想，既不是“伦理本位”，也不是“天人合一”，又不是“儒道互补”，更不是“内在超越”；那么，眼下也正好循着这种“范式更新”，来从头梳理儒学的思想体系，从而对由此产生的一系列问题，都基于自己提出的那四个要点，去进行势在必行的洗牌与重组。

正因为由此带来的难度，我在前边已经讲到了，居然是写着写着，就被迫改变了写作风格。毕竟很多关键性的话题，都是在这里头一次提出的，容不得只以教科书式的笔法，一带而过地进行轻巧的处理。——当然了，即使如此也还是要坦承：由于本书中一再碰触到的，都是极为吃重的学术话题，而且笔者也总是自出机杼，所以，或许光靠本书中的文字，仍可能论证得不够充分。

也正因为这样，即使还在撰写这篇短序，自己的心思却已跳入另一本书了，而如果没什么心血来潮的改动，它的标题将会是《孔子十章》，也就是说，还是要去阐发相关的话题。——求学的生涯坚持到了现在，之所以一直都让我兴趣盎然，恰是因为自己的动笔写作，正好比带一点风险的“征服”；所以，只有闯入尚且有些生疏的领地，从“已知”向着“未知”发出挑战，才会诱发自己内在的写作冲动。

而沿着连绵不绝的运思，自己的写作也是越到了晚期，就越表现出一种“自我互文性”来，或者用晚近另一本书的标题来说，这些文字总是在演奏着“引子与回旋”。——在这个意义上，就像马上要交出的这本书，是在延伸着以往著作中的思路，今后还会接续写出的著作，也将会勾连从这里发出的思绪，而构成彼此连接的“网状结构”。

但不知，这样的著作究竟还有多少。虽则说，这次颇费力气地移家杭州，在我就好比是在围棋盘上，又朝“天元”方向延了几口气，所以也肯定为今后十几年的工作，带来了很多亟欲写出的腹稿；只是，且不说终究能否“天假以年”了，就连头脑中能否总这样充满灵感，也只能是谋事在人、成事在天的。——也正因为这样，我此生都从未像现在这样，简直是以极度的“敬畏”态度，来照看身体的营卫、休整与锻炼。

当然也是希望，终究能等到这么一天，靠着这种辛勤的考掘与发挥，而使自己平生钟爱的儒家思想，得以还复它在先秦的本来面目，从而不仅更易为国内读者所接受，也足以再无愧色地拿到国际上去，——而不是像现在这副模样，只表现为一种退化了的折中主义形态，且幽闭在“国家一级学科”的保护伞下，甘于总是这般自说自话、自生自灭。

无论如何，眼下我已算是落笔够快的了，所以只需请读者们稍微等等，很快就会在另一本书中见面的！

刘 东

2021 年 8 月 12 日

于浙江大学中西书院

题解一（序 言）
为什么要返求旧道德？

一开始就提出这个问题，等于是一上来就要来追问：梁启超当年为什么要编选这本书？

这无疑意味着，就在1905年的前后，他的立场又发生了陡然的转变。有学者详细地统计过，在仅有五十多年的生涯中，梁启超的立场即有“十变”。这曾引起过外间广泛的物议：“因为梁启超的‘流质易变’，当时便遭对立方面和自己营垒的种种非议。孙中山痛斥其‘忽言革命，忽言破坏’，‘一人而持二说，首鼠两端’。章太炎指责他‘始言革命，终言立宪，浮夸转变’。《民报》载文骂他是‘蝙蝠名士’‘反复小人’。严复批评他屡易宗旨，种祸无穷，是亡清二百六十年社稷的罪人。曾经热烈赞扬梁启超的黄遵宪，隔了两年也责怪他‘言屡易端，难于见信’。康有为则十分恼火地批评他‘流质易变’。”[1]而他当年的学生郑振铎，也曾

1 李华兴：《从梁启超的“自我交战”到学术界的各种争论》，《中国近代思想史》，杭州：浙江人民出版社，1988年，第212页。

经未置可否地对此总结道："任公最为人所恭维的——或者可以说，最为人所诟病的——一点是'善变'。无论在学问上，在政治活动上，在文学的作风上都是如此。"[1]

可无论如何，我们又必须同情地理解，这种"善变"却未必就是缺点，相反倒可能是梁启超主动追求的。——他在早岁就已自觉到了这一点："《语》曰：君子之过也，如日月之食焉，人皆见之；及其更也，人皆仰之。大丈夫行事磊磊落落，行吾心之所志，必求至而后已焉。若夫其方法随时与境而变，又随吾脑识之发达而变，百变不离其宗。"[2]而到了梁启超生命的后期，他更在对比中做出了这样的总结："启超与康有为有最相反之一点，有为太有成见，启超太无成见。其应事也有然，去治学也亦有然。有为常言：'吾学三十岁已成，此后不复有进，亦不必求进。'启超不然，常自觉其学未成，且忧其不成，数十年日在旁皇求索中。故有为之学，在今日可以论定；启超之学，则未能论定。"[3]

正因为这样，针对梁启超终其一生的追求，我们就不能只盯住他的这种"善变"，或者说是"太无成见"，还应当更深一层

1 郑振铎：《梁任公先生》，载夏晓虹辑：《追忆梁启超》（增订本），北京：三联书店，2009年，第73页。

2 梁启超：《自由书·善变之豪杰》，《梁启超全集》，第二集，北京：中国人民大学出版社，2018年，第74页。

3 梁启超：《清代学术概论》，上海：上海古籍出版社，1998年，第89—90页。

地去考察：在那些富于戏剧性的转变中，他的思想是不是越变越丰富了，他的立场是不是越变越稳固了，他的环顾是不是越来越周全了，他的见识是不是越来越可靠了？——而一旦提出了这样的问题，当然也就需要先来回顾一下，弄清他在转变前的思想和立场。

这就要先来回顾梁启超的“新民说”了。——想当年，为了拯救“积贫积弱”的中国，他曾率先提倡过“道德革命”，其逻辑可以简明地总结为：想要“新国家”就先要打造“新国民”，而想要“新国民”就先要倡导“新道德”：“国也者，积民而成。国之有民，犹身之有四肢、五脏、筋脉、血轮也。未有四肢已断，五脏已瘵，筋脉已伤，血轮已涸，而身犹能存者；则亦未有其民愚陋、怯弱、涣散、混浊，而国犹能立者。故欲其身之长生久视，则摄生之术不可不明；欲其国之安富尊荣，则新民之道不可不讲。”[1]

这样一来，他就此所提出的“道德革命”，也就不言而喻地要求着他，必须对传统的“旧道德”大加讨伐，而这样的批判，还必须尽可能地全面开花，不留死角。正是出于这样的心结，尽管他在《新民说》的前几节中也曾说过，“新民云者，非欲吾民

1 梁启超：《新民说 · 绪论》，《梁启超全集》，第二集，北京：中国人民大学出版社，2018 年，第 528 页。

尽弃其旧以从人也。新之义有二：一曰，淬厉其所本有而新之；二曰，采补其所本无而新之”；[1] 可在细思之下，正如一位当代学者就此所总结的，他当年发出的批判却谈不上“平心之论”——“西人说中国‘野蛮’，梁启超持之以为绳尺，作《中国积弱溯源论》，从历史的中国里搜寻爬梳，翻出‘奴性’‘愚昧’‘为我’‘好伪’‘怯懦’‘无动’等切割支离之词，用来说当时中国的‘病源’。论其字义，这些词汇虽各示诋抑，而相互之间其实并无一定的联结。以数千年中国的漫长和复杂作对照，它们被梁启超大而化之地编连为一体，显然并不全是出自中国历史本身和真能统括中国历史全体。但从二十世纪初年的思想背景求因果，则梁启超之所以选定这些词汇，正在于由此编成的大而化之鲜明触目，能够一一对应地描绘出时人心目中西方文明的反面，以此为‘野蛮’作佐证。然而历史的中国既可以操弄，真实的中国也因此而成了一种越来越远的东西了。”[2]

所幸的是，这位学者跟着又追加了一句：“梁启超是一个善于自我纠错的人，所以后来半途知返，并力为阐扬中国历史中的光明一面。”[3] 而这就要归结到我们刚刚讲过的，他的那种不惮

1 梁启超：《新民说 · 释新民之义》，《梁启超全集》，第二集，北京：中国人民大学出版社，2018年，第533页。

2 杨国强：《清学和近代中国思想走向中的偏失》，《文汇报》，2015年3月20日。

3 同上。

“流质易变”、绝不固执己见的突出个性了。无论如何，如果后来承袭了梁启超思路的鲁迅，也同样曾经相当片面地，把“国民性”给归结成了“国民劣根性”，那么我们从学理的深层，也不难去反驳这类的“呵佛骂祖”之论，指出其在思想方法上的“以偏概全”。比如，虽说已不能“起鲁迅而问之”了，我却常爱引用他的下述说法，来对照他那些招牌式的极尽挖苦：这也同样算是中国人的“国民性”吗？而这样的“国民性”也同样需要改造吗？——“我们从古以来，就有埋头苦干的人，有拼命硬干的人，有为民请命的人，有舍身求法的人，……虽是等于为帝王将相作家谱的所谓‘正史’，也往往掩不住他们的光耀，这就是中国的脊梁。”[1]

再回到当年的历史关头，我们又应设身处地地体察到，梁启超这种“善变”的个性，还曾遇到过一个关键性的触媒，那就是1903年的那趟美洲之行，他从中得到了始料未及的惨痛教训，由此才从“新派人士”的行为做派中，幡然醒悟到了“旧道德”仍属不可少离的。这一点，正如他的《年谱长编》所描述的：“先生从美洲归来后，言论大变，从前所深信的‘破坏主义’和‘革命排满’的主张，至是完全放弃，这是先生政治思想的一大转

1　鲁迅：《中国人失掉自信力了吗》，《且介亭杂文》，北京：人民文学出版社，1976年，第141页。

变，以后几年内的言论和主张，完全站在这个基础上立论。这便是先生考察日多，见闻益广，历练愈深的结果。”[1] 也正因为这样，一旦我们再从《德育鉴》的正文中，读到宋代大儒吕祖谦的下述语录：“处大事者，必至公血诚相期，乃能有济。若不能察人之情而轻受事任，或虽知其非诚，而将就借以集事，到得结局，其敝不可胜言。”[2] 紧接着，我们也便会读到梁启超就此写下的、充满了激愤之情的案语：“近今新党共事多不能久者，蔽率坐是。”[3]

此外，我们还可从梁启超写于1905年的下述文字中，从他的具体观察中，了解到“新派人士”当年如此戏剧性的、令人扼腕的蜕变：“在数年前，自命为爱国志士，同人亦公认其为爱国志士，而今也，或以五六七品之头衔、百数十金之薪俸，而委蛇以变其节也；或征歌选色于都会，武断盗名于家乡，而堕落不可复问也，则必指名戟手而唾之曰：‘某也某也，其平昔所谈爱国皆伪也！’设其时，有旁人语我曰‘数年以后，恐足下其亦如彼’，则我必艴然怒也。庸讵知彼辈自始固非尽出于伪，如吾所谓自暴自弃、甘心为小人也。”[4] 这帮人，简直是一摸脸就把面

1　丁文江、赵丰田（编）:《梁任公先生年谱长编（初稿）》，北京：中华书局，2010年，第171页。

2　梁启超:《德育鉴·应用第六》，南京：译林出版社，2022年，第169—170页。

3　同上书，第170页。

4　梁启超:《德育鉴·辨术第一》，南京：译林出版社，2022年，第10页。

具给换了，不禁让人想起庄子的“梦蝶”之疑，弄不清他们究竟是“退化”到了这般地步，还是这才“还复”到自己的本然面目。

看到这里，一般人或许只会想当然地觉得那不过是“热情消退”罢了。然而，梁启超却要从中再深究一步，直接追究到人们的“道德心”本身。针对这一点，又有一位当代学者曾在《中国学术》杂志上，比对着章太炎和梁启超不约而同的体验——尽管这两人隶属于壁垒分明的不同阵营——总结出了他们当年所共同遭遇到的“道德两难”：“要之，以掀翻既有秩序和既有道德为目标的革命，即所谓道德革命已必然包含其中的革命，却必须以道德行之，这就是革命与道德之间的两难。”[1] 而我作为这本杂志的主编，也曾在《卷首语》中就此做出过归纳：“本文通过细致的辨析，认为任公有关‘道德革命’的言论，与太炎关于‘革命道德’的论说，存在着对应性的潜在关联。这中间，既有因据于不同阵营而相互攻驳的内容，也有因学术意见相异而做出的对立回应，甚而，更有因思路相似而殊途同归的结论。由此，也就反映出上世纪初的中国新知识界，都看出了在‘革命与道德’间的两难，即以掀翻既有秩序和既定道德为目标的革命，却又必须以道

1 张勇：《“道德”与“革命”——〈新民丛报〉与〈民报〉时期梁任公与章太炎的“道德”交涉》，《中国学术》第三十三辑，北京：商务印书馆，2013 年，第 146 页。

德之心来施行之，否则就可能‘播下龙种，收获跳蚤’。”[1]

如果再往自己身边打量，我们又不难发现前述“两难”，居然还在被原封不动地复制着，由此便可知灾难深重的人类历史，从来都是“福无双至、祸不单行”的。一方面，过去几十年所宣扬的“破旧立新”，显然是提出了更高的“道德标准”，而传统的价值也便随之被弃如敝屣。可另一方面，又正因太过执迷“破字当头，立也就在其中了”，反而导致人心更加撕裂、更加败坏，往往像是回到了霍布斯的“丛林时代”。也是唯其如此，我们才能设身处地地体谅到，梁启超在呼唤过“新道德”之后，何以又回到了《德育鉴》的编选中，而情不自禁地呼唤起“旧道德”来。正是在编纂于 1905 年的这本书中，他对照着提倡“致良知”的阳明学，以及王学后人对其先师的追忆，愤然发出了“今不如古”的慨叹：“我辈生后先生数百年，中间复经贱儒伪学，盗憎主人，摧锄道脉，不遗余力。微言大义，流风余韵，澌灭以尽，人欲横流，举国禽兽。而近者复有翻译泰西首尾不完、字句不明之学说输入，学者益得假以自文，欲举我神明千圣之学，一旦而摧弃之，而更何有于先生？”[2]——而意味深长、发人深省的是，甚至就连这一点也同样是“无独有偶”的，因为它也很像当今兴

1　刘东：《卷首语》，《中国学术》第三十三辑，北京：商务印书馆，2013 年，第 3 页。

2　梁启超：《德育鉴·知本第三》，南京：译林出版社，2022 年，第 52—53 页。

起的“国学热”，正如我曾在一篇访谈中对此分析的：

> 正由于本土历史的应有连续性，被来自西方的剧烈冲击给阻断了，而原有的那个文化共同体，也在外来的碾轧下失序了，这才使得人们蓦然回首，发现自己正受到“传统丧失”的报复。在这个意义上，事实上这一次的国学热，还真不是自上而下形成的，倒是老人们听《百家讲坛》听出来的，属于“礼失求诸野”式的自我修复。在我看来，这一点具有很大的启示意义，它在一个礼崩乐坏的紧要关头，再一次胜于雄辩地证明了，对于规范中国民众的道德而言，正因为他们是没有宗教概念的，所以中国文化的固有价值，乃至于它的那种言说方式，都不光仍然是最有活力的，而且可能是最有效验的。[1]

1 刘东：《传统的毁弃与更生：关于当代文化问题的对话》，《国学的当代性》，北京：中华书局，2019 年，第 309 页。

题解二（序 言）

有无公德与私德之分?

值得关注的是，由于《新民说》是断断续续地写成的，而随即也就在报刊上断断续续地发表出来，所以，随着梁启超关注焦点的转移，他也便在全书中留下了明显的文本裂痕。

如果说，在写于1900年的《中国积弱溯源论》中，梁启超曾列举过“国民劣根性”的六大要点，即一曰奴性，二曰愚昧，三曰为我，四曰好伪，五曰怯懦，六曰无动，而在写于1902年的《论中国国民之品格》中，他又曾列举过国民性格的四大缺陷，即所谓爱国心之薄弱、独立性之柔脆、公共心之缺乏、自治力之欠阙，那么，这原本也正是他发笔于1902年的《新民说》的主题。而站在这样的立场上，梁启超当年对于“国民病根”的主要诊断，也就奠立在“公德心”的普遍缺乏上：“我国民所最缺者，公德其一端也……吾中国道德之发达，不可谓不早，虽然，偏于私德，而公德殆阙如。试观《论语》《孟子》诸书，吾国民之木铎，而道德所从出者也。其中所教，私德居十之九，而公德不及其一焉。”[1] 事实上，尽管他也曾一带而过地写道，“私德、公德，本并行不悖者也”，[2] 却紧跟着就又补写了一句，“然提倡之者即有所偏，其末流或遂至相妨”。[3]——既然如此，梁启超也就借着“道德进化论”的逻辑，既把“旧道德”大体上视同于“私德”，也把“新道德”大体上视同于“公德”；进而，他更把获得了这种“公德”的国民，直接等同于“新国家”所急需的“新民”：

> 德也者，非一成而不变者也，非数千年前之古人所能立一定格式以范围天下万世者也。然则吾辈生于此群，生于此群之今日，宜纵观宇内之大势，静察吾族之所宜，而发明一种新道德，以求所以固吾群、善吾群、进吾群之道，未可以前王先哲所罕言者，遂以自画而不敢进也。知有公德，而新道德出焉矣！而新民出焉矣！[4]

然而，正由于1903年的那趟美洲之行，使他幡然醒悟到了

---

1 梁启超：《新民说·论公德》，《梁启超全集》，第二集，北京：中国人民大学出版社，2018年，第539页。

2 同上书，第540页。

3 同上。

4 梁启超：《新民说·论公德》，《梁启超全集》，第二集，北京：中国人民大学出版社，2018年，第541—542页。

“旧道德”的重要性，梁启超又在《新民说》第十八节，也就是这本书的倒数第三节，转而把“私德”当成了论述的主题，而这不啻暗中否定了前文的内容。耐人寻味的是，虽然出自对于通篇文脉的照顾，他也在此节开头处虚晃一笔，“吾自去年著《新民说》，其胸中所怀抱欲发表者，条目不下数十，而以《公德》篇托始焉。论德而别举其公焉者，非谓私德之可以已”，[1] 似乎原就对整个布局了然于心；然而，一旦我们接着再往下，却不难发现其中的关注焦点，乃至论述重心，都已是暗自地颠倒了过来：“公云私云，不过假立之一名词，以为体验践履之法门。就泛义言之，则德一而已，无所谓公私；就析义言之，则容有私德醇美，而公德尚多未完者，断无私德浊下，而公德可以袭取者。孟子曰：古之人所以大过人者无他焉，善推其所为而已矣。公德者，私德之推也。知私德而不知公德，所缺者只在一推；蔑私德而谬托公德，则并所以推之具而不存也。”[2] 正因为这样，如果他在此前的大部分行文中，都是把作为“新道德”的“公德”，当成了“救国救民”的不二法门，那么，到了这本书的最后几节，他却转而把作为“私德”的“旧道德”，当成了“救人救己”的关

1　梁启超：《新民说·论私德》，《梁启超全集》，第二集，北京：中国人民大学出版社，2018 年，第 633 页。

2　同上书，第 634 页。

键所在："若是乎今之学者日言公德，而公德之效弗睹者，亦曰国民之私德，有大缺点云尔。是故欲铸国民，必以培养个人之私德为第一义；欲从事于铸国民者，必以自培养其个人之私德为第一义。"[1]

不在话下，也正是出于这种戏剧性的转变，此后才有了《德育鉴》一书的编选，因为至少在后来的这本书中，梁启超对道德本心的叩问与修持，如果按照他本人早先的划分，就主要应当属于"私德"的领域了。不过，我们又应当敏锐地观察到，实则早在《新民说》的最后几节，他对于中国"病症"的暗中"诊断"，就已然从国人向来都"缺乏公德"，转向了国人主要是"丧失私德"。这样一来，从他暗中秉持的推演逻辑而言，他也已不再把所谓"公德"与"私德"，分别视作"新道德"与"旧道德"的代称了。在这个意义上，尽管人们一向把《欧游心影录》的写作，看成是梁启超回归中国价值的界碑，可我们在这里却不难发现，其实他的这种转向要发生得更早。

值得分析的是，尽管他的立场是游移不定乃至前后矛盾的，然而，正是缘自《新民说》中的这种划分，梁启超也就在中国现代思想史中，不经意地挑出了一个聚讼纷纭的话题，也即到底有

1 梁启超：《新民说 · 论私德》，《梁启超全集》，第二集，北京：中国人民大学出版社，2018 年，第 633 页。

没有“公德与私德之分”？而针对诸如此类的此后发挥，如果可以像孔子所提倡的，去“当仁不让于师”的话，那么，我首先需要就此挑明的是，尽管李泽厚老师也曾把他的“两德说”，追溯到了梁启超的早前说法，可他们的意念和主旨却大不相同。——更具体地说，如果梁启超当年又转而强调“私德”，是他在文明对话的价值选择中，向着中国传统的痛切而勇敢的回归，那么，李泽厚后来所主的“两种道德说”，则明显是把西方伦理推许成了“公德”，而把中国价值贬斥或缩小成了“私德”，从而越发显出面对强势西方的大幅退让。

正因为这样，当有记者拿着这样的观点，即“儒学在当代主要属于私德”，来征求我本人对此有什么看法时，我当然也首先肯定了它的“用心”：“我们当然也可以用心去体贴，这样一种非常特别的界定方式，在‘西方化’跟‘全球化’搅到一起的时代，也未始不是出于一片难言的苦心，想要从儒学的残损废墟中，至少再挽救出某种合理的东西，哪怕会由此而遭到文化激进主义的批评。还有，这样的一种界定方式，也很符合李老师的某个主张，即他常常提到却从未讲清楚的‘西体中用’。此外，这个主张还使我们想起，它很像罗尔斯的那本《政治自由主义》，认为在当今的多元化世界上，只要先在公共领域划定了自由主义秩序，那么在私底下，也就可以放过文化多元主义一马了。”[1]

不过，鉴于道德本身就是属于“公共性”的，而伦理本身就是属于“主体间”的，更不要说，孔子当年所主导的“仁学”转向，原本更属于“从人从二”的，我紧接着又针锋相对地提出，如果不是从“西体中用”的外部视角，而是从“中体西用”的内部视角，来重估儒学价值的当代意义，那么，就不能只将其理解为某种“私德”。——“比如我刚才提到的、符合儒学气节的‘独立之精神、自由之思想’，难道这样的思想也只具有私下的意义吗？难道它不该在校园里蕴成公共风气吗？再说，当古代中国发明出在那个时代最能向上流动的科举制时，难道不正是践行着‘人皆可以为尧舜’的儒家思想吗？还有，当黄宗羲讲出‘岂天地之大，于兆人万姓之中，独私其一人一姓乎？’的时候，难道不正是遵循着‘泛爱众生’的儒家学理吗？由此我们也就可以发现，这种‘儒学私德论’的最大弱点，还在于仅仅肯定了西学的普世价值，只愿意通过西方文明来为全人类立法，而看不到在本土传统的精神资源中，也同样埋藏着对于制度文化进行建构的积极潜能。”[2]

出于上述学理考虑，我不得不跟着又指出，一旦循着李泽厚

1 刘东：《激活本土文化的思想资源》，《国学的当代性》，北京：中华书局，2019 年，第 168 页。

2 同上书，第 168—169 页。

的那种理解，只把儒学看成退回内心的“私德”，那么，它在当今世界的文明对话中，也就彻底失去了“文化的动能”——“把‘私’和‘德’连缀起来，恐怕正好比在说‘方的圆’，在逻辑上是讲不通的。无论如何，道德总是用来调整人际关系的，而一旦将其压抑到私下的领域，它本身也就没有多少存在的必要了。由此可见，沿着‘西体中用论’讲出的‘儒学私德论’，还是忽略了本土文化的主体性，看不到它还能有更多的积极意义。一个人即使熟读中国经典，但如果常年居住在域外的环境，总是被西方的社会圈子所包围，而那种社会关系又不需要儒学的调整，久而久之，他就难免觉得那信条只印在书本上，所以也只能把它打发到私下去。不过，如果转而看看鲜活的本土语境，得出的判断就会大不一样了。”[1]

一旦再回到本文的语境，我们还应进而敏锐地觉察，就算是沿袭了梁启超的说法，李泽厚也并未承继过他的用意。事实上，尽管《新民说》的论说重心，在末节从“公德”转向了“私德”，可梁启超的用意却显然在于，既然后者构成了前者的出发点，那就只有从内心先找回“私德”，才能顺势打造出健全的公共领域，以最终完成“救国救民”的大业。也正是沿着这样的逻

1　刘东：《激活本土文化的思想资源》，《国学的当代性》，北京：中华书局，2019 年，第 170 页。

辑，他才在书中又提出了这样的忠告，休要以为转而提倡“私德”，不过是隔靴搔痒的迂阔之论：“读者其毋曰：今日救国之不暇，而哓哓然谈性说理，何为也？诸君而非自认救国之责任也，则四万万人之腐败，固已久矣，而岂争区区少数之诸君。惟中国前途，悬于诸君，故诸君之重视道德与蔑视道德，乃国之存亡所由系也。”[1]——由此可见，如果梁启超所讲的“公德”与“私德”，在他那里仍自是“合二而一”的，或融为一体的，那么李泽厚所讲的“公德”与“私德”，到他那里却已是“一分为二”的，或彼此撕裂的了。

因此，正是沿着梁启超的心向所指，对于他所率先提出的“私德”之说，我们反而更需要小心地予以澄清。无论如何，由孔子在“轴心时代”所提出的这种基于人类本身的文明价值，绝不应当在当今的文化冲突中，仅仅龟缩到狭小的私人领域去，从而无奈地遁入空门和化为乌有。正相反，恰如我在上述访谈中所提出的，“由儒学所代表的价值尺度，当然应该积极介入到社会建构中，促请大家打从现代社会的根基处，去反思在人与人、人与自然方面的失衡关系。在这个意义上，儒家思想是同样具有批判力度的，它完全可以从自身的价值关切出发，建立起具有儒学

1 梁启超：《新民说 · 论私德》，《梁启超全集》，第二集，北京：中国人民大学出版社，2018 年，第 644 页。

风格的文化研究学派，去对许多社会现象进行尖锐的批判。如果到了这样的大环境下，再来面对‘儒家何为’或‘儒者何为’的问题，还去一味地强调儒学只是私德，那就会陷入类似‘消极自由’那样的怪圈：只让个人去想着怎样独善其身，而不把价值关切带到公共领域中；可反过来，由于公共领域的狭小和塌缩，所有的私人都势必受到挤压，所以，单个的个人越是只想去独善其身，他的‘此身’就越不能得到保全。”[1]

再回到梁启超本人那里，作为一位顺利考取过功名、谙熟儒家经典的书生，他本人也肯定不会不知道，只要回归中国文明的自身语境，儒学价值就从来不只是“私人性”的。——比如，正是基于特重家庭文化的观念，尤其是它对仁爱之心的蒙养，孔子才会针对具体的法规条文，力排众议地指出了“父为子隐，子为父隐，直在其中矣”；[2]也正是基于特重礼乐文化的观念，更愿意以道德的规范来导引自觉的文明，孔子才会针对惩罚性的总体法制，富于爱心地提出了“道之以德，齐之以礼，有耻且格”。[3]再如，正是基于有关“仁政”或“王道”的主张，希望把政治奠立在德性之上，以尽量驯化其内生的野性与暴力，孔子才会讲出

1　刘东：《激活本土文化的思想资源》，《国学的当代性》，北京：中华书局，2019年，第170页。
2 《论语·子路》，《十三经注疏》，北京：中华书局，2009年，第5448页。
3 《论语·为政》，《十三经注疏》，北京：中华书局，2009年，第5346页。

“政者，正也。子帅以正，孰敢不正？”[1]也正是为了强调“圣王之德”的理想，以建立真正受到拥戴的“德政”，孔子才会对执政者大讲“子欲善而民善矣。君子之德风，小人之德草”，[2]要不就是“百姓足，君孰与不足？百姓不足，君孰与足？”[3]——事实上，正如任何的西方政治哲学著作，最终都会归于道德哲学的高度一样，自幼就熟读《论》《孟》的梁启超，只要在心中稍许地过一遍，就自会想起孔子所讲的“《书》云：‘孝乎惟孝，友于兄弟，施于有政。’是亦为政，奚其为为政”，[4]也就绝不会怀疑儒家伦理的公共性。

所以说到这里，就不妨索性帮他整理一下思路。有意思的是，只需借助于梁启超自己的行文，我们便足以恍然大悟，即使从他本有的逻辑出发，所谓“公德”“私德”之分也不能成立。比如，我们已经在前文中引证过，“公德者，私德之推也。知私德而不知公德，所缺者只在一推；蔑私德而谬托公德，则并所以推之具而不存也”。[5]再如，他后来又在《德育鉴》里写到过，“若夫本原之地，则放诸四海而皆准，俟诸百世而不惑，孔子所谓

1 《论语·颜渊》，《十三经注疏》，北京：中华书局，2009 年，第 5439 页。

2 同上。

3 《论语·颜渊》，《十三经注疏》，北京：中华书局，2009 年，第 5437 页。

4 《论语·为政》，《十三经注疏》，北京：中华书局，2009 年，第 5349 页。

5 梁启超：《新民说·论私德》，《梁启超全集》，第二集，北京：中国人民大学出版社，2018 年，第 634 页，着重号为引者所加。

一以贯之矣。故所钞录学说，惟在治心治身之要。若夫节目事变，则胪举难殚。恃原以往，应之自有余裕耳”。[1]——无论如何，即使还在沿用“公德”“私德”之名，可这些来自文脉惯性的分别，在他那里也只属于有限的和相对的，毋宁说前者只是后者的应用，或者说，它们无非是一个在讲“道德本原”，另一个在讲“伦理应用”罢了。

这也就意味着，对于道德本身的“变与不变”，梁启超的看法也发生了根本的改变。比如，我们在前文中已引用过了，他在《新民说》之初是这么讲的，“德也者，非一成而不变者也，非数千年前之古人所能立一定格式以范围天下万世者也”。[2]然而，到了《德育鉴》的一开头，尽管也提及了取道东洋的西学，从而也聊备了“与时俱进”之一格，然而他此番论述的重心所在，却无疑落在了道德的“无条件”，或曰道德的“东海西海，心理攸同”上：“《记》有之，有‘可得与民变革者’，有‘不可得与民变革者’。窃以为道德者，不可得变革者也。近世进化论发明，学者推而致诸各种学术，因谓即道德亦不能独违此公例。日本加藤弘之有《道德法律进化之理》一书，即此种论据之崖略也。徐考所

1 梁启超：《德育鉴·例言》，南京：译林出版社，2022 年，第 2 页，着重号为引者所加。

2 梁启超：《新民说·论公德》，《梁启超全集》，第二集，北京：中国人民大学出版社，2018 年，第 541—542 页。

言，则仅属于伦理之范围，不能属于道德之范围（道德之范围，视伦理较广。道德可以包伦理，伦理不能尽道德），藉曰道德，则亦道德之条件，而非道德之根本也。若夫道德之根本，则无古无今、无中无外而无不同。”[1]

即便如此，正如我开宗明义地澄清了的，我们不能只因梁启超的“流质易变”，就去指责他的“前后不一”。事实上，人生过程本来就是用来“求道”的，而人们在“闻道”方面又总是有“先后”的，所以，我们不应非要苛求什么人，从开始就必须一把抓住真理，而问题只在于能否如孔子所言，既能够“困而学之”，又能够“学而知之”，从而不断地有所进取。正是在这个意义上，透过《新民说》的末节和《德育鉴》的例言，我们可以为之庆幸地看到，梁启超终究是把视角越拓越宽了，把问题越看越清了，而且把态度也越摆越中正了。就此而言，我们与其说他到了这里，是在呼吁返求各自的“私德”，倒不如说他到了这里，是在呼吁返求道德的“本心”，或者说，他是借着“私德”这样的名义，去探讨亘古不变的“元伦理学”，寄望于在故有“美德”的基础上，去建立融会了中西之长的、足以长治久安的善好社会。——也正因为这样，他才会在《德育鉴》例言中又接着写道：

1　梁启超：《德育鉴·例言》，南京：译林出版社，2022 年，第 1—2 页。

吾尝闻之子王子之言矣，曰："良知之于节目事变，犹规矩尺度之于方圆长短也。节目事变之不可预定，犹方圆长短之不可胜穷也。故规矩诚立，则不可欺以方圆。而天下之方圆，不可胜用矣。尺度诚陈，则不可欺以长短，而天下之长短不可胜用矣！良知诚致，则不可欺以节目事变，而天下之节目事变不可胜应矣！"[1]

1 梁启超：《德育鉴·例言》，南京：译林出版社，2022 年，第 2 页。

题解三（辨术第一）

儒家德教有何重要性？

从前文的话题引申而来，到这里就有必要接着探讨：为什么故有的传统美德，对于梁启超来说如此重要？

不过，如果想从根上弄清这一点，那么按照我本人的理解，却需要先从思想上绕个弯子，不是先去宣讲道德的信条，而是先来澄清认识的能力。——这是因为，正如我在别的著作中已经挑明的，至少从孔子本人的角度来看，或者至少从先秦儒学的立场来看，“其实跟俗常的理解正好相反，倒是禀有那类立场的西方思想家，说到底才属于所谓‘伦理本位’的，而不懈坚持‘知之为知之’的儒家，相形之下毋宁是‘认识本位’的，即使它也明确地意识到了，这样做需要非凡的勇气”。[1]

由此也就意味着，虽则《论语》里那些相关的说法，比如“子不语怪、力、乱、神”，[2]或者“知之为知之，不知为不知，是

1 刘东：《天边有一块乌云：儒学与存在主义》，南京：江苏人民出版社，2018 年，第 141 页。

2 《论语·述而》，《十三经注疏》，北京：中华书局，2009 年，第 5393 页。

知也”，[1]肯定已属于尽人皆知的名言，一般也都被认作人生至理，然而，这究竟在学理上意味着什么，恐怕以往并不曾被好好探究过。因而，至少就本章的论题而言，这里就有必要先来挑明：这意味着在孔子的逻辑次序中，就算作为道德内核的“仁学”构成了他念兹在兹的重点，然而，相对于构成了出发点的“认识”而言，它仍不具备学理上的优先性，仍要受到认识能力的制约，仍要被限定在认识边界之内，所以无论如何，它本身也并不足以构成“本体”。

一旦缺乏这第一步的理解，我们也就无法充分地领会，为什么《论语》在开头第一句，就要讲“学而时习之，不亦说乎”，[2]从而以“好学”和“悦学”之心，为整本书都定下了调子。所以，就像孔子自述的那样，“十室之邑，必有忠信如丘者焉，不如丘之好学也”。[3]我们基于他本人的立场，会发现唯有这种殷勤“劝学”的精神，才是须臾不可少离、必须终身持守的，否则也就谈不上“朝闻道，夕死可矣”[4]了。出于同样的道理，如果不是基于“认识本位”，而直接就去诉诸“伦理本位”，我们也就无法合理地解释，孔子何以会在下边这段对话中，讲出那句“好仁不好学，其蔽也

1 《论语·为政》，《十三经注疏》，北京：中华书局，2009年，第5348页。
2 《论语·学而》，《十三经注疏》，北京：中华书局，2009年，第5335页。
3 《论语·公冶长》，《十三经注疏》，北京：中华书局，2009年，第5376页。
4 《论语·里仁》，《十三经注疏》，北京：中华书局，2009年，第5367页。

愚”的断言来。——很显然，就不要说后人总结出的“三达德”（智、仁、勇）了，更不要说所谓“知”“信”“直”“勇”“刚”了，即使是由孔子率先提出的、借以收束具体德目的“仁”字，都并不具备“学”字的逻辑优先性：

> 子曰：“由也，女闻六言六蔽矣乎？”
>
> 对曰：“未也。”
>
> “居，吾语女。好仁不好学，其蔽也愚；好知不好学，其蔽也荡；好信不好学，其蔽也贼；好直不好学，其蔽也绞；好勇不好学，其蔽也乱；好刚不好学，其蔽也狂。”[1]

不过，在学理上更加吃重的是，对于“知识本位”的这种先行奠定，虽则具有其无可辩驳的道理，可不管对当年的孔子，还是对当下的我们来说，都并不是思想问题的终结，而毋宁在另一层意义上，属于更加严峻的问题的开始；甚至可以说，其他文明类型——也包括其他轴心文明——的创立者，之所以要选择其他的“人生解决方案”，应当在相当大的程度上，都是鉴于知识本身的“危险性”，才不得不把真实的人生价值，寄托在虚拟的

1 《论语·阳货》,《十三经注疏》，北京：中华书局，2009年，第5485页，着重号为引者所加。

“超越性存在”之上。也正因为这样，我们才会从一方面看到，那些心怀忧虑的古典西方哲人，要么就干脆宣扬“正因为荒谬，所以我才相信”（德尔图良），要么就只好退而“限制知识，好给信仰留下地盘”（康德）；而从另一方面，我们又同样看到，那些放言无忌的现代西方哲人，一旦既要去坚守人类的理性，又要去面对理性的有限性，也就无形中毁掉了文明的根基。——正如我在一本近作中所指出的：

> 应当毫不讳言地指出，就算这样一种出现在现代法国的思潮，的确跟伏尔泰开启的启蒙进程有关，那么，萨特和加缪也几乎是嘲讽般地，把伏尔泰当年所采取的昂扬姿态，给一百八十度地颠倒过来了。也就是说，如果在启蒙运动的初始阶段，人类曾经信心满满地以为，只有在彻底摆脱了上帝之后，才会反衬出自身的强大与伟岸，那么，等到这种对于清醒和成熟的渴望，发展到了启蒙运动的后期，还是在伏尔泰当年的这块土地上，人们居然感到了“自由的眩晕”，倒觉得一旦真正失却了上帝之后，心灵反而越发地“找不到北”了！[1]

---

1 刘东：《天边有一块乌云：儒学与存在主义》，南京：江苏人民出版社，2018 年，第 60 页。

出于同样的道理，在当今这个“世风日下”的年代，无神论存在主义所面对的这种风险，也同样是中国社会正在面对的风险，而且其思想上的深层原因，也同样是因为对于“不可相信”的东西，都同样坚持了“不予采信”的态度。——对于这种由价值缺失所导致的真空，我曾在另一本近作中沉痛地分析过：

> 真正的要害问题在于，你如果只引导学生们去想，他们都只是物质意义上的存在，从天性中就只会追求物质利益，那么等他们进入社会以后，能不发扬这种“恶的本性”，能不利欲熏心、蝇营狗苟吗？为什么不去教教传统的“义利之辨”呢？为什么不让他们记住，正所谓“不义而富贵，于我如浮云”，所以即使在这个现代社会，也需要“先明道义、后讲功利”呢？为什么不能让他们记住，正所谓“民吾同胞，物吾与也”，所以即使有那样的物质条件，如果过分地放纵物欲和消费生态，也仍然属于一种道德缺失呢？事实上，只有总是由这代人去告诉下代人，做人就应当父慈子孝、泛爱众生，这个社会才能保持基本的祥和，而人们也才能过得上善好的生活。一旦有意无意地去宣扬，人生不过是物质上的“块肉”，所谓“天下熙熙，皆为利来，天下攘攘，皆为利往”，那么，不要说由他们所组成的社会了，就是原

应由世代来共享的大自然，也会被他们弄得山河变色，暗无天日，难以为继。[1]

联系到前文中的叙述，这不免又使我们联想起，在《新民说》中闪出裂缝的梁启超，当年就已经遭遇了这样的真空。所以无论如何，如果只顾着去"破字当头"，就绝无什么"立也就在其中"的便宜事。当然，如果反过来说，这种简直被"连根拔起"的当代生活，也同样让我们像梁启超那样，痛悔地领悟到"道德本心"的重要性，——恰如我曾在《德育鉴》的"弁言"中所说，正是由儒学所沁润的这种"道德本心"，才曾作为一个真实存在的基点，在两千多年的中国历史中，支撑起一个"无宗教而有道德"的文明：

不管别人怎么想，我在这方面的判断始终未曾动摇。即使到了今天，见到自己的文明遭遇到亘古未有的打击，和痛心疾首的衰败，我仍毫不犹豫地认为，中国文化之最大的挑战性，仍在于它曾以活泼泼的长期存在，而雄辩地向世界各大文明证明：如不考虑"路径依赖"的殊别问题，也

1 刘东：《传统的毁弃与更生：关于当代文化问题的对话》，《国学的当代性》，北京：中华书局，2019 年，第 302—303 页。

就是说，如不考虑其他文明的转型难度，那么，一个没有教会的世俗世界，不仅是有可能独立存在的，而且是有可能达到高度文明水准的！——由此，它也就无可辩驳地向世界证明了：善于自我救度的、充满主动精神的人类，实则只需要一套教化伦理、提升人格的学术话语，去激发和修养社会成员的善良天性，就完全可能保证日常生活的道德判断，从而不仅维系住整个社会的纲常，而且保障人们去乐享自己的天年！[1]

发人深省的是，作为一种可以亲身核验的印证，我们还可以再举出当今的北欧来，那边的几个堪称发展典范的国家，也同样属于“无宗教而有道德”的世俗社会，从而也同样证明了孔子提出的“人生解决方案”，远不只是一种思想上的可能性。——在原题为 *Society without God*（《没有上帝的社会》）的那本书中，来自美国的朱克曼有点意外地发现：

尽管为数不多，也不够典型，且相当分散，但今日世界的确有几个不同寻常的地方，在那里崇奉上帝和教堂礼拜

1 刘东：《意识重叠处，即是智慧生长处：〈德育鉴〉弁言》，载自梁启超《德育鉴》，南京：译林出版社，2022 年，第 9 页。

> 都是极为罕见的现象。在这些与众不同的例外社会，宗教意味不仅没有得到强化，相反却日益单薄。事实上，它们根本谈不上有任何宗教意味。这里我特别要提到丹麦和瑞典，它们或许是当今世界最不信教的两个国家，又或许是人类历史上最不信教的两个国家。就像在喧嚣震荡的虔信星球之上，以及不断膨胀的神圣大海之上，漂浮着两艘历经风浪且怡然自得的救生艇，那是象征世俗生活的丹麦和瑞典。那里绝大多数人民都缺乏宗教情感：他们不崇信耶稣或毗湿奴，也不尊崇经文，不祷告，也不相信世界几大信仰的基本教义。[1]

然而，对于同样置身世俗社会的我们，朱克曼紧接着的那一番描述，读起来却未必让人觉得意外或可疑，相反倒显得是千真万确，或理当如此的：

> 在天空澄净、绿草如茵的斯堪的纳维亚半岛，很少有人提及上帝，也很少有人花费时间思考神学问题。尽管近年来丹麦和瑞典两国媒体开始以前所未有的力度报道与宗教相关

1 ［美国］菲尔·朱克曼：《引言》，《自足的世俗社会》，杨靖译，南京：译林出版社，2021年，第2—3页。

的话题，但其宗旨不过是帮助本国人民更好地了解发生在遥远国度的奇怪现象，在那些国度，宗教似乎与每个人的命运息息相关。如果说对凡夫俗子而言，确实存在传说中的人间天堂，则当代的丹麦和瑞典确乎当得起这样的美誉：那里的城镇古色古香，风姿绰约；那里的树林茂密，海港幽深；那里民主制度健全，犯罪率世界最低，而清廉指数全球最高。此外，那里教育体制完善，建筑富有创意，经济发展迅猛，艺术备受支持；那里的医院明亮整洁，企业欣欣向荣；那里有免费的医疗，有精美的佳酿，还有独树一帜的电影；那里有重视平等的社会政策，有一流的时尚设计，有赏心悦目的自行车道——唯独没有对上帝的虔信。[1]

那么，再回到学理的逻辑次第来。事实上，正因为先秦儒家既坚定又清醒地主张了“知之为知之，不知为不知，是知也”，[2]才会导致对于“祛除巫魅”的坚持，才会导致“子不语怪、力、乱、神”；[3]也才会导致对于世俗社会的缔造与坚守，从而催生出一种“无宗教而有道德”的文明类型。——在这个意义上，孔子

---

1 ［美国］菲尔·朱克曼：《引言》，《自足的世俗社会》，杨靖译，南京：译林出版社，2021 年，第 3 页。

2 《论语·为政》，《十三经注疏》，北京：中华书局，2009 年，第 5348 页。

3 《论语·述而》，《十三经注疏》，北京：中华书局，2009 年，第 5393 页。

竟是在两千五百多年前，就率先启动了“祛除巫魅”的理性化进程，无论如何都不愿放弃自己的理性，包括也同样承认自己理性的有限性，这样一种清醒的人生态度，可以说是非常勇敢的，甚至可以说是大无畏的。

不过，一旦回到具体的社会环境，这种勇敢的、大无畏的理性态度，它本身又需要去小心谨慎，甚至战战兢兢地予以落实。就此而言，看似有些缠绕乃至吊诡的是，一方面，正因为儒学的根基或起始处，乃是“认识本位”，而非“伦理本位”的，它才从来都只是一种“学”，而非一种“教”；否则的话，就会像当代西方神学日益显露的那样，自以为已经从“伦理本位”获得了理由，哪怕只是假着“道德之名”，就去编造出既超出认识界限又拒绝理性解释的，只需要去闭着眼睛盲从的“超越性存在”。而另一方面，又正因为其他“人生解决方案”，只需要假托或虚妄地告诉你，还有个“超越性存在”正高居其上，要求你去严守“摩西十诫”之类的道德，所以，在其他文明类型中真正吃紧的，就从来都不是道德，而只会是宗教。由此也就反证出，反而是一种从“认识本位”出发的文明，必须以理性去开展道德的教化，否则就无法落实价值的规范，由此也就凸显出“德教”的重要性来了。

可无论如何，中国文明史的事实又告诉我们，孔子的思想并非只属于或然的可能性，它还进一步在他身后的文化实践中，被逐渐落实成了确然的现实性。既是这样，我们再参照当今社会的价值真空，就足以综合起历史的正反两面，去领悟摈弃了“上帝”的世俗社会，既有可能表现为“自足自律”的，也有可能表现为“连根拔起”的；既有可能具有更高的“幸福指数”，也有可能具有更差的“生活质量”；既有可能属于良善和谐的，也有可能属于腐恶衰败的。而此中的关键就在于，在能否有效地对人们施以“德教”，从而对整个社会的风气，进行道德上的规范、矫正与导引。

正是基于这样的考虑，我还计划写出一本《论儒家之教》来，以其中次第相关的八章内容，即德教、礼教、乐教、诗教、史教、文教、书教和画教，来编织出整个的儒家生活世界。事实上，我们可以从《论语》的记载中，看出孔子所施行的教化手段，从来都是多种多样的，比如“子曰：‘志于道，据于德，依于仁，游于艺。’”[1]再如“子路问成人。子曰：‘若臧武仲之知，公绰之不欲，卞庄子之勇，冉求之艺，文之以礼乐，亦可以为成人矣。’”[2]不过即便如此，在前边所讲的那八种教化手段中，“德教”却无论如何都居于首位，同时也构成了后面七种的支

1 《论语·述而》，《十三经注疏》，北京：中华书局，2009年，第5390页。

2 《论语·宪问》，《十三经注疏》，北京：中华书局，2009年，第5455页。

撑点。

也正是在这层意义上，我们才能领悟到《德育鉴》的历史意义，理解梁启超如何在当年的紧要关口，再次去呼唤传统“德教”的现代回归。同时，还是在这层意义上，我们也才能理解本书的现实意义，因为比起梁启超的那个时代，我们毋宁是更严峻地在面对这样的关口。——可不管怎么说，孔子思想中千古不磨的精义，还是有可能再次扭转当今的“礼崩乐坏”，只要我们既能牢牢记取它的精神内核，又时刻不忘它已然做出的历史功绩：

> 最显得奥妙无穷的，也是既不同于基督教，又不同于无神论存在主义的地方却在于，即使面对着如此严峻而无常的价值缺口，且不说那是否构成了它的最大优点，至少儒学思想之最大的特点就在于：它并没有把独断的告谕当作出发点，也不去求助于对下民的威胁恫吓，却也并没有为此而贬损人本身的积极潜能。恰恰相反，它倒是正面鼓励社会的每个成员，都尽量去调动和开发自己的理性，以重新开启充满紧迫感的、只属于这一个人的学术探索。——它甚至还提供了这样的文化暗示，并借此构筑了古代中国的文化前理解：正是在这样的危殆、紧张和忧患中，每个社会成员反而获得

了不断“进学”乃至“成圣”的潜能，因为“人皆可以为尧舜”(《孟子·告子》)；而且，这个攀缘与上进的过程也并非遥不可及，因为“我欲仁，斯仁至矣”(《论语·述而》)。[1]

1 刘东:《天边有一块乌云：儒学与存在主义》，南京：江苏人民出版社，2018年，第217—218页。

题解四（辨术第一）

为什么反是成己之学？

领会到了“德教”的这种重要性，从而也从深层次理解到了，为什么儒学只作为学理意义上的“学”，而不是宗教意义上的“教”，也仍然可以支撑起一个文明，那么，我们也便可以顺理成章地领会，为什么《论语》中的大部分话语，或者说，孔子同其弟子的大部分言说，都是在谈论“进德修业”之事了。——顺此而论，我们又可以由此领会梁启超的动机，看出他何以在《德育鉴》中，针对孔子所提倡的“进德修业”之事，细分出了“辨术”“立志”“知本”“存养”“省克”“应用”这样六个条目。

这样的区分，自然也显出了他的特别用意。回顾起来，孔子身后的汉儒和宋儒，尤其在所谓的“四书”被经典化之后，对于这种至关紧要的“德教”，都一直在强调《大学》中的“八条目”，即“古之欲明明德于天下者，先治其国；欲治其国者，先齐其家；欲齐其家者，先修其身；欲修其身者，先正其心；欲正其心者，先诚其意；欲诚其意者，先致其知；致知在格物。物格而后知至，知至而后意诚，意诚而后心正，心正而后身修，身修而后家齐，家齐而后国治，国治而后天下平"。[1]——既然如此，也就需要跟着辨明：梁启超后来所区分的六个条目，即"辨术"、"立志"、"知本"、"存养"、"省克"和"应用"，跟此前"八条目"中的修身次第，即"格物"、"致知"、"诚意"、"正心"、"修身"、"齐家"、"治国"和"平天下"，到底有着怎样的相同与不同?

如果一言以蔽之，那么梁启超做出的排列组合，也无非就是沿着"中国转向内在"（刘子健）的过程，或者沿着"从陆象山到刘蕺山"（牟宗三）的过程，而更在意去归纳宋明"心学"的内容，从而也更着意于人们"内心"的收束。——也正因为这样，梁启超才会在《德育鉴》的正文之始，便以所谓"思孟学派"的典型话语，来为他立下的"辨术"二字破题："术者何?心术之谓也。孟子称'仁术'，谓有是术然后体用乃有可言也；又曰：'羿之教人射，必志于彀；学者亦必志于彀。'不有彀以为之闲，学皆伪学矣。述辨术第一。"[2]

再回顾起来，我们还可以敏锐地联想到，其实早在《新民

1 《礼记·大学》,《十三经注疏》，北京：中华书局，2009 年，第 3631 页。

2 梁启超:《德育鉴·辨术第一》，南京：译林出版社，2022 年，第 6 页。

说》的最后几节，梁启超就已经在利用这类话语了，同时，我们也可以会心地想象到，这位自幼饱读诗书的儒者，原本就能非常熟练地运用它。正是在“论私德”那一节中，梁启超不光是不再否定旧学，还反而把其中的道德话语，推许为颠扑不破的“立命之本”：“吾以为学者无求道之心则亦已耳，苟其有之，则诚无取乎多言，但使择古人一二语之足以针砭我而夹辅我者，则终身由之不能尽，而安身立命之大原在是矣。”[1]——与此同时，我们也可以再同情地理解，这种对于“心学”，特别是“阳明心学”的返求，也肯定是出于古今情势的鲜明印证，或者更具体地说，是出于跟阳明时代的惨痛比照：“今日学界之受毒，其原因与晚明不同，而猖狂且十倍。其在晚明，满街皆是圣人，而酒色财气不碍菩提路；其在今日，满街皆是志士，而酒色财气之外，加以阴险反复、奸黠凉薄，而视为英雄所当然。”[2]

因此，同样是为了“挽狂澜于既倒”，梁启超便在介绍“本书读法”时，寄望于它可能起到的“德教”功能：“本编不可以作教科书，其体裁异也。惟有志之士，欲从事修养以成伟大之人格者，日置坐右，可以当一良友。其甄录去取之间，与夫所言进

1　梁启超：《新民说·论私德》，《梁启超全集》，第二集，北京：中国人民大学出版社，2018年，第648页，着重号为引者所加。

2　同上书，第650页。

学之涂径次第，及致力受用之法门，自谓颇有一日长。”[1]——而令人惊喜的是，我们还又从梁漱溟的下述回忆中，知道它确曾起到过“导夫先路”的作用：“《新民丛报》一开头有任公先生著的《新民说》，他自署即曰‘中国之新民’。这是一面提示了新人生观，又一面指出中国社会应该如何改造的；恰恰关系到人生问题、中国问题的双方，切合我的需要，得益甚大。任公先生同时在报上有许多介绍外国某家某家学说的著作，使我得以领会不少近代西洋思想。他还有关于古时周秦诸子以至近世明清大儒的许多论述，意趣新而笔调健，皆足以感发人。此外有《德育鉴》一书，以立志、省察、克己、涵养等分门别类，辑录先儒格言（以宋明为多），而任公自加按语跋识。我对于中国古人学问之最初接触，实资于此。”[2]

同样是出于这样的寄望，而又鉴于阅读语境的变迁，我才在以往所写的“弁言”中，就本书的“读法”提出了进一步的建言：“尽管有可能存在上述语言的障碍，然而在任何时候和任何情况下，都切不可去让哪一位小秀才，先替大家把本书中的文字，翻译成虽则简易却必然失真的现代汉语；否则的话，此种贪

1 梁启超：《德育鉴·例言》，南京：译林出版社，2022 年，第 3—4 页。

2 梁漱溟：《我的自学小史》，《梁漱溟全集》（第二卷），济南：山东人民出版社，2005 年，第 682 页。

图省事的偷懒方法，到头来只会使大家跟古代圣贤再度失之交臂。而在这个前提之下，大家又最好像梁先生建议的那样，坚持‘日就月将’的积累过程，将此书当作方便阅读的‘口袋书’，以充分利用各种时间的间隙，无论是在睡前、醒后、枕上、车上，都可以不失时机地把它掏出来，哪怕只取其中一小段来含英咀华，却务要将意识相对长久地留驻于此，让它跟当下所凸显的重大问题，构成充满紧张感的比照对勘，以便渐能在自己的心灵深处，借助于古今中外的汇集交融，建立起基本的道德判断力。”[1]

这一节写到了这里，应当还没有遇到什么难点。不过，沿着引自前文的脉络，我们却马上就要碰到“复杂缠绕”了。而这种“复杂缠绕”可以表述为，一方面，正如我们在前边已经讲过的，不光孔子倡导的“从人从二”的仁学，其本身就是生发于“主体间”的，而且，即使从梁启超后来的论述出发，所谓“公德”与“私德”的判然区分，在思想逻辑上也是不能成立的。可另一方面，又正如孔子那句名言所示，“古之学者为己，今之学者为人”，[2] 儒学从本质上说又恰是一种“为己之学”；而且，很可能正

1 刘东：《意识重叠处，即是智慧生长处：〈德育鉴〉弁言》，载梁启超《德育鉴》，南京：译林出版社，2022 年。

2 《论语·宪问》，《十三经注疏》，北京：中华书局，2009 年，第 5458 页。

是它的这种特点，才诱使梁启超曾把它误判成了“私德”。——更不要说，既然梁启超是更认同于，或者更倾向于阳明学，那么，这种宣扬“心外无理、心外无物”的“心学”，原本也是相对地更带有“个人性”的特点。

这样一来，我们也就有必要再来分析，孔子何以要说“古之学者为己，今之学者为人”了。不在话下的是，在儒学惯用的表达方式中，对于“信而好古”的孔子来说，他所“言必称”的“古代”或“三代”，并非指称哪种确定的“实然”，而毋宁是泛指某种理想的“应然”。不然的话，我们就无法借此来解释孔子本人了，因为他显然并不缺乏这样的“古风”。——那么，为什么在作为伦理楷模的学风中，“为己”的“古之学者”反而是道德的，而“为人”的“今之学者”反而是非道德的？这里果然藏有儒家“德教”的某种精义吗？可我们平常一旦讲起“道德说教”，不都是在宣扬“舍己为人”的“利他主义”吗？

再者，为什么儒家的道德学说，又会被设计得这样复杂而麻烦、这样容易引起误解？凡此种种，也就涉及了最为精微，却迄未被说清过的学理。不过，有了前文中对于“知识本位”的奠定，我们至此不难水到渠成地体会到，这还是由它那种独特的“人生解决方案”所决定的。而说到这里，就不妨再引一段《论语》重温一下：“樊迟问知。子曰：‘务民之义，敬鬼神而远之，可谓知矣。’”[1] 显而易见，既然坚持了这样的“知识本位”，去基于理性主义而疏远鬼神，那么，也就摈弃了任何形式的“超越性存在”。这样一来，哪怕只是为了维护人间的德性，明知那是全社会须臾不可少离的，也不可以再去指望天国的引诱或者地狱的震慑了；相反，唯一尚可指望的价值支点，也就只能寄托在人们的个体本身。——正因为这样，儒家所大力和专心施行的“德教”，不管会遭遇到多大的困难与周折，受它本身的思维性质所规定，也便只能表现为“为己之学”了。由此可知，孔子反复申明的“人能弘道，非道弘人”，[2]“为仁由己，而由人乎哉”，[3] 和“仁远乎哉？我欲仁，斯仁至矣”，[4] 无非都是同出于这方面的考虑。

然则，相关的疑点又接踵而来了：难道“为己”还能成为一种“学”吗？这不正是人类的自然本性吗？这不正是行为科学的前定预设吗？人们不是凭本能便非得如此吗？古语不也说“人不为己，天诛地灭”吗？——然而不然。

耐人寻味的是，诸如“人不为己，天诛地灭”“各人自扫门前雪”这类的古语，显然是来自一个最为隐秘，却又流传最广的

---

1 《论语·雍也》，《十三经注疏》，北京：中华书局，2009 年，第 5384 页。

2 《论语·卫灵公》，《十三经注疏》，北京：中华书局，2009 年，第 5470 页。

3 《论语·颜渊》，《十三经注疏》，北京：中华书局，2009 年，第 5436 页。

4 《论语·述而》，《十三经注疏》，北京：中华书局，2009 年，第 5394 页。

中国学派，即主张“拔一毛而利天下，不为也”[1]的杨朱学派，它和孔子所创立的儒家学派，几乎是产生于同一个“祛除巫魅”的时代，以及同一种“理性主义”的语境。——事实上，也正是出于这样的原因，尽管在后世模棱混沌的发挥中，也曾谈论过各种形式的互补，比如儒道互补、儒法互补、儒佛互补、儒墨互补，甚至儒侠互补，可在我看来，却只有向被人们忽略了的“儒杨互补”，才足以在中国的特定思想语境中，真正构成无时无处不在的互补关系。

认真说来，只要从深层方法论来检讨，那么，在更加宏观的参考框架中，任何一种切实有效的互补关系，都要先有彼此间共享的前提。所以在这个意义上，不管在“说得出口”的儒家和“说不出口”的杨朱之间，曾经发生过何等激烈的争辩，可在实际上，却唯有“不共戴天”的这两个学派，才来自和隶属于同一个思想的脉络。——这意味着，一旦去动用理性的“奥卡姆剃刀”，割舍了有关“超越性存在”的幻想，那么，在余下来的特定思想前提中，也就无所遮蔽地只剩下生命个体了。也正因为这样，无论是先秦的儒家还是杨朱学派，就都势必只能表现为“为己之学”，而它们彼此所辩谈与抗争的，也不过是“大我”还是

1 《孟子·尽心上》，《十三经注疏》，北京：中华书局，2009 年，第 6025 页。

“小我”而已。由此可知，我们一旦把参考框架放得更开，自会发现如果就整个社会来看，其实只有在“大我”和“小我”之间，才在过往的历史中构成了真实有效的，而非妄想虚构的互补关系。

进一步说，我们也同样可以基于这样的框架，来重新观察孔子身后的“儒分为八”，即韩非所总结的“自孔子之死也，有子张之儒，有子思之儒，有颜氏之儒，有孟氏之儒，有漆雕氏之儒，仲良氏之儒，有孙氏之儒，有乐正氏之儒”。[1]事实上，尽管宋明儒对“孙氏之儒”投以了漠视，可我们只要再从头读读《论语》，就不难发现由荀子（即孙氏）概括的现象，早就大量地存在于孔子那里了。比如，“子曰：‘民之于仁也，甚于水火。水火吾见蹈而死者矣，未见蹈仁而死者也’”，[2]再如，“子曰：‘吾未见好德如好色者也。’”[3]甚至，他还在另一处又把这话重讲了一遍：“子曰：‘已矣乎！吾未见好德如好色者也。’”[4]——这在逻辑上就意味着，即使有幸被“七十二贤人”簇拥着，他还是发现其中表现为“性善”的，远远不如表现为“性恶”的多。由此也就足见，宋明儒对荀子的否定与抹杀，更多地只是照顾到体系的自

1 《韩非子·显学》，北京：中华书局，2010 年，第 724—725 页。

2 《论语·卫灵公》，《十三经注疏》，北京：中华书局，2009 年，第 5471 页。

3 《论语·子罕》，《十三经注疏》，北京：中华书局，2009 年，第 5410 页。

4 《论语·卫灵公》，《十三经注疏》，北京：中华书局，2009 年，第 5469 页。

洽，而不是出自现实的关切或归纳。

可话说回来，这样讲又并非意味着，孟子的概括就一无所见了。恰恰相反，尽管我并不赞成儒学在后世的分化，因为无论专讲“性恶”还是“性善”，只要是把它当成了立论的起点，都难免会流于“以偏概全”和“攻其异端”，可即使如此，孟子所主张的“性善论”，还是跟荀子所主张的“性恶论”一样，都看到了人性的某种特定潜能。——正如我在以往的著作中写到的：

> 尽管倾向于行为科学的当代人，往往会大而化之地想当然，误以为“性善论”顶多是“希望如此”的假说，可是，最新的研究却针锋相对地指出，那只是因为以往的科学还未曾发现，甚至，就连研究的触角都未曾伸向这里。所以，如果像类似下面的这种研究，能够继续得出让人信服的证据，我们或许就可以得到一个强论证，知道从“天生烝民，有物有则。民之秉彝，好是懿德”(《诗·大雅·烝民》)，到“仁义礼智，非由外铄我也，我固有之也，弗思耳矣”(《孟子·告子上》)，这些中国古人的箴言都绝非虚词，相反倒是听从着暗中敲响在心间的、作为族群遗传的潜能之声。[1]

1 刘东：《天边有一块乌云：儒学与存在主义》，南京：江苏人民出版社，2018 年，第 97—98 页。

在我看来，正因为没能背靠“祛除巫魅”的大背景，没能参考“先秦理性主义”的语境，从而没能看到“儒杨”两家的同源性，才使得长期以来即使在儒家的内部，也还有很多精微的学理未能打通，徒然地在“性善论”和“性恶论”之间，虚耗了很多无谓的争执与意气。因而，只要基于更高的参考框架，我们就不难从对比中看出，如果孔子属于“执两用中”的整合，那么，荀孟二人分别属于“各执一偏”的两端。而在这两者之间，一个的认知与手法是他律的，一个的认知与手法则是自律的；一个属于更接地气、更有人间烟火的，从而具备了社会功能，一个属于更上层次、更有圣贤气象的，从而具备了人格境界。也正因为这样，我们才会合乎逻辑地看到，他们一个是更靠近“免而无耻”的法家，一个是更趋于“有耻且格”的儒者。——甚至于，我们从这样的意义上，也可以说孔子身后的“孟荀之争”，恰属于投射到儒学内部的“儒杨之争”。

不过，如果不是宋明儒在后世的走偏，那么我们也同样有理由说，这种儒学内部的“孟荀之争”，仍具有相互补正或纠偏的功效。也就是说，虽则在一方面，相对于先师孔子的整全而言，孟荀两人都难免流于偏颇；可在另一方面，又正因为他们各执的一偏，也便在儒家内部拉开了距离，从而支撑起更为包容的空间，乃至在某种程度上对应着社会。

也正是在这样的意义上，我们一方面固然应当看到，即使是居于较低层次的、属于“世俗儒家”的关切与操守，“毕竟还是属于儒家的范畴，尽管他们是‘志忍私，然后能公；行忍情性，然后能修；知而好问，然后能才’，无法自律且需要进学，却仍跟‘拔一毛而利天下，不为也’的杨朱有着本质差别”。[1]但另一方面又应当看到，顺着整个社会的斑驳光谱线，实则在“既参差不齐又错落有致地，排列在从‘大儒’（或“雅儒”）到‘众人’（或“俗人”）的两个极点之间，几乎有着万花筒般的变幻可能”，[2]因而，“如果就社会层次和地位而言，世俗儒家是跟‘俗人’（或“杨朱”）处在同一层面的”。[3]

进一步说，如果把儒学内部的“孟荀之争”，看作社会上“儒杨之争”的投射，那么，一旦再把“孟荀互补”带到了社会层面，它也就会直接扩大为我所讲的“儒杨互补”了。而我们由此也便足以领会到，一方面，尽管儒学强烈地反对杨朱的极端利己主义，它却同它的对立面一样，还是要立足于作为思考起点的个体。另一方面，虽说都必须直面人生的有限性——那是由“先秦理性主义”所必然导致的困境——可是，它们一个毕竟勇敢地提

1 刘东：《世俗儒家与精英儒家》，《国学的当代性》，北京：中华书局，2019 年，第 106 页。

2 同上。

3 同上。

出了自己的“解决方案”，一个则颓然地认定这问题根本就“无法解决”。也正因为这样，即使两者都属于“为己之学”，杨朱却只能退而龟缩为“利己之学”，而儒家则昂首挺进成了“成己之学”。

也正是在这样的意义上，我们又有相应的理由认为，尽管在先秦儒学的“三大家”中间，孟子的照顾面还是远不及孔子，可从另一个角度看，他的水准还是相对地高于荀子；这是因为，正是他所凸显的那种“性善”本能，即所谓“恻隐之心，人皆有之；羞恶之心，人皆有之；恭敬之心，人皆有之；是非之心，人皆有之。恻隐之心，仁也；羞恶之心，义也；恭敬之心，礼也；是非之心，智也。仁义礼智，非由外铄我也，我固有之也，弗思耳矣。故曰：‘求则得之，舍则失之’”，[1] 才关注到和开发出了更高的人性潜能，才有可能把人们从礼崩乐坏、无所遮蔽的语境中，切实有效地挽救和超拔出来，从而真正落实在先秦理性主义的历史语境中，由孔子所率先提出的独特“人生解决方案”中。——也正是因此，我们才可以理解为什么在《德育鉴》中，尽管梁启超并没有再去漠视荀子，却还是把重心压在了思孟学派上。

更进一步地说，既然正是借着这样的“复杂缠绕”，我们才

1 《孟子·告子上》，《十三经注疏》，北京：中华书局，2009 年，第 5981 页。

弄清了孔子的“为己之学”，势必进而体现为“成己之学”，那么接下来，我们也很容易由此再体会到，这样一种“为己之学”和“成己之学”，从本质上讲就不啻为一种“发展理论”，一种有关我们每个人的有限生命，究竟如何去最大限度地发展自身、穷尽潜能的理论。它简直是在“置之死地而后生”地号召人们——当然首先更是在勉励自己——以“朝闻道，夕死可矣”[1]的坚忍精神，去矢志不移、终生不渝、至死方休地，追求个人人格的不断上升与人格境界的持续超拔，从而不仅要立志做个“高尚的人”，还更要立志做个“精彩的人”，做个以“君子不器”[2]为其发展方向的人，做个在各种“需求层次”上都全面发展的人，也是唯有如此，才真正对得起自己的这次宝贵生命。——正如我在论述梁启超本人的时候所说：

> 在儒家文化的特定生命周期中，由于特别强调毕生“进学”的无止境，所谓“朝闻道，夕死可矣”，它足以让人心安理得的一面便在于，决不会暗示人们白白地去为“中年危机”而伤神。——朱子在疏讲《论语》“吾十有五而志于学章”时，之所以要说“‘志学’字最有力，须是志念常在于

1 《论语·里仁》，《十三经注疏》，北京：中华书局，2009年，第5367页。
2 《论语·为政》，《十三经注疏》，北京：中华书局，2009年，第5348页。

学，方得。立，则是能立于道理也，然事至犹有时而惑在。不惑，则知事物当然之理矣。然此事此物当然之理，必有所从来。知天命，是知其所从来也”(《朱子语类》第二册，卷二十三)，便正是要“循乎圣人为学之序”，来把作为自然规律的各个人生阶段，以同一进学过程中的不同修身次第，即所谓“而立”、“不惑”、“知命”和“耳顺”等，给了无阻隔地一体贯通起来，让人们为生命的成熟而感到步步喜悦。[1]

不过，也正是沿着这样的学理，又不免显得有些吊诡的是，这样的“为己之学”和“成己之学”，由于只能取道于境界的提升与道德的修持，也就让那些一心只叨念自己的人，反而根本就“不得其门而入”了。梁启超在本节的案语中写道，“孔子所谓为己，与杨朱所谓为我者全异。为己者，欲度人而先自度也。苟无度人之心，则其所以自度者，正其私也”，[2]应当也正是本着这个意思。甚至于，由此也可以这样认为：尽管杨朱看似也属于某种“为己之学”，不过，一旦从儒家的高度来进行俯视，那个学派却反而是既不会“为己”也不能“成己”的，盖因为它的过于狭小

1 刘东：《未竟的后期：〈欧游心影录〉之后的梁启超》，《中国学术》第三十辑，北京：商务印书馆，2011 年，第 105—106 页。

2 梁启超：《德育鉴・辨术第一》，南京：译林出版社，2022 年，第 24 页。

的自我中心，根本就撑不起那个漫长的“成己”过程。——关于这一点，我也曾在以往写出的文章中，沿着儒家的“大我”与杨朱的“小我”之辨，分解出一种真正的“成己之学”，必然带有看似吊诡的两个面向：

在一方面，“尽管一向在提倡利他主义，然而就其思想主旨而言，儒学才是最彻底的‘为己之学’，它甚至把表层的效力与服务，也转变成了人格攀缘的通途，甚至把利他主义的关爱行为，也归咎于慷慨激越的内在冲动。于是，越是苦其心志的境遇，越是经天纬地的场合，就越有可能获得心理的满足，也就越有可能蒙养出圣贤气象。——不明就里的人，对于具有儒者风范的人类行为，只会赞叹这是怎样的‘为人作嫁’，却不知儒者心中念兹在兹的，却首先在乎一己的真实感受！”[1] 而在另一方面，“可是谁又能想到，接下去，儒家的这种‘为己之学’却笔锋一转，不仅并未斤斤自限在‘小我’之内，倒像所有伟大的宗教使命一样，去致力于不断突破过于褊狭的利己之心，以期道德牺牲和伦理养成的过程，能够同步于我们生命潜能的渐次打开。这样一来，在跨文化的世界性视野中，儒学的真正特色就更加清晰了：这种匠心独具的人生解决方案，是通过一个又

1 刘东：《个人认同与人格境界：从跨文化的立场诵读“八条目”》，《道术与天下》，北京：北京大学出版社，2011 年，第 146 页。

一个自内向外的同心圆，把个体生命逐步接引到日渐宽广的生命场域中来，以图自然的天生的‘小我’，能够循序超升为人文的修持的‘大我’，——而非超脱人世的虚无缥缈的‘非我’或‘无我’。”[1]

如果再来顺势发挥一下，那么，即使只就个人的心绪而言，遵循着这种朝向“大我”的“成己之学”，你也足以在尚且享有生命时，自度在此身所属的生活世界中，既不会在生前被人“戳脊梁骨”，更不会在身后徒然“留下骂名”。由此一来，即使在这样一个世俗世界中，你也会活得更加自如，甚至更加久长。在这个意义上，孔子所谓“仁者寿”[2]的反命题，不多不少正是“不仁者不寿”。而孔子所讲的“不仁者。不可以久处约。不可以长处乐。仁者安仁。知者利仁”，[3]更是把这层“君子坦荡荡，小人长戚戚”[4]的意思，在对比之下给越发地挑明和点透了。

因此，即使一位真心诚意的儒者，仍然同杨朱一样地认识到了，生命的过程只是有限的，他还是足以在这个有限的过程中，去不断提高自己的生命质量。正是出于这样的信念，我们才

1 刘东：《个人认同与人格境界：从跨文化的立场诵读“八条目”》，《道术与天下》，北京：北京大学出版社，2011 年，第 146—147 页。

2 《论语·雍也》，《十三经注疏》，北京：中华书局，2009 年，第 5384 页。

3 《论语·里仁》，《十三经注疏》，北京：中华书局，2009 年，第 5366 页。

4 《论语·述而》，《十三经注疏》，北京：中华书局，2009 年，第 5395 页。

能看到在另一处记载中，当子路请教“君子亦有忧乎”时，孔子会这样来对比“境界之高下”——“无也。君子之修其行，未得，则乐其意；既已得，又乐其知。是以有终身之乐，无一日之忧。小人则不然，其未之得，则忧不得；既已得之，又恐失之。是以有终身之忧，无一日之乐也。”[1]而对于由此得到的“道德之乐”，或曰“得道之乐”，我也曾在以往的著作中进而发挥道：

> 如果一个人坚信凡是不合理的东西都终将演变为不现实，坚信他所凭依的道义在大化运行中间终将会被证明是有放皆准的真理，更重要的是，如果他坚信假如去过一种非道德的生活对于他自己来说是不可思议和不堪忍受的，那么，伦理学所要求的严峻律法对他来说就不再是一桩苦事了。我们看到，无论孔子有没有亲笔写下《易传》，当他说到“仁者不忧，知者不惑，勇者不惧”（《论语·宪问》）和“君子不忧不惧……内省不疚，夫何忧何惧”（《论语·颜渊》）的时候，这位既“发奋忘食”又“乐以忘忧”的思想家，其心态中都已经发生了这种合乎逻辑的转换和递进。

1 刘向：《说苑·杂言》，程翔评注，北京：商务印书馆，2018年，第799页。

> 我们从他所谓“志于道，据于德，依于仁，游于艺”（《论语·述而》）和“兴于诗，立于礼，成于乐”（《论语·泰伯》）的修身次第中，可以明显体会出他的这种心情变化过程；而从他发出的“一箪食，一瓢饮，在陋巷。人不堪其忧，回也不改其乐”（《论语·雍也》）的夸赞中，更可以清晰地看出在儒家哲学的逻辑发展中，“乐”是怎样最终压倒了“忧”。[1]

进而就整个道德环境而言，就算并不是所有的社会成员，全都获得了这样的“道德之乐”，哪怕只是由“闻道”的少数人，先行获得了这样的“道德自觉”，也会渐次出现“君子之德风，小人之德草，草上之风必偃”[2]的变化，从而渐次导致“天之生此民也，使先知觉后知，使先觉觉后觉也”[3]的效果，遂使整个的社会风气也渐次地趋于善好，而整体的道德水平也渐次地获得提升。——当然即使如此，这样的“为己之学”和“成己之学”，还是有可能又在另一个地方走偏，那涉及“对待自己”和“对待别人”的区别，就此我会专辟“修己与待人区别何在”一章，来

1 刘东：《试论中国文化类型的形成》，《近思与远虑》，杭州：浙江大学出版社，2014年，第172—173页。

2 《论语·颜渊》，《十三经注疏》，北京：中华书局，2009年，第5439页。

3 《孟子·万章上》，《十三经注疏》，北京：中华书局，2009年，第5956页。

稍微详细地予以界定与辨析。可无论如何，我们在这一章里还是先弄清了，而且到后边还是应当记住，对于作为“为己之学”的儒家而言，究竟如何去“对待自己”或“修己”，毕竟构成了“对待他人”或“待人”的基础。

题解五（立志第二）

“先立其大”有多重要？

只是，为了继续落实这种“成己之学”，我们还是要先来讲“修己”的一面，因为接下来的一章题为“立志”，而梁启超又是这样来破题的：“术既辨，吾之所以学者，为诚为伪，差足以自信矣。然而，学或进或不进，或成或不成，则视其志之所以帅之者何如。述立志第二。”[1]

无论如何，虽说用来“修己”和借以“待人”的标准，两者之间肯定是要有所区分的，否则就会对别人过于严苛了，不过这并不代表，相对于“律他之学”而言，我们就无须先行建起“成己之学”来，以作为此后道德实践的起点。——再者，毕竟前文中也已经挑明了，即使只从“为己之学”的目的出发，要是从儒家的高度来俯视，那么连“拔一毛而利天下”都不干的杨朱，却“反而是既不会‘为己’，也不能‘成己’的，盖因它的过于狭小

1　梁启超：《德育鉴・立志第二》，南京：译林出版社，2022 年，第 29 页。

的自我中心，根本就支撑不起那个漫长的‘成己’过程”。甚至于，若不是因为在《孟子》中被点了名，后人干脆连“杨朱”的名字都不会知道了。

进一步说，正如梁启超已经开宗明义，为了落实这样的“成己之学”，“志”这个字在儒家那里就格外吃重。而且，亦正如梁启超已经讲到的，“学或进或不进，或成或不成，则视其志之所以帅之者何如”。正因此，不光是孔子自己曾经讲过，“三军可夺帅也，匹夫不可夺志也”[1]，或者“志于道，据于德，依于仁，游于艺”[2]，他还时常会让“侗坐”的弟子们“各言其志”，以考核其“进德修业”的程度，而到了每次谈话的最后，他自己也会就此再来表态。比如：

> 颜渊、季路侍。子曰：“盍各言尔志。”
>
> 子路曰：“愿车马衣轻裘，与朋友共，敝之而无憾。”
>
> 颜渊曰：“愿无伐善，无施劳。”
>
> 子路曰：“愿闻子之志。”
>
> 子曰：“老者安之，朋友信之，少者怀之。”[3]

---

1 《论语·子罕》，《十三经注疏》，北京：中华书局，2009 年，第 5411 页。

2 《论语·述而》，《十三经注疏》，北京：中华书局，2009 年，第 5390 页。

3 《论语·公冶长》，《十三经注疏》，北京：中华书局，2009 年，第 5376 页。

在上述那番谈话中，孔子最后的即兴发言，具有很值得回味的意涵，对此到了后边还会再来发挥。不过，现在还是先来接着看看，这些师生还会怎样去“各言其志”：

子路、曾皙、冉有、公西华侍坐。

子曰：“以吾一日长乎尔，毋吾以也。居则曰：‘不吾知也！’如或知尔，则何以哉？”

子路率尔而对曰：“千乘之国，摄乎大国之间，加之以师旅，因之以饥馑。由也为之，比及三年，可使有勇，且知方也。”夫子哂之。

“求！尔何如？”

对曰：“方六七十，如五六十，求也为之，比及三年，可使足民。如其礼乐，以俟君子。”

“赤！尔何如？”

对曰：“非曰能之，愿学焉。宗庙之事，如会同，端章甫，愿为小相焉。”

“点！尔何如？”

鼓瑟希，铿尔，舍瑟而作，对曰：“异乎三子者之撰。”

子曰：“何伤乎？亦各言其志也。”

曰：“莫春者，春服既成，冠者五六人，童子六七人，浴乎沂，风乎舞雩，咏而归。”

夫子喟然叹曰：“吾与点也！”[1]

事实上，这段话至此都还没有引完，恐怕它在整部的《论语》中，也属于篇幅最长的一段了，并且即使不算最有名的一段，至少也属于最有名的段落之一了，而对其中某些迄今未明的精义，我也会另写一篇长文来专门探讨。不过，这里的论述焦点，仍是要先集中在“各言其志”上。我们看到，正因为“志”字是如此之重要，孔门弟子到了后来——很可能已是到了孔子身后——也会自动地讲起本人的“志”来，比如，子夏就曾经这么说过，“博学而笃志，切问而近思，仁在其中矣”。[2]再如，孔子的高足弟子曾参，也曾讲过一段很著名的话，其中虽未明言“志”这个字，却显然是在抒发内心的志向：“士不可以不弘毅，任重而道远。仁以为己任，不亦重乎？死而后已，不亦远乎？”[3]

尤需留意的是，既是作为“成己之学”的“志”，那就不会只是在“就事论事”了，所以，即使把它落实到了事功的层面，也必须同时具备价值的铺垫和道义的超拔。——也正因乎此，我

1 《论语·先进》，《十三经注疏》，北京：中华书局，2009年，第5430页。
2 《论语·子张》，《十三经注疏》，北京：中华书局，2009年，第5501页。
3 《论语·泰伯》，《十三经注疏》，北京：中华书局，2009年，第5401页。

们才可以会心地理解到，当性急的子路抢先就说道，“千乘之国，摄乎大国之间，加之以师旅，因之以饥馑。由也为之，比及三年，可使有勇，且知方也”，孔子才会以“哂之”来表示不满，而且，他最后也讲明了自己不赞成的理由，“为国以礼，其言不让，是故哂之”。[1]

正因此，作为“成己之学”的那个“志”字，就并非只是具体指向了“想干什么”，或者“想当什么”，就像日本庙宇前挂满的木牌子，这个写着想上“名古屋大学医学部”，那个写着想进“三棱重工株式会社”。甚至在日文中，还有这样一本《学习心理学》，它如此直白地提示中学生，如果觉得英语单词太难记了，那么就不妨在打开课本之前，先闭上眼睛想象自己的未来，一旦学成当上了开业医生，就可以挣大钱、买大房子，并且，还最好再想想那房子的细节，包括它的花园和它的泳池，不只是其中的水波如何清澈，你未来的妻子还正在其中戏水，而且她的容貌是如此姣好，不妨正是你暗恋的哪位明星……紧接着，这本书还这样诱惑读者，一旦你在自己的想象中，绘声绘色地描出所有这一切，那么，再睁开眼就顿觉炯炯有神了，而学习的效率也会大大增加！

1 《论语·先进》，《十三经注疏》，北京：中华书局，2009 年，第 5431 页。

如此的直白、露骨和流俗，当然会使人为之莞尔一笑。不过，要是认真计较起来，却也并不比中国的那句民谣，能更流俗和下作到哪里去，即所谓的“书中自有黄金屋，书中自有颜如玉，书中自有千钟粟，书中自有稻粱谋”。所以宽容地说，只要缺乏足够的内生动力，那么，如果想熬过这“十年寒窗”之苦，不管是参加当年“跳过龙门”的科场，还是参加现在“你死我活”的高考，先去自我暗示说“书中自有这”“自有那”，就不光是一种“人之常情”，甚至也可勉强算作是“暗中立志”了。

只不过，如果从儒家“成己之学”的要求来讲，这种局限于低层次的、无非是用来谋私的“志向”，其格局和器识都毕竟太过狭小了，还远远够不上孔子所讲的“志”字。——而我们由此一来，也就顺势追踪到“先立其大”的问题，那是孟子在一场对话中发挥出的：“公都子问曰：‘钧是人也，或为大人，或为小人，何也？’孟子曰：‘从其大体为大人，从其小体为小人。’曰：‘钧是人也，或从其大体，或从其小体，何也？’曰：‘耳目之官不思，而蔽于物。物交物，则引之而已矣。心之官则思，思则得之，不思则不得也。此天之所与我者。先立乎其大者，则其小者不能夺也。此为大人而已矣。’”[1]

1 《孟子·告子上》，《十三经注疏》，北京：中华书局，2009年，第5990页，着重号为引者所加。

要害在于，如果只是这般“从其小体”地来励志，那么，即使也可能达到某种浅近的效果，一个重大的后遗症却是，一旦那个浅近目的确实达到了，也就立刻失去了方向与后劲，登时就能变成泄了气的皮球。甚至，由于中国的大学往往“严进宽出”，致使有些孩子只要高考上榜了，便在同时失去了内心的动源。因此，这种目光短浅的、强刺激式的学习心理学，充其量也只能同样短浅地做到，为“工具理性”日益膨胀的现代社会，相应地提供一些“工具型人才”。

可对比起来，孔子和孔门所讲的这个“志”字，却先要奠立在那个“德”字之上，而且照这群儒者看来，也唯有先行建立这样的“德性”，才能算得上是“先立其大”；由此甚至可以说，即使只是为了激发“终身进学”，也要为受教育者去“先立其德”，从而造就成为“大器”的根底。正是在这个意义上，当然也是基于“从其大体”还是“从其小体”的区别，我才在别处反用托尔斯泰的著名句式：“成功学者的经历都是相似的，而失败的学者各有各的失败。”[1]耐人寻味的是，再回到孔子那段著名的自述，即“吾十有五而志于学，三十而立，四十而不惑，五十而知天命，

1　刘东：《走向成熟的生命意识》，《前期与后期：困境中的生命意识》，上海：上海人民出版社，2020年，第227页。

六十而耳顺，七十而从心所欲，不逾矩”，[1] 我们也就从他整个求学生涯的起点上，重新认识了“十有五而志于学”中的那个“志”字；也就是说，倘无那次向着终身进学的慨然“立志”，那么并非“生而知之”，而属于“学而知之”的孔子，其本人也是断断不可能“成圣成贤”的。

按说，在尚属有限的制度史中，无论是以往的科举制度，还是当今的大学制度，虽则也都难免它的有限性，总都属于积极的制度建设，也毕竟让更广泛的社会成员，由此而获得了求知的空间和向上流动的可能。可即使如此，如果只顾叨念“书中自有这”“自有那”，那么，哪怕你读的恰恰就是“圣贤书”，也照样有可能把书给“读歪了”，从而造成了自古就有的异化现象：“一方面毫无疑问，科举制度到了后世的创立，是既顺应了孟子‘人皆可以为尧舜’（《孟子·告子下》）的理想，也贴合着荀子尊崇‘大儒’的理想；可另一方面又不无吊诡，一旦科举制变成了基本的制度和主要的进身之阶，那么，得以爬过这样的晋升阶梯乃至能高居于庙堂之上的人物，却仍可能暗中怀有‘杨朱’之念，从而在本质上仍属于‘俗人’或‘众人’；或者说，充其量也只能算作‘小儒’（或“俗儒”），远远达不到‘不欺暗室’或‘自

1 《论语·为政》，《十三经注疏》，北京：中华书局，2009 年，第 5346 页。

在充满’的境界。”[1]

不过，也正因为这样，才越发显出了“志”字的重要，要求必须就此去“先立其大”。——我们看到，梁启超在《德育鉴》的这一章中，想必也是出于类似的考虑，才会选出了代表性的理学家，以其话语来凸显出这个“志”字，并说明只有具备了怎样的内心“志向”，才会相应表现出怎样的进学力道。比如，程颐曾经这样来说明，一旦“立下志”便会不觉得“倦怠”，盖因为内心中有了更大的动力：“问：人或倦怠，岂志不立乎？曰：若是气体，劳后须倦。若是志，怎生倦得？人只为气胜志，故多为气所使。人少而勇，老而怯，少而廉，老而贪，此为气所使也。若是志胜气时，志既一定，更不可易。”[2]再如，朱熹也曾这样来说明，要是只为“功名利禄”而读书，那是根本连书也“读不好”的：“书不记，熟读可记；义不精，细思可精。惟有志不立，直是无著力处。只如而今贪利禄而不贪道义，要作贵人而不要作好人，皆是志不立之病。直须反复思量，究见病痛起处，勇猛奋跃，不复作此等人。一跃跃出，见得圣贤所说千言万语，都无一事不是实语，方始立得此志。就此积累工夫迤逦向上去，大有

1　刘东：《世俗儒家与精英儒家》，《国学的当代性》，北京：中华书局，2019 年，第 107 页。

2　梁启超：《德育鉴·立志第二》，南京：译林出版社，2022 年，第 30 页。

事在。”[1]

此外，这里的另一层精义还在于，学界毕竟并不是金庸的武林，所以“先立其大”又并非意味着，打从自己“志于学”的头一天起，就在心里暗自憋了一股劲，非要去做个“天下第一”“打遍天下无敌手”不可。那样的话，既注定了绝大多数的争夺者，终究都只能体验失败的苦痛；也注定了我们置身其中的社会，终究只能由这些“失败者”来组成；更注定了由此形成的社会环境，只能到处充满了争斗的敌意和彼此的相轻。而凡此种种，无论如何都失去“为学”的本意了。——反过来说，要不是心胸这般狭隘逼仄，实则正像我本人确曾体会的，学术生涯足以带给我们的，倒反而是“审美意义”上的交往：“在利欲熏心的年代选择做学问，不管有多少亏要吃，但至少还有一件事，那是官场和商场都比不了的，这就是你可以广泛地以文会友，甚至到整个世界的范围内，去寻找跟你志趣相投和智力相等的朋友。这样，你所拥有的至情至性的知己，肯定要比那些毕生以尔虞我诈为业的人多得多。簇拥着这些朋友，你不仅可以增容头脑、同商大计、共享情怀，还更可以像齐美尔所说的那样，在社会交往的游戏形式中，享受到接近美学标准的快乐。在那样的时刻，你甚至会搓搓双手

1 梁启超:《德育鉴 · 立志第二》，南京：译林出版社，2022 年，第 31 页。

踌躇满志地想到，人还没准真是一种高等动物罢？”[1]

此外，关于“先立其大”的这个“大”字，我还从别的侧面进一步解释过，不光是先有了怎样的精神境界，才会相应地具有怎样的进学动机，而且是有了怎样的认同范围，才会相应地具备怎样的精神境界。——而我们由此也就更得以看出，既然“德性”从来都发生于“主体间”，那么用来支撑“人格成长”的内生动力，就绝不会只是来自孤零零的、只愿去“与人奋斗”“扬名立万”的个体：“由于认同向来都是双向的结缘，不可能在陌生的眼光中一厢情愿地达成，所以，如果有谁在其人格发育急需从认同范围中汲取力量的关头，突然因为无论什么原因，被抛到了一个孤零零的场所，发现无论从语言和习性方面，还是从肤色和国别方面，那边的人都不可能认同自己，而自己也不可能认同别人，那么，此人的人格成长就有可能受到重大的压抑。这种人，由于无法享有从中汲取人格成长力量的本土资源，也基本缺乏操演社会关切的现实语境，便只能被迫自闭于社群；于是此后，就算他没有变成彻底的唯我论者，其内在的丰富性和发展动源也已相当有限了。”[2]

1　刘东：《未尽的文字缘》，《道术与天下》，北京：北京大学出版社，2011 年，第 309—310 页。

2　刘东：《个人认同与人格境界：从跨文化的立场诵读“八条目”》，《道术与天下》，北京：北京大学出版社，2011 年，第 152 页。

针对人格成长的这种限制，孔子还曾从另一个侧面指出过，“君子有三戒：少之时，血气未定，戒之在色；及其壮也，血气方刚，戒之在斗；及其老也，血气既衰，戒之在得。”[1]等我写完这些题解后，还打算再另外写一篇长文，来说明对于其中的“戒之在得”，人们长期都只是以讹传讹，并未把握到其精义之所在。不过，受限于眼下的具体论题，这里也只能姑且先来指出：孔子这段话中所讲的“三戒”，都是指在某个人生的特定阶段，某种自然会冒出来的，又最难遏制的心理欲望；因此，有点像佛家所讲的“贪、嗔、痴”，孔子也是在以这“三戒”来提示，必须去警惕或提防三种“有害心理”，即“色心”、“斗心”和“得心”，不要让它过于占据自己的心绪，以致阻断了本应有的人格成长。——顺便再说一句，更受佛教影响，从而更擅心学的王阳明，后来又把“戒之在斗”的“斗心”，转而表述为“争强好胜”的“胜心”，比如他曾在一篇碑文中所自省的：“寻谪贵阳，独居幽寂穷苦之乡，困心衡虑，乃从事于性情之学。方自苦其胜心之难克”，[2]再如他曾在一封书信中所批评的：“后世学术之不明，非为后人聪明识见之不及古人，大抵多由胜心为患，不能取善相

1 《论语·季氏》，《十三经注疏》，北京：中华书局，2009年，第5479页。

2 王守仁：《程守夫墓碑》，《王阳明全集》，卷二十五，上海：上海古籍出版社，2006年，第943页。

下”，[1] 又如他曾在一篇序文中所剖析的：“夫是非同异，每起于人持胜心、便旧习而是己见。故胜心、旧习之为患，贤者不免焉。”[2]

与此相应，其实孔子也早在《论语》中，便留下了对于“戒之在得”的正解，那正是指一种“患得患失”的忐忑之心，而且，这样的“得心”还更易于出现在人生的老年阶段，因为彼时更不禁要去回顾和盘点：“鄙夫可与事君也与哉？其未得之也，患得之；既得之，患失之；苟患失之，无所不至矣。”[3] 可无论如何，由此就最为微妙和危险的是，无论已经“有所得”还是“有所失”，反正只要一个人这么“患得患失”了，也就随即有了继续进学的障碍。也是唯其如此，我们才足以看到在求学进程中，实在是到处都布满了陷阱，而一旦被“得心”堵塞了心窍，那么，即使以往也做出过某些成绩，一个人从追求过上进的学者，到无非是混迹于学界的庸才，也往往便只剩下“一步之遥”了。而一旦沦落到了这般田地，就算他还在用马马虎虎的文章，来应付官僚机构的机械考评，终究还会被学界的同行发现，很多原本可能钻探下去的深思，和原本可能获得的发现，都被他马马虎虎、浮皮蹭痒地漏掉了，充其量也只是在“买椟还珠”而

1 王守仁：《寄邹谦之》，《王阳明全集》，卷六，上海：上海古籍出版社，2006 年，第 207 页。

2 王守仁：《象山文集序》，《王阳明全集》，卷七，上海：上海古籍出版社，2006 年，第 246 页。

3 《论语·阳货》，《十三经注疏》，北京：中华书局，2009 年，第 5487 页。

已。——正因为这样，凡是被“得心”迷住了心窍的人，都应当去从头重温孔子的另一名言：“譬如为山，未成一篑，止，吾止也。譬如平地，虽覆一篑，进，吾往也。”[1]设非如此，他这辈子的出息也就“不过如此”了，只能越来越多地体验“寿多则辱”的窘境。

说来也巧，就我本人的特定经历而言，很多与此相连的人生道理，都是自己在重建清华国学院时，从前任教授梁启超那里学到的：“即使你的前半生有过些许存进，而且这些存进也为你的人生履历，铺垫了一些成功的条件，但此刻刚刚开始的、你的人生旅程的后半段，也绝非是让你功成名就、志得意满的年龄；相反，如果你抱持更有出息的自我期许，那么从今往后的这段历程，对你短暂的、稍纵即逝的一生而言，倒有可能是最为闪烁不定，甚至最为危殆不安的时间！尽管事到如今，从一方面来说，此前的那些成败利钝，都已显得不那么重要，但从另一方面来说，今后的任何进退得失，正因为已无棋可悔，却又显得那么利害攸关。所以，从今往后的你，必须比以往的任何阶段，都更加专注投入和心无旁骛，也更加充满危机感和紧迫感；从今往后的你，也必须比以往的任何阶段，都更会从充满创意的治学本身，

1 《论语·子罕》，《十三经注疏》，北京：中华书局，2009 年，第 5410 页。

去发现和体验生命的快乐；从今往后的你，还必须比以往的任何阶段，都更加注重生命的营卫，——既然你唯独还想完成一项事业，而那事业又必须在你生命的自然展开中，才有可能不无侥幸地完成……”[1]

因而最为精妙的是，也正是在“戒之在得”的告诫下，我们居然出乎意料地看到了，即使到了学术生涯的晚期，最可能对一个人构成障碍的，反而恰是他既已欣然地“得到”过什么，而又悚然地惧怕再“失去”什么。而归根结底，无论是这样来“患得”，还是这样来“患失”，终归还是因为没能够“先立其大”，以便打从心底便建立起求学之“志”，乃至养成“好学”与“悦学”的惯习。可反过来说，一旦养成了这样的“好学”精神，那么，无论是到了人生的哪个阶段，也无论以往曾“得到”过什么，自始至终都应去自问自责的，也只在于到底“还有什么”不知道的，以及到底“还有什么”仍要学习？而这就是夫子所谓“朝闻道，夕死可矣”[2]的精义了；也就是说，一旦真正具备了这样的精神，求学的过程也就不致戛然中断了，而只能表现为“生无所息”和“死而后已”。这样的人，由于他本人的整个生命进程，

1 刘东：《未竟的后期：〈欧游心影录〉之后的梁启超》，《中国学术》第三十辑，北京：商务印书馆，2011年，第138页。

2 《论语·里仁》，《十三经注疏》，北京：中华书局，2009年，第5367页。

其本身就是由“学”字来定义和贯注的，也是由“学”字来充实和提升的，所以，休要说进入了“血气既衰”的老年，即便到了生命的最后一刻，他也不会像庄子那样颓丧地断定，反正自己也觉得“学不过来”了，那就不如干脆“躺倒不学”算了，即所谓的“吾生也有涯，而知也无涯。以有涯随无涯，殆已”。[1]殊不知，恰是在那“以有涯随无涯”的过程中，人生才会在步步攀缘的上升中，逐渐显出层次与境界的高下来；而且，对于真正“好学”和“悦学”的个人而言，那个不断攀缘的上提过程，尽管一直都充满了紧张与病痛，却更一直都充满了享受与兴奋。

我们看到，正是本着这样的人生态度，梁启超才会特别在本节中，选择了周莹求学于阳明的故事，并借着王阳明的精彩解释，说明了只要真正有志于学，那么学习过程的周折困顿，本身就已构成了深刻的意义：

> 周莹尝学于应元忠，往见阳明子。阳明子曰：“子从应子之所来乎？”曰：“然。”曰：“应子云何？”曰：“应子曰：‘希圣希贤，毋溺流俗。’且曰：‘吾闻诸阳明子’云。莹是以不远千里而来谒。”曰：“子之来犹有未信乎？”曰：“信。”

1 《庄子·内篇·养生主》，北京：中华书局，2010 年，第 44 页。

曰："信而又来，何也？"曰："未得其方。"阳明子曰："子既得其方矣。"对曰："莹惟不得其方，是以来见，愿卒赐之教。"阳明子曰："子既得之。"周子悚然起，茫然有间。阳明子曰："子之自永康来也几何程？"曰："数百里而遥。"曰："远矣。"曰："从舟乎？"曰："舟而又登陆也。"曰："劳矣。当兹六月，暑乎？"曰："途之暑特甚。"曰："难矣。具资粮，从童仆乎？"曰："携一仆，中途而病，舍贷而行。"曰："兹益难矣。"曰："子之来既远且劳，其难若此也，何不遂反乎？将毋有强子者乎？"曰："莹至夫子之门，劳苦艰难诚乐也，宁以是而遂返，又奚俟人之强也？"曰："如是，则子固已得其方矣。子之志，欲至于吾门，则至于吾门，无假于人。子而志于圣贤之学，则亦即至于圣贤，而又假于人乎？子之舍舟从陆，捐仆贷粮，冒毒暑而来也，又安受其方也？"周子跃然而拜曰："兹乃命之方也矣。"[1]

更应在此说明的是，选择了这个故事的梁启超，他本人也正属于这样的儒者。然而令人遗憾的是，由于此后又遭遇了文明的崩解，人们不再具备相应的文化"前理解"，也就越来越弄不

1 梁启超：《德育鉴·立志第二》，南京：译林出版社，2022年，第36—37页。

懂了：为什么像他那样一位大政治家，还会主动地选择清华国学院，以追求一个更富学术意味的晚年。——“最为典型的误解方式是：他们出于各自的课题、眼界和倾向，要么就把梁启超看作生就的政治活动家，要么就把他视为职业的学术研究家；而再从这种僵化的、非此即彼的预期出发，他们也就很难看出梁启超的后期选择，对于这位生活在儒学暗示中的人物而言，具有怎样的不可或缺的重要意义，而要么只是以政治家的成败来论英雄，把梁启超写完《欧游心影录》后的选择，完全看作是从政坛上的逃遁与败走，看作是失意政客在打发无聊日子，要么就只是以学问家的成果来论得失，乃至把梁启超的早期活动，包括在办报时代写作的文章和政治活动中的宣传文字，都看成粗疏的、急就的和不够成功的学术论文。”[1]

然而，经过前边对于“先立其大”的阐发，我们至此却很容易会心理解了：这样的选择对于“终生志学”的儒者，就像原已上好发条的钟表一样，不光是自然而然的，而且是势在必然的。所以，也正是这样的“向学之志”，才促使无论梁启超是否“功成名就”，都不会被“得心”所羁留和牵绊，因为对于“进学”的不稍消退的渴望，正如对于呼吸之须臾不离的需求，都属

1 刘东：《未竟的后期：〈欧游心影录〉之后的梁启超》，《中国学术》第三十辑，北京：商务印书馆，2011 年，第 103 页。

于他本人生命进程的本分，舍此便不再具备“再活下去”的意义了。——“这种终生鞭策进学的文化氛围，在带来其独特的悦乐快慰的同时，却也会带来其特有的危机感，那仍要来自孔子对‘德之不修，学之不讲，闻义不能徙，不善不能改’(《论语·述而第七》)的深深忧虑。事实上，在任何一个年龄的整数关口，它都会不言自明地追问那个当事人：是否确然做到了‘而立’、‘不惑’、‘知命’和‘耳顺’等等？而由此一来，无论一个人在外在名声和事功方面，是否已能享有‘天下何人不识君’的美誉，或者是否显得‘大功告成’而‘足慰平生’，他都不会被鼓励去安享这种‘功成名就’。”[1]

回顾起来，尽管早期的清华国学院，是众所周知的大师荟萃、名流云集，然而在我任教于此的十一年中，在所有那些卓有成绩的前贤中，还是自觉得跟梁启超最为投契，盖因为他的个性更为舒展，性情更为坦然，人格也更为雅正，而所有这一切的终极缘由，当然还是因为传统的儒家精神，在他那里相对保留得更加完整。虽则说，一次偶然的手术意外，使他原已拟订的宏大研究计划，只在这里完成了很少的一部分，从而也使他“继续进学”的热望，只在这里表现为“壮志未酬”的悲剧；可反过来

1　刘东：《未竟的后期：〈欧游心影录〉之后的梁启超》，《中国学术》第三十辑，北京：商务印书馆，2011 年，第 106 页。

说，也正是这种充满偶然的悲剧，才使我从自己的前任那里，意识到即使在这样的人生阶段，侥幸获得了这样的尊崇位置，也仍要时刻自警地抓紧治学，而决不能就此便躺到了“功劳簿”上，否则很可能就会机不可失、时不再来。——当然，在这个意义上也可以说，正是梁启超“先立其大”的人格，才警策了我自己的“终身治学”进程。

甚至，为了时时保持这样的自警，我在晚近的著作中还曾提出，尽管已经自觉地“不语怪、力、乱、神”，从而也坚决地摈弃“超越性存在”了，可我们还是应当在自己的心情中，宛如同时“生活在两个世界”，——当然了，即使那另外一个想象中的世界，也仍要属于同源的世俗世界，只不过是被历史所提取了的、消除了很多烟火气的人文世界。

> 柳暗花明的是，一旦得以把自己主要的注意力，对准那个更上一层的“历史世界”，那么，无论这是否属于一种“晚期心境”，人们都会一下子变得呼吸均匀、心平气和了。当然，这种“超拔”或“超脱”的学术世界，还是要依托于那个现实和功利的世界。可至少，我们也从几千年的白纸黑字中，同样真确、笃定而稳固地读到过，还另有一个无形的、理念的、想象的、追思的、不受压制的和属于历史的世

界，即使你也只是到了自己身后，才有可能进入到那个“不朽”的世界。——在那样的一个世界里，无论你具体生活在哪个时代，是作为祖先还是晚辈，是作为古人还是今人，都立刻就显得相对平等起来，毕竟每一个生命或性灵，都只享有大体相等的活跃时间。甚至，在那样的一个世界里，无论你是活得显要、死得哀荣，还是科场失意、寂寂无闻，也立刻就变得再也无关紧要了，因为在那里所要排行的，只是一个个体的天分和毅力，以及他依托于此所完成的创造。既然这样，那么，除了让自己所达到的精神水准，所做出的学术成就，到“历史世界”中去自动地重新“降世”，其余的你也就再也使不上什么力了，就算你曾经再有“心机”和再会“投机”，一旦来到这里，就再也无“用武之地”了。[1]

无论如何，一旦能自觉地生活在这“两个世界”，从而得以超拔出“立体的人生”，那么，休要说那些世间的辈分和虚名了，就算真在同侪间做到了“一时无两”，也并没有多大的实质性意义，那充其量也不过就是“一时一世”罢了，可在高居于你头顶的、作为人文历史的天穹上，还有许多身量和智慧更高的人，有

1　刘东：《超拔出来的“立体人生”》，《前期与后期：困境中的生命意识》，上海：上海人民出版社，2020 年，第 217 页。

可能只把你映衬为一个“侏儒”。在这个意义上，我们借助“两个世界”所获得的历史感，还是有助于自己更好地“立志”，去时时地在今古之间进行印证，从而在那些更堪师法的人生楷模中，获得更为充沛、更难遏止的进学动力。——有意思的是，我们从《德育鉴》的文本中，也正好可以看到孟子当年完全同出一辙的自我激励：“彼丈夫也，我丈夫也，吾何畏彼哉？舜何人也，予何人也，有为者亦若是。”[1] 与此相连，梁启超还补选了孟子的另一段话：“待文王而后兴者，凡民也。若夫豪杰之士，虽无文王犹兴。”[2]

由此可见，我们之所以要反对“历史决定论”，在很大程度上正是因为，我们自己究竟“做，还是不做”，并不是全都取决于身外的历史结构，也同时要取决于我们自己的内心，取决于自己是否预先就“立下大志”。

1 《孟子·滕文公上》,《十三经注疏》，北京：中华书局，2009 年，第 5874 页。

2 《孟子·尽心上》,《十三经注疏》，北京：中华书局，2009 年，第 6017 页。

题解六（立志第二）

“无用之用”能否成立？

接下来，与能否“立下大志”密切相关，还应再来反思一下“用处”、“功用”或“功利”的问题。事实上，人们想要以“用处”一词来指称的东西，当然也有其生理学乃至物理学的普遍基础，不过与此同时，却也同样渗入了社会学和文化人类学的特殊规定。正因为这样，在消费主义的文化惯习越来越盛行，而人为煽动的“社会需求”也越来越旺盛的情况下，只要这个概念还没有从根上得到清洗，那么，我们的社会便也只会越来越多地复制出与此相配的、马尔库塞意义上的“单向度的人”来。——由此一来，就算人们并不是全然地“丧志”了，他们的“志向”也终究是被大大地消磨了，以致一辈子也就只认准了一件事，无非是在“挣钱”和“花钱”的循环圈中打转，正如诗人于坚在《日子》中所描绘的，“太阳是一枚金币 / 照耀着人的一生 / 每一个日子”。

不客气地说，要是从“全面发展”的人性要求来看，如此

“走火入魔”的“单向度的人”，倒显得很是死性拘泥，很是蠢笨迂腐。——而相形之下，孔子当年就显得聪明和灵动多了，因为众所周知，他的立场正是“毋意，毋必，毋固，毋我”，[1]或者说“吾有知乎哉？无知也。有鄙夫问于我，空空如也。我叩其两端而竭焉”。[2]我们再通过下边两段有关管仲的对话，更可在师生之间的鲜明对比中，突出领悟出孔夫子立场的那份灵动：

子路曰：“桓公杀公子纠，召忽死之，管仲不死。”曰：“未仁乎？”子曰：“桓公九合诸侯，不以兵车，管仲之力也。如其仁！如其仁！”

子贡曰：“管仲非仁者与？桓公杀公子纠，不能死，又相之。”子曰：“管仲相桓公，霸诸侯，一匡天下，民到于今受其赐。微管仲，吾其被发左衽矣。岂若匹夫匹妇之为谅也，自经于沟渎而莫之知也。”[3]

此外，不光是在谈到事功层面时，便是在谈到物质生活的时候，孔子也从不会断然地予以否定，缘此他才会讲出“人莫不饮

1 《论语·子罕》,《十三经注疏》，北京：中华书局，2009 年，第 5407 页。

2 同上书，第 5408 页。

3 《论语·宪问》,《十三经注疏》，北京：中华书局，2009 年，第 5456—5457 页。

食也，鲜能知味也”[1]的名言，才会拿出“食不厌精，脍不厌细”[2]的态度，甚至，他也才会戏剧性地每逢“有盛馔，必变色而作”。[3]不过话又说回来了，这样的优越条件对于孔子而言，却又只属于“有了更好”“没有也罢”的，毕竟一应外在条件都属于“可变”的，唯有内心的道德坚守才属于“不变”的。——事实上，也正因为这类外在条件往往易于变动，往往要取决于诸多叠加到一起的偶然，孔子才又讲出了他的另一句名言，使我们从中见出了他的“无可无不可”，[4]或者说，是见出了他那既灵活掌握，又谨慎权衡的“中庸之道”：“天下有道则见，无道则隐。邦有道，贫且贱焉，耻也；邦无道，富且贵焉，耻也。”[5]我们由此还可以领悟，实则孔子所执的那种“中庸之道”，与俗常的某些误解刚好相反，不光并非是在“和稀泥”，相反倒有“白刃可蹈”[6]的精神。

可无论如何，正如“道德运气”的哲学命题所意味的，万一碰到了某种迫不得已的、拷问内在良知的偶然，要求在“放弃”和“坚守”之间做出抉择，那么，对于必须保持“君子之风”的

1 《礼记·中庸》，《十三经注疏》，北京：中华书局，2009 年，第 3528 页。
2 《论语·乡党》，《十三经注疏》，北京：中华书局，2009 年，第 5419 页。
3 同上书，第 5421 页。
4 《论语·微子》，《十三经注疏》，北京：中华书局，2009 年，第 5496 页。
5 《论语·泰伯》，《十三经注疏》，北京：中华书局，2009 年，第 5402 页。
6 《礼记·中庸》，《十三经注疏》，北京：中华书局，2009 年，第 3529 页。

孔子而言，最没办法商量的，也是最不能放弃的，就绝不会是外在而偶然的物质条件了，而只能是内在而必然的道德操守。正因为这样，我们才会在《论语》中读到相应的记载：“在陈绝粮，从者病，莫能兴。子路愠见曰：‘君子亦有穷乎？’子曰：‘君子固穷，小人穷斯滥矣。’”[1]甚至，一旦被逼到了这样的紧要关头，孔子还会将计就计地转过念来，把原本并非出于自愿的贫穷困窘，当成了核验修养的标尺和磨炼意志的条件，由此他才会赞扬自己最好的弟子：“贤哉回也！一箪食，一瓢饮，在陋巷，人不堪其忧，回也不改其乐。贤哉回也！”[2]再到了后来，孟子更把这种“穷且益坚”的磨炼，几乎是以一种“道德目的论”的口吻，当作了人格修养的必要条件：“故天将降大任于斯人也，必先苦其心志，劳其筋骨，饿其体肤，空乏其身，行拂乱其所为，所以动心忍性，曾益其所不能。”[3]尽管每爱把话“说到极致”的孟子，在此未必全部反映了孔子的意思，因为后者显然不会那么固执拘泥；然而，一旦确实碰到太坏太背的“道德运气”，那么在已是无路可退、无可权衡的情况下，孔子本人也确实会拿出“岁寒，然后知松柏之后凋也”[4]的姿态来，去慷慨地宣示“君子食无求饱，

1 《论语·卫灵公》，《十三经注疏》，北京：中华书局，2009年，第5467页。

2 《论语·雍也》，《十三经注疏》，北京：中华书局，2009年，第5383页。

3 《孟子·告子下》，《十三经注疏》，北京：中华书局，2009年，第6009页。

4 《论语·子罕》，《十三经注疏》，北京：中华书局，2009年，第5411页。

居无求安，敏于事而慎于言，就有道而正焉”，[1]或者去激昂地指斥“士志于道，而耻恶衣恶食者，未足与议也”。[2]

一旦明确了儒家的“义利之辨”，就可以把这里边的基本道理，再代入到《德育鉴》的成书年代了。正是在写在这本书的案语里，梁启超出于相通的“义利之辨”，而顿足痛惜自古以来的主导话语，竟然出现了如此戏剧性的反转：“居今日而与学者言义利之辨，无论发心体认者渺不可得，但求其不掩耳却走者，盖千百中无一矣。何也？所谓权利思想，所谓功利主义，既已成一绝美之名词，一神圣之学派。”[3]这样的说法，也就使我们联想起史华兹笔下的严复了，据说他只是为了“寻求富强”的功利主义目的，才有所保留地或曰误读性地引进了穆勒的《论自由》(即《群己权界论》)。[4]——当然既然说到了这里，还应当再来补充说明一下，至少是根据我自己的读书心得，史华兹的这种概括也未必确切，因为只要是穷追下去，那么穆勒本人就属于“功利主义者”，且还正是《功利主义》一书的作者；[5]所以，严复当年那番想要“寻求富强”的努力，与其说是误读或曲解了自由主义的学

1 《论语·学而》,《十三经注疏》，北京：中华书局，2009年，第5338页。

2 《论语·里仁》,《十三经注疏》，北京：中华书局，2009年，第5367页。

3 梁启超:《德育鉴·辨术第一》，南京：译林出版社，2022年，第9页。

4 参见［美国］本杰明·史华兹:《寻求富强：严复与西方》，叶凤美译，南京：江苏人民出版社，1990年。

5 参见［英国］约翰·斯图亚特·穆勒:《功利主义》，叶建新译，北京：九州出版社，2017年。

理，倒不如说是又另外引进了功利主义的学理，或者说是兼而有之地引进了“功利主义的自由主义”的学理。

可无论如何，一旦这种“功利主义”被堂皇地引进了，并且随即就在话语场中占据了上风，那么，传统“义利之辨”中故有的“先后次序”，便随即也被整个地颠倒了过来，而又正是伴随着这样的正反颠倒，以往在“儒杨之间”所建立的那种关系，也就同样会被严复自觉地颠倒过来。——正因为这样，当年那个一门心思追求西化的严复，才会一方面去为历史上的杨朱大正其名：“所谓杨朱，其论道终极，皆为我而任物，此在今世政治哲学，谓之个人主义（Individualism）”，[1] 而另一方面，他又干脆站到了历史传统的对立面上，反从杨朱的立场去批判和贬损孟子：“夫自修为己者也，为己学说既行，则人人皆自修自治，无劳他人之庖代。世之有为人学说也，以人类不知自修自治也。使人人皆知自治自修，则人人各得其所，各安其性命之情。孟子诋杨，其义浅矣。”[2]

我曾在晚近的著作中指出过，“虽说严复仅凭几本翻译过来的、原属于别人的作品，就占据了如此显赫的文化‘名人’位置，这看起来简直是不可思议的，至少也是不可重复的了，可即

1　严复：《〈庄子〉评语》，《严复集》（第四册），北京：中华书局，1986 年，第 1126 页。

2　同上书，第 1125 页。

使如此，这位翻译家对于现代中国的‘影响’，恐怕迄今为止都还是被大大低估了”。[1] 只可惜，沿着前边的文脉却可看出，他那种带有巨大“长尾”的影响，则又有着相当深远却鲜为人知的负面效应。而毋庸讳言，也正因为当年对西学的一知半解、生吞活剥，才更在中国本土的接受语境中，越发地造成了基本是非的混淆、道德观念的丧失和收束人心的困难。——我们看到，应当同样是鉴于这一点，梁启超才会又在案语中写道：“及至今日，而翻译不真、首尾不具之新学说搀入之，我辈生此间，其自立之难，视王子时又十倍焉。”[2] 而且，他在书中还特别引证了王阳明，来对应越发严重起来的当今道德困局：“圣人之学日远日晦，而功利之习愈趋愈下。其间虽尝瞽惑于佛老，而佛老之说卒亦未能有以胜其功利之心；虽又尝折衷于群儒，而群儒之论终亦未能有以破其功利之见。盖至于今，功利之毒沦浃于人之心髓，而习以成性也几千年矣。”[3]

不过，我们从另一方面也应当看到，在功利主义恶性扩张的问题上，严复本人毕竟算不上始作俑者，充其量也只属于西学的传递者；而且，即使他当年的这种抢先介绍，也只是基于自己

1 刘东：《我们共通的理性》，上海：上海人民出版社，2021 年，第 65 页。

2 梁启超：《德育鉴 · 辨术第一》，南京：译林出版社，2022 年，第 14 页。

3 同上书，第 12—13 页，着重号为引者所加。

的一知半解、望文生义，并没能真正把握西学的全貌，可毕竟他的初始用意还是在于，要以用进废退、适者生存的天演论，和讲求实效、不尚虚文的功利主义，来在积贫积弱、国将不国的危局中，尽可能地拯救自己的故国。——正因为这样，我们接下来真正要与之严肃对话的，与其在于当年片面领会了它，乃至造成了巨大负面效应的严复，倒不如在于他所介绍进来的西学本身。换句话说，这里还是应当从文明的根底处，看看是否只是根据舶来的功利主义，就应去颠覆或倒转中国传统的“义利之辨”。

这就需要先从思想认识上，去仔细清理“用处”这个概念了。无论如何，我们寻常所讲的那个“用处”，并不是客体自身固有的性质，而只能由主体投射到客体上，而源起于主体对客体的阐释与开发。更具体地讲，当我们作为具有内在欲求的主体，去同外在的客体进行交接的时候，凡是外物的那些受到了自己正面肯定、使自家的生命力得以顺利扩张，并使自己感到身心康乐的特定性质，就都会被我们自然地视作和称为它们的“用处”。——正如福柯针对这种关系所指出的：“秩序既是作为物的内在规律和确定了物相互间遭遇的方式的隐蔽网络而在物中被给定的，秩序又是只存在于由注视、检验和语言所创造的网络中；只是在这一网络的空格，秩序才深刻地宣明自己，似乎它早已在那里，默默等待着自己被陈述的时刻。”[1]

也正因为这样，我们接下来又会顺理成章地看到，在不同的外在条件和环境下，并且在不同的人类发展阶段中，外物的“用处”也会受到不同的认定与开发。——还是因为这样，我们也才会心领神会地认定，其实寻常所讲的“用处”，从来都有其特定的地理学、生态学，乃至人类学根源，比如“芋头”在南太平洋岛国的文化功能，或者“牛粪”在中国西藏地区的使用功能，再如“鱼头”在中国汉族餐桌上的飨客功能，或者“羊尾油脂”在中国蒙族地区所表达的敬意，对于外在于那个特定区域的人们，根本就是无法想象和无从接受的。

既是这样，我们也就不难顺势理解到，如果借助于福柯所发明的观念，认定了在各自不同的文化模式中，必会造成各不相同的“物之序”，或曰排定事物次序的基本“范畴表”，而且，这种作为“物之序”的“范畴表”，又正如我以往就此写到的，“乃是一个文明用以表现自身和掌握世界的必要手段，而各范畴表之间的不可翻译性，并不证明此一或彼一文明的优劣，而只演示了文化沟通行为本身的相对性”；[2]那么，我们沿着前文中的论述又可以

1 ［法国］米歇尔·福柯：《词与物：人文科学的考古学》前言，莫伟民译，上海：上海三联书店，2002年，第8页。

2 刘东：《变异的“物之序”》，为国际比较文学学会2003年香港年会所拟的圆桌会议中心议题。

认为，这种隶属于不同文化模式的、各不相同的“物之序”，如果从“效用”的侧面来观察，也正是借以排定“用处”序列的、各不相同的特定“范畴表”。——这也就意味着，特定的人群在特定的文化环境中，会基于某种特定的文化需要与功能，来判定到底哪些东西属于“有用”、哪些东西属于“无用”，乃至于哪些东西的“用处”更大、哪些东西的“用处”较小；甚至于，如果再往这张“范畴表”的细部去看，我们更可以见微知著地观察到，作为整张人类“认识之网”的网上纽结，排列组合于其上的每一件具体事物，也都会被依据“用处”的分量大小或轻重缓急，来决定它们所占有的位置与次序。

一旦领会到了这一点，再根据前文中对于严复的清点，我们也就足以合乎逻辑地理解到，如果从作为“物之序”的“范畴表”来看，那么任何一种文化模式的内在变迁——无论是采取缓慢的渐进步骤，还是采取激进的革命手段——都是沿着到底什么东西“有用”、什么东西“无用”，或者至少，是沿着它们各自“用处”的优先序列和轻重权衡，而从自己的思想意识，甚至是无意识的感觉中，悄无声息、如盐入水地开始发生的；也正因如此，这样的变迁才表现为内在的和深入的，乃至于表现为既不知不觉，却又难以逆转的。

实际上，如今让整个民族都痛心疾首的“斯文扫地”，也正是这样既悄无声息又积重难返地发生的。所以，只要能从“物之序”这个角度来观察，我们便会对当今时代的“文化失序”，获得既全然不同又更加清晰的观感了。我曾在前文中反复地指出，源出于和隶属于“先秦理性主义”的儒学，原本就是把价值奠立在“认识本位”上的，故而那个“学”字在整个文明系统中，原本就占据着高度优先的地位。然而，一旦在“打倒孔家店”的风潮之后，一向受到它正面压制的、宣扬极端个人主义的杨朱，反在舶来话语的奇异阐释下，悄然占据了思想的主导，那么，在这种“利己主义”的话语主场中，人们对于“用处”的认定与排序，也自然要跟着发生陡然反转了。——这自然也就意味着，即使人们还愿意再“学”点什么，也会一心只拣“立竿见影”的去学了，或者说，只愿去学点“有用”的“小知”了；至于涉及“全面发展”的博雅教育，既然这种深奥玄妙的东西，既不管吃也不管喝，又一辈子都未必能登堂入室，便只有越来越备受人们冷落了。

也正因为这样，才会产生前述那种直白露骨的、几乎属于一种强刺激的“学习心理学”。由此，最令人嗟叹的对比是，以往在北京天桥的地摊上，就连那些插科打诨说相声的，都爱以“炫耀学问”作为自己的“包袱”，而一旦心中的“功用”概念变得太窄，完全紧贴到了流俗的地面上，如今即使有幸来到了大学校园，人们往往也只是前来“谋取稻粱”，或者干脆说只是来“焚琴煮鹤”的。这才导致了眼下在大学里司空见惯的，即使不是去投机取巧，甚至于剽窃抄袭，也顶多只具备了专业性的“课题意识”，而绝不会有通识性的“问题意识”，绝不会再去敏感于什么“风声、雨声”，绝不会再去探寻玄妙的人生奥秘，也绝不会再去追求更高的人生智慧。——这样的人，当然也有可能自诩为“成功”，甚至也有可能被认定为“成功”；只不过，所有诸如此类的所谓“成功”，都只能参考那张被颠倒的范畴表，才能视其“用处”的大小而被重新排定。

正是参照着如此功利的“范畴表”，尽管正如卡尔·马克思所讲的，经济活动无论在任何时代，都具有作为基础的重要性，然而纵观整个的文明历史，却从来没有别的任何时代，会像在舶来的现代性这里一样，简直向它赋予了唯一性、至上性，乃至神圣性。本杰明·弗里德曼在其新作中指出，“当代经济学的批评者抱怨说，对于自由市场的信仰——在经济学家和许多普通公民中——是一种宗教形式。而且，事实证明，从更深层次、更具历史根基的意义上讲，这种想法是有道理的”。[1]而在这个意义上，如果我们相信过马克斯·韦伯的勾勒，认为“资本主义精神”确

1 Benjamin M. Friedman, “Introduction,” *Religion and the Rise of Capitalism*, New York: Knopf, 2021.

实就是缘于“新教伦理”，那么，现在我们也可以再反用他的命题，认为这种被赋予了神圣性的、原本只属于物质层面的经济活动，其自身就属于西方宗教的变态形式；而且，就这种膨胀的经济活动所造成的，由“单向度的人”所偏执的“单向度生活”而言，更不要说，就它给整个地球生态所造成的、基本已无可挽回的灾难而言，这种宗教的变态形式还特别恶性，或者不妨就干脆判为一种“邪教”。

不待言，也正是根据对于“用处”的最新排定，以往居于文明内核的人文学术，才会被逼迫得不断向后撤退，直到完全被排斥到了社会边缘，或者说，是直到排在了那张范畴表的末端。事实上，一旦传统的“义利之辨”遭到了颠倒，或者说，一旦人们已被赤裸裸的功利之心所裹挟，而习惯了工具理性的恶性膨胀，那么，他们就会一脸坦然、毫无愧色地告诉你：我可没有什么“文化”，比起你简直就是“白丁”和“文盲”；然而说穿了，他们之所以并不为此“难为情”，是因为这话背后还有句潜台词：我那些物质性的东西都是“有用”的，而你那些精神性的东西都是“无用”的。——进一步说，也只有在确立了这种优势前提之后，他们才会再虚情假意地转而安慰你，把你所钟爱的人文学术乃至文学艺术，再沿着这种逻辑形容为所谓的“无用之用”，既然它们都不能直接换算成钱，拿到市场中去换到多少“有用”的东西。

由此才进入了本节讨论的重点，也就是人们常讲的“无用之用”，这种说法到底能不能成立？或者说，寻常所谓的“无用之用”，到底能算是“有用”呢，还是“无用”？考究起来，类似“无用之用”这样的说法，应当是典出于庄子的《人间世》，然而庄周当年要表达的意思，却跟现今的通俗用法大有出入，并未“功利”地考虑过任何交换价值，而无非是说在恶劣的社会环境下，偏偏因为自己的“不堪为用”，反而获得了意想不到，却又唯一重要的“全生”，哪怕也只是没什么出息地去苟且偷生。——为了获得更加切实的感受，让我们回到《庄子》的文本中，去依次阅读那三个类似的故事：

第一个故事讲的是：“匠石之齐，至于曲辕，见栎社树。其大蔽数千牛，絜之百围，其高临山十仞而后有枝；其可以为舟者，旁十数。观者如市，匠伯不顾，遂行不辍。弟子厌观之，走及匠石，曰：‘自吾执斧斤以随夫子，未尝见材如此其美也。先生不肯视，行不辍，何邪？’曰：‘已矣，勿言之矣！散木也。以为舟则沉，以为棺椁则速腐，以为器则速毁，以为门户则液樠，以为柱则蠹。是不材之木也，无所可用，故能若是之寿。’”[1]

1 《庄子·内篇·人间世》，北京：中华书局，2010年，第68页。

第二个故事讲的是："南伯子綦游乎商之丘，见大木焉有异，结驷千乘，隐将芘其所藾。子綦曰：'此何木也哉！此必有异材夫！'仰而视其细枝，则拳曲而不可以为栋梁；俯而视其大根，则轴解而不可以为棺椁；咶其叶，则口烂而为伤；嗅之，则使人狂酲三日而不已。子綦曰：'此果不材之木也，以至于此其大也。嗟乎神人，以此不材！'"[1]

第三个故事讲的是："宋有荆氏者，宜楸柏桑。其拱把而上者，求狙猴之杙者斩之；三围四围，求高名之丽者斩之；七围八围，贵人富商之家求椫傍者斩之。故未终其天年，而中道之夭于斧斤，此材之患之。故解之以牛之白颡者，与豚之亢鼻者，与人之有痔病者，不可以适河。此皆巫祝以知之矣，所以为不祥也。此乃神人之所以为大祥也。"[2]

由此也就很容易辨明了，其实庄子当年所讲的"无用之用"，只是希望既不去"利用"别人，也不被别人"利用"，如此才能保全自家的小命，尽管真想要达到这样的保全，有时又不得不采取混世的乃至自贬的态度。正是出于这样的理由，他才得出了下述的招牌式结论："山木自寇也，膏火自煎也。桂可食，故伐之；

1 《庄子·内篇·人间世》，北京：中华书局，2010 年，第 71 页。

2 同上。

漆可用，故割之。人皆知有用之用，而莫知无用之用也。”[1]由此可知，其实在庄子那里的“无用之用”，原本就不在那张“用处”范畴表上，原本就已是“跳出三界外”，属于对文明的“物之序”的总体拒绝。——在这个意义上，后人对于庄子这种说法的完全想当然的发挥，即所谓“无用之用，方为大用”，根本就不符合庄子的本意，因为即使所谓“大用”，也仍要被归类为某种“用处”，也仍要被列入那张“用处”范畴表，从而也仍要被别人去大大地“利用”。

正因为这样，我们也就别再用那种话来自宽了，去讲自家之所为乃属“无用之用，方为大用”。其实这样的说法，不过是彻头彻尾的糊涂话，它不啻模棱两可地，一方面低头承认了，自己的工作确实是“没用”，另一方面又反唇强辩说，正因为它的确“没什么用”，反而又有出乎意外的“用处”，所以仍可列入那张“用处”范畴表，甚至高居在整个表格的顶端，此之谓“最没有用”的“最大用处”。——由此可知，尽管这一类含糊其词、自相矛盾的说法，比如“哲学的用途乃无用之大用”（冯友兰），其初始本意也是要为人文学科辩护；只可惜，由于这类说法本身的含糊混沌，反而把大家给弄得更糊涂了，既弄不清这到底属

1 《庄子·内篇·人间世》，北京：中华书局，2010 年，第 74 页。

于“有用”还是“无用”，也弄不清这种“大用”到底该被怎么“利用”。

更为关键的是，这种所谓“无用之用”的说法，从骨子里已接过了功利主义的前提，也就是说，它实则已然不假思索地先行承认了，所有的人文学科和文学艺术，确实都应被列入“无用”的序列。说到这里，尽管在“天下熙熙，皆为利来”的情况下，人们早已是“久在其中，不闻其臭”了，我还是要坚持去辨明其中的是非：当我们人云亦云地盲从着，去承认自己的学科确实“没用”时，就已从思想深处被功利主义俘获了。沿着这种舶来的“用处”范畴表，或者说，沿着被杨朱占了上风的“物之序”，人类文明在其漫长的发展过程中，所逐步形成的各种复杂分工，所逐步树立的各种高雅文化，就都沿着功利主义的短浅逻辑，被化约、降低和贬损“没用处”和“不必要”的了。

也只有如此短视地紧贴地面，人们才会把一应的文科知识乃至精神形态，全都看低和贬损为根本“没有用处”的，哪怕回头再兜个圈子找补一下，说这也可勉强算作是“无用之用”。——事实上，当年对于“臭老九”的恶心判断，就是循着这种功利逻辑推出的，后来就算知识分子又“吃香”起来了，也同样是站在如此功利的立场上，转而发现这帮人还是大有“用处”的。甚至于，就连想要为“科学”这种知识形态来正名，也只能沿着同样短浅的功利逻辑，再把它抬高（或贬低）为“第一生产力”，足见思想的惯性竟是何等顽固。

既是这样，那就不光会导致“斯文扫地”了，也会同时和照样导致“礼崩乐坏”。写到这里再来回顾，就不难再从这个角度来“复盘”了：就连孔子当年给出的“人生解决方案”，也都是依据着特定的“物之序”，或是借以排定“用处”的特定范畴表。也就是说，正由于本着先秦理性主义的原则，认定了那个“超越性存在”的虚拟设定本身并没有什么“用处”或“好处”，还只会徒增思想的混乱、加深群体的裂痕，儒家学说才会从自家的“认识本位”，再走向对于自身“德教”的特别倚重。与此同时，由于只有分清了“义利之辨”，才有可能让儒家的这种“为己之学”，顺利发展为个人的“成己之学”，且抑制住杨朱那种短浅的“利己之学”，所以，只要是站在儒家学说的立场上，就会发现从“大我”的角度来看，人们所讲的“利”固是“有用”的，然而人们所讲的“义”却更有“用处”。——说到这里，就让我们再回到《论语》的文本，去体会一下孔子立场的灵活性吧。

一方面，鉴于各种各样的社会分工，孔子对于“用处”二字的理解，也就同样表现为多样和宽泛的，所以并不是全都要“为稻粱谋”，“为道义谋”也照样是“有用”的——“君子谋道不谋食。耕也，馁在其中矣；学也，禄在其中矣。君子忧道不忧贫。”[1] 事实上，也正是基于对于分工的这种理解，才会导致下边那一番师生的对话；尽管在当年的“批林批孔”运动中，它曾让“梁效”们误以为找到了什么“口实”：

> 樊迟请学稼。子曰：“吾不如老农。”
>
> 请学为圃。曰：“吾不如老圃。”
>
> 樊迟出。子曰：“小人哉，樊须也！上好礼，则民莫敢不敬；上好义，则民莫敢不服；上好信，则民莫敢不用情。夫如是，则四方之民襁负其子而至矣，焉用稼？”[2]

另一方面，如果在当时的各种社会观念中，唯有“超越性存在”才被判为最没有“用处”，由此孔子才会唯独“不语怪、力、乱、神”，[3] 才会告诫人们要“未知生，焉知死”，[4] 那么，也正因为割舍了那种“形而上预设”，对于这个已是无所遮蔽的世俗世界而言，哪怕就是跟满足本能的手段来比，“道德”或“道义”也都属于最为“有用”的。——当然，我们由此也可以反过来推

1 《论语 · 卫灵公》,《十三经注疏》，北京：中华书局，2009 年，第 5470—5471 页。
2 《论语 · 子路》,《十三经注疏》，北京：中华书局，2009 年，第 5446 页，着重号为引者所加。
3 《论语 · 述而》,《十三经注疏》，北京：中华书局，2009 年，第 5393 页。
4 《论语 · 先进》,《十三经注疏》，北京：中华书局，2009 年，第 5427 页。

想，一旦在现在这个无所遮蔽的世俗世界中，再毫无顾忌、不知轻重地废弃了德教，社会氛围又会遭到何等的败坏：

> 子贡问政。子曰：“足食，足兵，民信之矣。”
>
> 子贡曰：“必不得已而去，于斯三者何先？”曰：“去兵。”
>
> 子贡曰：“必不得已而去，于斯二者何先？”曰：“去食。自古皆有死，民无信不立。”[1]

在凡尔纳的小说《海底两万里》中，有位号称“鱼叉手之王”的尼德兰，几乎跟大海打了一辈子的交道，所以无论跟他提什么珍稀鱼类，他都对它们了如指掌；只不过，他又仅只基于味觉的判断，并没有任何“多余的”兴趣，而只知道这种鱼“好吃”、那种鱼“不好吃”……实际上，如今陷身于消费社会的人们，也基本上都属于这样的“鱼叉手”，你要是跟他们讲起一件古玩，就马上会被打听“能值多少钱”，你要是再跟他讲起哪本新书，也马上就会被琢磨“能挣多少钱”。——无论如何，要是从整个的文明历程来看，如此扁平促狭、急功近利的心态，根本就不属于人类生活的常态，而只能被看作相当反常的例外。换句

1 《论语·颜渊》，《十三经注疏》，北京：中华书局，2009 年，第 5437 页，着重号为引者所加。

话说，也只有被消费主义动过了“开颅手术”，才能改造出功能如此单一的“腔肠动物”，竟能把人世间的一切丰富与美好，都张开大口顺利地吞咽下肚，再分泌足够的胃酸，来把它们全都溶解消化掉。

进一步说，由于人们现在所讲的“用处”，在他们暗中形成的“前理解”中，也只剩下了物质欲望的满足和物质利益方面的“功用”，他们也就会从下意识中，再去复制自己认定的消费社会。换句话说，既然这种社会已经提示了你——无论是通过明示，还是经由暗示——到底哪些东西属于“有用”的，哪些东西属于“无用”的，那么，你就不仅会在自己的意识中，去拘执这种“有用”“无用”的区分，从而在不断翻新的商品市场中，被牢牢牵住了自家的牛鼻绳；而且，你还会在类似“子女教育”这样的场合，来自觉传达和强化它所给出的信息，执行它所设定的社会功能，从而再不断复制出它的有效部件来。——久而久之，整个社会都只能日趋扁平化，差不多要被膨胀的物欲给榨干了。

也正是出于如此功利的心理，即使对于最为基本的文化要素，哪怕明知道它是“不可或缺”的——如若不然，文明世界就会蜕化成原始丛林——人们仍会不由自主地追问“这有什么用？”而且，又因为所谓“用处”在他们心里，早已被“短平快”的因果效应给压扁了，也就导致了再怎么向他们解释，都终会落得

“白费唇舌”和“对牛弹琴”。比如，我在一篇旧文中就描述过，但凡是人文学术的从业者，应当都曾遭遇过类似的窘境，而且即使血脉偾张地向其辩解，也终会发现自己仍是“百口莫辩”：

> 这个问题也正是门外汉们经常气势汹汹地诘难历史学家的——过去的那些陈芝麻旧谷子，那些断烂朝报，到底“干卿底事”，值得你们去皓首穷经？不过我们先不忙去嘲笑外行，只怕即便是那些选择终身以钻故纸堆为业的人们，也未见得全都敢理直气壮地应对它。倘非如此，马克·布洛赫就不会正襟危坐地去写一整本书来回答其爱子的幼稚问题了——“告诉我，爸爸，历史有什么用？”照这位法国史学巨擘看来，这个童言无忌的问题确乎击中了要害，直指历史学能否成立的正当理由。故此，为了替自己对历史知识的强烈癖好辩护，他就不能不对人们那种短浅的功利心表示反抗了：“事实上，一种根深蒂固的禀性使人们几乎本能地要求历史指导我们的行动，因此，一旦历史在这方面显得无能为力之时，人们就会感到愤慨……”（马克·布洛赫：《历史学家的技艺》，上海社会科学出版社，1992年，第12页）[1]

1　刘东：《今宵梦醒何处？——〈蒙元入侵前夜的中国日常生活〉译后絮语》，《坚守坐拥的书城》，南京：江苏人民出版社，2019年，第170页。

然而，如果再换一个角度，比如去看看哪座高雅的花园别墅，却并没有人只去计算“套内面积”，而把那些室外的花园与喷泉，乃至于室内的摆设与字画，全都给蔑视或忽略为“无用”之物。事实上，任何一位房地产的从业者，都会毫不犹豫地告诉你，凡是涉及“趣味”和“品位”的东西，都恰恰属于最为“有用”的，一下子就能把整座房屋的要价，都给连带着翻上去好多倍。那么，这到底又是怎么回事？又是所谓的“无用之用，方为大用”呢，还是人们所执的“用处”概念，其本身就已经走偏了、被压扁了？——无论如何，既然任何人都能闭着眼想到，那样优雅洁净的居家环境、赏心悦目的自然生态，肯定是大大有益于身心健康，从而也是有助于延年益寿的，那么在我们整个的人生中，就连这都不能算作“用处”吗？难道还有比这更大的“用处”吗？

由此可知，肯定还是我们的认知本身出现了相应的脱节与错讹。事实上，的确会碰到这样的情况，你不太能说清自己喜欢的理由，可你偏又确凿无疑地知道，自己就是不由自主地在喜欢。说白了，这往往属于在生物演化进程中，在人脑各部分所形成的传导隔阂，或者说，是某种产生于大脑皮层中的、在人类意识和下意识之间的错觉。要是沿用巴甫洛夫的心理学术语，或可以归纳为两种“信号系统”的对接问题；要是根据加扎尼加有关裂脑的研究，则可以表述为在左脑“解释器”跟右脑直觉之间的差异与隔阂。[1]

也正因为这样，即使从“身体发肤”里就喜欢的东西，人们也往往很难利用语言的符号，来明确表达自己由衷喜欢的理由。——在这个意义上，可以说文震亨的那本《长物志》，通篇都是建立在这样的错觉上，即所谓“挹古今清华美妙之气于耳、目之前，供我呼吸，罗天地锁杂碎细之物于几席之上，听我指挥，挟日用寒不可衣、饥不可食之器，尊踰拱璧，享轻千金，以寄我之慷慨不平”。[2] 而这样的“长物”概念从某种角度上，也可被视为“无用之用”的另一种表达。

由此又不免联想到，其实康德那本《判断力批判》的立论基础，也同样是建立在这样的脱节与错讹上。不过话说回来，人们往往只从那本书中看到了，康德是在主张审美乃至艺术的“无功利性”，却并没有从更深一层去领悟到，即使只是为了照顾体系的完整性，让自己正在处理的“判断力”，再担当起“认识力”和“道德心”的津渡，他也同时强调了前者的“主观的合目的性”，或者再套用“无用之用”这类的句式，也可说是它的“不

1　参见［美国］迈克尔·加扎尼加：《人类的荣耀：是什么让我们独一无二》，北京：北京联合出版公司，2016 年；《谁说了算：自由意志的心理学解读》，杭州：浙江人民出版社，2013 年。

2　沈春泽：《序》，载文震亨：《长物志校注》，南京：江苏科学技术出版社，1984 年，第 10 页。

计功利的功利性”，或者它的“无目的的合目的性”。——由此可见，实则康德在这里顶多也只是在说，如果仅就人类的感性认识而言，并不能只基于感官得到的印象，就明确地意识到审美的“用处”所在。

那么再到了当代，经由脑科学的长足进展，我们更可以言之凿凿、确信无疑地断定，那种对于外部环境的直觉把握和瞬时反应，恰属于自己从遗传中获得的宝贵本能，俾使我们足以对外部做出即时的反应。而这种直觉能力，不仅在野蛮和可怕的原始丛林中，对于我们的祖先属于最有“效用”的，由此才保证了群体的生息繁衍，并由此遗传下来我们继承的生命；而且，即使对我们这些现代人而言，这种依靠直觉来做出的判断，正如海特的直觉主义伦理学所示，仍然大量存在于日常的道德判断中，否则我们的生命还是无法得以保全，只能被纷呈的物象所包围和淹没，根本就来不及做出及时的判断，也根本就不可能做出有效的反应。[1] 由此可知，这种对于外物的直觉把握，如果用古希腊人的话语来讲，不过是“以眼睛当了物理学家”；而我们由此所获得的正面感受，也就是通常所讲的感性愉悦，无论把它称作“美感”、“乐感”还是“幸福”，如果从脑科学乃至脑化学的层面来看，也

1 参阅［美国］乔纳森·海特：《象与骑象人：幸福的假设》，李静瑶译，杭州：浙江人民出版社，2012 年。

无非就是机体对于自身的运作，所必然提供的作为“多巴胺分泌”的奖励功能。——此中的道理，正如神经美学家查特吉告诉我们的：

> 所有生物都会接近自己需要的东西，回避它们认为会对自己造成伤害的东西。这种趋近-回避行为是最基本的行为，更多复杂的行为都是围绕这个核心产生的。对人类来说，很多趋近的行为都是受快乐激发的。快乐深刻地影响了我们作为个体的生活方式，以及作为物种的演化方式。快乐是复杂的奖赏系统的核心成分，而正是这个奖赏系统让我们享受食物与性，让我们发现人与地方的美，让我们在绘画与戏剧中找到乐趣。[1]

顺理成章的是，也正是在这种认识的进展中，逻辑地出现了美学中的“身体转向”，而且也完全不出所料，它会迅速反映在实用主义的脉络中，从这种美国哲学的开山鼻祖杜威，一直到它在当代的思想继承者。——正如舒斯特曼就此所写道：“身体美学研究，是我提倡实用主义的美学及哲学生活的必然结果。既然

1 ［美国］查特吉：《审美的脑：从演化角度阐释人类对美与艺术的追求》，林旭文译，杭州：浙江大学出版社，2016年，第106页。

离开我们的身体官能、身体行为与身体体验，就无所谓艺术创造与欣赏，那么，身体即是我们生活中无可避讳的生存要素。”[1]而从这样的哲学立场出发，这位当代学者又针锋相对地写道：“实用主义美学不同意康德将审美与实用对立起来的基本看法，坚称艺术和审美经验尽可以服务于生活的利益需求，而不致丧失自己的地位与尊严，据此它也反对黑格尔理想化的唯科学主义，推重直接享受和身体核心的价值，认为以此为核心，生活的功利诉求、生活的乐趣及实用目的均可以满足。”[2]

再来回顾和加强一下。既然我们已经认识到了，原本属于外在的客观事物，之所以被打上了“用处”的色彩，其实是由于主体的投射，那么我们至少也可以说，一件东西的“有用”和“无用”，要取决于你自己的、特定的接物态度。——既是这样，我们也就可想而知，在持有不同立场和欲求的主体那里，便会呈现出具有不同色彩的客体：“正如有个笑话所讽刺的：同样一棵绿叶青葱的树，如果一位艺术家看到了它，就会赞叹它是怎样的诗意盎然富有生机，而如果一位棺材店的老板看到了它，则只会算计它可以装下几个死人，足见不同的心态会导致何等不同的自然

1 ［美国］理查德·舒斯特曼：《通过身体来思考：身体美学文集》，张宝贵译，北京：北京大学出版社，2020 年，第 23 页。

2 同上书，第 2 页。

观念，而不同的自然观念又会导致何等不同的生态后果。由此不难想见：如果一种审美文化对待自然的态度更像那位艺术家，则一种太过强调短浅功利的文化便更像那位棺材店的可笑老板，它以人类的名义而滥用人类的力量，去征服一个外在于甚至敌对于人类自身的自然，遂造成了严重的生态破坏以及由此产生的人类自身的生存危机，好像是把整个自然都砍成了一口巨大的棺材，以便来装殓正等着和自然一起死去的人类。”[1]

如果写到了这里，再去联想马斯洛的五种“需要层次”，也即“生理的需要”、“安全的需要”、“感情的需要”、“尊重的需要”以及“自我实现的需要”，那么我们的结论也就水到渠成了：无论如何，所谓“无用之用”的矛盾说法，既是无济于事的，也是根本不成立的；所以真正应当去澄清和修正的，只是我们在功利主义的主导下，所形成的过于狭隘的“功用”概念，以及在此基础上又形成的、同样过于粗浅的“用处”范畴表。——这当然也就意味着，我们应该一反这种短视的立场，去认定凡是在进化中发展出的身体功能，凡是自己头颅中不可或缺的脑部分区，凡是对应于各种“需要层次”的满足条件，凡是让我们足以受到奖励和感到愉悦的人类活动，以及凡是由此而形成的必要社会分

1　刘东：《儒家思想中的自然观念》，《近思与远虑》，杭州：浙江大学出版社，2014 年，第 233—234 页。

工，无论它们处于简单的状态，还是复杂的状态，也无论它们属于基础的层次，还是高阶的层次，全都属于对我们非常“有用”的。而且，也只有基于它们之间既层层递进又相互依赖的关系，我们才有可能迷途知返地，对于经济生活的那种唯一性和神圣性，做出真正有效的制衡与反弹，也才可能再去另立“用处”范畴表，以匡正它对于人生志向的阉割与误导。

也唯其如此，我们才可能慨然自许地认为，不光是“天生我材必有用”，而且那也并非什么“无用之用”，而货真价实地就是“有用”，无论对作为个人的，还是对作为人类的我们，全都千真万确、不折不扣地就是如此。由此又联想到，虽说也许人人皆知，孔子曾讲过“君子不器”[1]那句话，却恐怕很少有人能由此推出，其实孔夫子这句名言的反命题，则又可被表述为“小人皆器”。而且也正因为这样，这个充满裂缝的社会才如此急切地更加需要足以超越有限分工的“君子”。——否则的话，它本身作为一个有机的整体，也就很难具备整体的自我意识了，而只能被各种各样的“小人”占据着，他们全都被限定于某个特定的行当，只能利用“屁股”来决定“思想”，只能照看某种局部的利益，于是也只能把整个社会都撕成粉碎。不言而喻，孟子所讲的

1 《论语 · 为政》,《十三经注疏》，北京：中华书局，2009 年，第 5348 页。

“无恒产而有恒心者，惟士为能。若民，则无恒产，因无恒心”，[1]也是出于同一种道理和同一种考虑。

在这个意义上，如果任由如此短浅的功利主义，去基于它如此狭隘的“物之序”，来兜售紧贴地面的“用处”范畴表，从而对一茬又一茬的现代人，都进行消费主义的开颅手术，那么，我们的社会就会彻底沦为“一盘散沙”，就会完全变成无头的“经济苍蝇”。——不待言，这种社会是谈不上还有什么“未来”的，正如我在以往的著作中指出的：“人自身的过度专业化、狭隘化和功利化，或者干脆说，人们精神视野的残障化，将会是后患无穷的！必须看到，如果这样的一种教育体制，在一段时间之内，还有可能去支撑现代化的扩张，那么，鉴于正是这种育才方式，已经使得社会的内聚力难以为继，并且已经酿出了积重难返的病象，要是我们还不能当机立断，它也照样有可能在不远的将来，让这个共同体继续发散下去，直至让整个社会成为一个真正的火药桶。”[2]

反过来讲，如果允许我再来“现身说法”的话，其实自己是先做了八年翻砂工，而只是熬到了恢复高考之后，才惊喜地发现竟只需要“读好书”，便足可以“借此谋生”了，不必再先到炉

1 《孟子·梁惠王上》，《十三经注疏》，北京：中华书局，2009 年，第 5809 页。

2 刘东：《诸神与通识》，《道术与天下》，北京：北京大学出版社，2011 年，第 408 页。

前去挥汗如雨，后在工余时间来咬紧牙关读书，且不说还非得要节衣缩食，才能可怜巴巴地买几本书。而此后的四十多年中，我一直都保有着这份惊喜，每天都安然享受到夜里三点，从不曾感觉到一丝的倦意，也从没觉得这能算是“无用”。更不消说，也正是在这种长年的夜读中，在你得以“精骛八极，心游万仞”之际，时而会得到印证，时而会得到开悟，时而会手心出汗地发现，人世间竟还有这一层道理，居然到了今天才刚刚领悟……在我看来，其实学术工作的最大优势之一，便是只从“兴趣”出发便可“谋生”了。——也正是出于这样的心态，对于那个困扰马克·布洛赫的问题，也即“告诉我，爸爸，历史有什么用”，我才会毫不犹豫地给出自己的回答：

> 有幸去专心治史的学者们，才真的是有福了，他们凭靠辛勤而沉稳的埋头阅读，不仅有机缘现实地降生于此刻此地，还更有机会在想象中潜泳于彼时彼空，了解到人类在远为广大的区间之内的生存状况，从而也就最大限度地延长了自家的寿数和阅历。所以，对于那些“不知晦朔”“不知春秋”者的逼问，历史学家就根本没有必要感到半点儿惶惑，正如彭祖亦不必向朝菌蟪蛄者流解释“便做了人瑞又有何用”一样。君不见：“用处”必乎与人自身相对待，而“功

利”亦必有小大之辨；所以谁若果想对得住自己，则终应省得“小知不及大知，小年不及大年”（《庄子·逍遥游》）的道理。[1]

跟上面的情况相对应，如果让心情再潜回中国古代，那么，我们还可再举出一段玄宗时代的往事，从而借着陆坚所表达的“文史无用论”和张说所表达的“文史有益论”，来了解即使在过去的年月中，也是既出现过功利主义的狭隘观念，更出现过对于这种狭隘观念的、占据着主导地位的反驳：“上置丽正书院，聚文学之士。秘书监徐坚、太常博士会稽贺知章、监察御史鼓城赵冬曦等，或修书，或侍讲；以张说为修书使以总之，有司供给优厚。中书舍人洛阳陆坚以为此属无益于国，徒为糜费，欲悉奏罢之。张说曰：‘自古帝王于国家无事之时，莫不崇宫室，广声色。今天子独延礼文儒，发挥典籍，所益者大，所损者微。陆子之言，何不达也！’上闻之，重说而薄坚。”[2]

由此又想到，钱理群还发明过一种说法，曾被广为传播和引证，叫作“精致的利己主义者”。我当然也能理解他这么说的

1　刘东：《今宵梦醒何处？——〈蒙元入侵前夜的中国日常生活〉译后絮语》，《坚守坐拥的书城》，南京：江苏人民出版社，2019 年，第 170—171 页。

2　司马光：《资治通鉴》，第十四册，卷二百一十二，胡三省音注，北京：中华书局，2010 年，第 6755—6756 页。

理由，也知道他受到过怎样的刺激，毕竟我们在北大中文系共过事，都遭遇过同一批，甚至同一个精明的孩子。——让我们来听听他的具体说法："大学是培养精英的土地，然而，我们的大学正在培养一批'绝对的、精致的利己主义者'。所谓'绝对'，是指一己利益是他们言行的唯一的绝对的直接驱动力，他们把为他人做事当作投资。所谓'精致'，是指他们有很高的智商，很高的教养，所做的一切都合理合法，无可挑剔，他们惊人地世故、老到、老成，故意做出忠诚姿态，很懂得配合、表演，很懂得利用体制的力量来达成自己的目的。可怕的是，这样的'人才'正好是我们的社会最欢迎的。这种人的要害在于没有信仰，没有超越一己私利的大关怀、大悲悯、责任感和承担意识，他们将个人的私欲作为唯一的追求、目标。这种人一旦掌握权力，对国家、民族的损害，比一般的贪官污吏危害更大。"[1]

不过，虽说也可理解他这么说的理由，然而沿着"成己之学"的儒学逻辑，我们却有必要进一步地指出，这样的说法却并非准确恰当。这是因为，那种太过功利的、杨朱式的"利己主义"，或许也可以称得上"精明"和"世故"，却无论如何都谈不上"精致"。正如"为什么反是成己之学？"一章已经剖析过的，

1 钱理群，《寻找失去了的"北大精神"——北大110周年民间纪念会上的讲话》，2008年4月27日。

“尽管杨朱看似也属于某种‘为己之学’，不过，一旦从儒家的高度来进行俯视，那个学派却反而是既不会‘为己’也不能‘成己’的，盖因为它的过于狭小的自我中心，根本就撑不起那个漫长的‘成己’过程”。事实上，尽管我也曾感叹过那类孩子的“精明”，他们先一心一意地把你“搞定”了，而一旦“用完”你也就掉头不顾，就像对待围棋盘上几颗“无用”的“弃子”，然而，我后来也不出意料地看到了，这样的孩子正因为太过短视和功利，此后就算混出了国也都出息有限，顶多也只能到哪个小学校教书，此后差不多也就算是销声匿迹了。——毕竟对于“做学问”这一行来说，原本“最差的”和“中等的”，就是没有多大实质性差别的；而他们心中那点可怜干瘪的志向，又再也提供不出更多的动源，以支撑自己向着“最好”去攀登。

另外，既然说到了人生的“精致”，就还另有一层深奥的含义，同样跟我们对“用处”的理解有关。在回答小燕妮的书面提问时，马克思曾说自己最喜欢的格言，正是“人所具有的，我都具有”。在这个意义上，其实真正堪称“精致”的人生，必须建立在开阔的心怀，乃至于广阔的“物之序”上，也就是说，建立在对于“用处”的多样性理解上；如若不然，你就只能活得粗糙而干瘪，哪怕你把一种“用处”给玩到极致。正因为这样，当年无论在燕园还是在清华园，我都尽量要示范出“丰富性”来，当然首先要示范出精神的“丰富”，但也同时会照顾到物质的“丰富”。——“有的人一旦选择以治学为业，便误以为从此便不啻出了家，干脆不再心存享受人生之念，只敢活得惨兮兮的，还颇以‘不食人间烟火’为荣；而正是以这样一种愚蠢的念头为前提，又有更多的人抛弃了学术生涯，索性自暴自弃焚琴煮鹤地玩物丧志起来——真可以说是两极相通极了！其实，渴望享受人生这念头本身并没有什么错，因为人生对任何人来说都只有一次，即使做了大学者也不例外，也照样应当热爱生活；但可笑的是，人们却往往觉得只有放弃（而不是加紧）精神追求才能做到这一点，所以于此一念之差中，便为了愈来愈多地占有身外之物而忙得死去活来，到头来只落了个‘穷得只剩下钱’的下场。”[1]

另一方面，我们还应当心怀警觉地看到，如此微不足道的“个人出息”，一旦积分成了总体的效应，也就必会牵连到整个的社会，既会导致它的干瘪扁平，也会导致它的低效无能。刚巧写到这里，又看到另一位昔日的同事，正发文批评当下这个浮躁社会，其中“广泛存在的功利主义”，对于科学创新有着“极大的损伤”：“从科学的根本来说，一切创造性的发现和研究本质上都

1 刘东：《“差不多”中的道理：消费主义时代的〈劝学篇〉》，《谓我心忧》，深圳：海天出版社，2018年，第10—11页。

是非功利的。保持一颗超越功利之心，才能进入创造的状态，不能老想着做出来有什么好处，有什么用处。因为有好处的事情都是根据既往的经验总结出来的，而创造性是要打破既往的约束，开拓出新的东西，所以功利心太重了不可能做出非常好的创造性工作。”[1]虽则诸如此类的论说，仍在沿用故有的“用处”概念，从而仍把科学视作超越“功用”的，或者又可说是所谓“无用之用”；然则毕竟作者也指出了，过于短浅简陋的“功利”之心，并不能支撑起对于学识的追求，在这点上大家还是所见略同的。——由此，有意思的是，如果还在弹“无用之用，方为大用”的老调，那么在此或不妨戏仿一下，反过来又认为“有用之用，只是小用”。

我们会心地看到，梁启超也在案语中自问自答地反驳了只图私利、鼠目寸光的功利观，而他就此区分出的“小利”与“大利”，如果沿着我们在前边的论述，也正是出自“用处”的小大之辩，或者说，是参考了更广义的“用处”范畴表：“难者曰：‘世界之所以进化，皆由人类之争自存。质而言之，则自私自利者，实人类所以自存之一要素也。今如子王子言，欲使天下之人皆自致其良知，去其自私自利，以跻于大同。其意固甚

1 吴国盛：《功利主义损害了中国创新》，《上海教育科研》，2021 年第 3 期，第 81 页。

美，然我如是而人未必如是，我退而人进，恐其遂为人弱也。是所谓消极的道德，而非积极的道德也。’应之曰：‘不然。无论功利主义不足为道德之极则也，即以功利主义论，而其所谓利者，必利于大我而后为真利。苟知有小我而不知有大我，则所谓利者，非利而恒为害也。而此大我之范围有广狭焉：以一家对一身，则一家为大我；以一地方对一家，则一地方为大我；以一民族、一国家对一地方，则民族国家为大我。如是者，其级累说不能尽，而此牺牲小我以顾全大我之一念，即所以去其自私自利之蔽，而跻于大同之券也。质而言之，则曰公利而已，曰公德而已。子王子所欲以易天下者，即是物也，而天演界争自存之理，亦岂能外是也？’”[1]——所以心同此理的是，既然这确乎属于“真利”或“大利”，就不必再基于纯粹的利己的角度，把牺牲小我的“公德”贬为“无用”了；当然也正因为这样，这种“大利”或“真利”在梁启超看来，也同样不会属于所谓的“无用之用”。

写到了本章的最后，作为一种归纳和总结，还应当再从原则上来辨析，在儒家思想和实用主义之间，究竟存在着怎样的相同和不同，而这种辨析的必要性在于，如果不能厘清其间的界

1 梁启超：《德育鉴·知本第三》，南京：译林出版社，2022 年，第 75—76 页，着重号为引者所加。

面，人们很容易把它们混为一谈。——当然，这里的辨析也只能从“大处着眼”，所以也只能参照大家公认的、一般意义上的实用主义。也就是说，并不能排除即使是在实用主义的营垒中，尤其是那些晚出的实用主义哲学家，恰恰是鉴于它那些公认的一般特点，也会做出某种补充、润色和修正，以便让这种理论显得更加丰富周全，以期无懈可击；不过这样一来，也就使得人们对它的认知，变得模糊起来和不那么容易了。

无论如何，首先应当看到的是，在儒家思想与实用主义之间，确实有着相当程度的共通之处。这毫无疑问是因为，它们都认识到了“超越性存在”的“无用”，都认识到了需要另一种“人生解决方案”，从而也都拿起了锋利的“奥卡姆剃刀”，发动了一场激烈的“哥白尼式的革命”。有鉴于此，在它们都只愿去肯定“一个世界”的意义上，在它们都具有鲜明的“世俗性”的意义上，如果把先秦儒学拿到西方的框架下，那么我们或许也不妨说，这种古代思想竟是如此的“现代”或“前卫”；而反之亦然，如果再把实用主义拿到中国的框架下，那么我们也同样不妨说，这种现代思想居然暗合了中国的“古风”。——我想，应当正是鉴于两者的这种相似性，怀特海才会敏感于儒学的概貌，而基于实用主义的基本特征，在一次对话中讲出了这样的对比：

“如果你想了解孔子，请读约翰·杜威。如果你想了解约翰·杜威，请读孔子。”[1]

但反过来说，这种混沌对比也很容易产生误导。毕竟怀特海关于儒学所知不多，所以如果他只是基于二手的介绍，也很容易弄混了先秦儒学与宋明理学，从而只把儒家思想的基本特征，视同于他那种作为新实在论的“过程哲学”。可无论如何，如果保守住孔子的“不语怪、力、乱、神”的出发点，我们还是应当更加细心地观察到，在儒家思想和实用主义之间，仍有着重要的、不可忽视的差异，它们毕竟一个属于更加“摩登”的西方思想，一个属于保有“古风”的中国价值。而进一步说，在本文引出的论述脉络中，既是鉴于“实用主义”的这个“实用”名称，也是鉴于前述的有关“用处”的不同范畴表，我们在所有这些差异中最需追踪的，仍在于它们究竟是如何去认定与排序“用处”的。换句话说，此中的要害仍然在于，它们对于所谓“有用”和“无用”，到底有着怎样不同的认知和排定。——要是那种哲学上的“实用主义”，也同样是基于有关“用处”的、层次丰富且境界高远的理解，那么我们几乎就可以说，这两者间简直是“同大于异”了；不过话说回来，要是那种哲学上的“实用主义”，仍只是紧贴地面地理解所谓“用处”，那么我们又不得不转而认定，

1 《怀特海对话录》，转引自［美国］安乐哲：《孔子与杜威：跨时空的镜鉴》，上海：上海人民出版社，2020 年，第 1 页。

这两者间仍难免是“异大于同”。

就此而论，如果大家到这里都还能记得，其实“用处”并不是纯然属于客体的，而是由主体投射到客体上去的，从而既表达了主体的独特阐释，也构造和反映了特定的主客关系，那么，我们眼下就不难顺藤摸瓜地理解，在先秦儒学和实用主义这里，那两种各有不同的“用处”概念，因而那两张各有特点的“用处”范畴表，也肯定来源于各不相同的“主体”概念。换句话说，它们虽然都已否决了“超越性存在”，也都已肯定了世俗性的“一个世界”，但正因为它们各不相同的“主体”概念，还是会相应地派生出诸多的区别来。——而最首要的是，作为一种精致而丰富的“成己之学”，儒学对于“道德修养”和“人格提升”的企求，还是决定了儒者们会理由充足地判定，相比起自家的、具有丰富内涵与叠加层次的“主体”概念，实用主义的那个“主体”概念仍嫌太过单薄和扁平了。

我们已经知道，相对于它们各不相同的“主体”立场，所谓“用处”概念才会被贯注不同的含义。既是这样，如果从作为社会结构的，历史的横断面来看，那么，基于先秦儒学或实用主义的不同立场，它们才会一个更重视简明实用的实践手段和触手可及的物质利益，一个则更重视丰富多样的角色分工，以及产生于它们之间的、哪怕并非一目了然的平衡要求；而如果再从作为时间进程的，历史的纵断面来看，它们才会一个更讲求“当下立见”的短期效果，一个则要放眼于更为长远，也更需要耐心与“长考”的因果链条。事实上，尽管那些实用主义哲学家，也终究要来直面伦理学的问题，可毕竟，基于这样的立场来处理道德问题，总是要拐弯抹角地多几层麻烦；正如他们同样可以转过身来，干脆再基于宗教本身的“实用性”，一反原本的思想前提或初衷，把这种过时的虚设给找回来。

在我看来，尽管安乐哲可以模模糊糊地，借助于一种“原则同格论”，而把孔子和杜威都说成是“过程哲学”，并因此而类同于当代的“社群主义”，[1]可实际上，正如我在《天边有一块乌云》[2]中反复申论的，至少从先秦儒家的“认识本位”出发，孔子的立场并不是“天人合一”的，而毋宁说是“绝地天通”的，因此从来就不属于那种“原则同格论”。这也就意味着，大自然反而有可能是“天地不仁”的，并不具有人们强加给它的那种“善好目的”；而且退一步说，就算宇宙果然是具有“目的论”的，那至少也是我们根本无从得知的。——在这个意义上，即使“美德”确实属于一种“需要的层次”，那也并不是大自然赋予人类的，

1　参见［美国］安乐哲：《孔子与杜威：跨时空的镜鉴》，姜妮伶译，上海：上海人民出版社，2020年。

2　参见刘东：《天边有一块乌云：儒学与存在主义》，南京：江苏人民出版社，2018年。

而毋宁是人类在进化中发展出来的，而且他们也正是凭借着这种特质，才得以成为人类而超出了大自然。

由此可知，仅只是找出一些思想的片段，而不去照顾整体的思想倾向，不去考察社会思想的认识论基础，这样的“比较”就只能是似是而非的。无论如何，此间的真正要害在于，实用主义或许也能论证“社群主义”，却无法跟着再去论证“美德伦理”，可后者又恰属于儒学特别重视，而我们也在本文中集中论述的“德教”。此外，我们也已经在前文中论述过了，一旦在彻底“祛除巫魅”的前提下，又放弃了取道于“进学”的“进德”，那就难免要类似先秦的杨朱学派了。由此耐人寻味的是，由于它们都只具备过于单薄的“主体”概念，所以一旦讨论起实用主义的这种立场来，也就让人联想起李泽厚的《孙老韩合说》来了，——那恐怕在我老师的全部著述中，都属于最富于实感的一次发现了：

> 什么是这种特定的理性态度呢？……只有在战争中，只有在谋划战争、制定战略、判断战局、选择战机、采用战术中，才能把人的这种高度清醒、冷静的理知态度发挥到充分的程度，才能把它的巨大价值最鲜明地表现出来。因为任何情感（喜怒）的干预，任何迷信的观念，任何非理性东西的

> 主宰，都可以立竿见影，顷刻覆灭，造成不可挽回的生死存亡的严重后果。必须“先计而后战”，如果凭感情办事，听神灵指挥，可以导致亡国灭族，这是极端危险的。[1]

事实上，李泽厚不光曾把这种态度描绘为“理性”的，还又在别处曾把它描绘为“实用理性”的，这显然是因为他也隐约地觉察到了，古代中国的兵家乃至法家思想，就它的出发点与基本倾向而言，确实跟实用主义的立场有几分相似；而既然如此，他这种相当敏锐的独特觉察，也就有助于我们来进一步厘清，到底在先秦儒学与实用主义之间，存在着怎样的“同中之异”了。——也就是说，尽管都可被归入“理性主义”的范畴，然而，如果同我所发挥的“作为有限理性主义的儒学”[2]相比，那么，李老师所发挥的这种“孙老韩”式的“实用理性”，还是具备着相当本质的不同特点，并且甚至也不妨由此而认定，它就属于一种相当粗鄙的、彻底实用主义的理性态度。而这也就自然而然地意味着，其实先秦儒学与实用主义之间的关系，即使并不是完全等同于，也是大体类似于它同杨朱学派的关系。

1　李泽厚：《中国古代思想史论》，北京：三联书店，2008 年，第 77—78 页。

2　参阅刘东：《作为有限理性主义的儒学》，《中国学术》第四十二辑，北京：商务印书馆，2021 年。

可终究说来，这种“实用理性”的态度或立场，又并不是李泽厚在学术上的坚持；刚好相反，他倒是要基于自己的美学家立场，而借助于实践过程的心理积淀，再来超越如此单薄而简陋的人生观，以期从这样的“实用理性”，再上升到属于人类的“乐感文化”。事实上，也唯有这种足以超拔起来的、立体式的人生观，才属于古今大哲之间的共通立场。我们看到，也正是基于如此丰富的人生理解，当年的孔子才会细分出不同层次的“快乐”——虽然它们都属于脑化学层面的奖励——从而也就自然细分出了不同层次的“用处”：“益者三乐，损者三乐。乐节礼乐，乐道人之善，乐多贤友，益矣。乐骄乐，乐佚游，乐宴乐，损矣。”[1] 与此相应，即使康德有关艺术“无功利”的判断，于今看来有着很大的偏颇和误导，然而大家也切不可由此就忘记了，他当年之所以要做出这种论断，其深意又恰在于只要能摆脱或者驾驭自己的物质欲望，就会在心理上获得相应的“自由感”，即使那很可能只属于某种“主观的合目的性”。——事实上，从康德的《判断力批判》，到席勒的《美育书简》，再到马克思的《巴黎手稿》，这是一条始终潜伏在德国古典哲学中的、凭借美学手段而谋取自由的思路。

1 《论语 · 季氏》,《十三经注疏》，北京：中华书局，2009 年，第 5478 页。

题解七（知本第三）

德育也属于通识教育吗？

沿着前文中的论述线索，我们又自然地进入了另一话题，也即如果从儒学的角度看，那么究竟什么才是“教育的本质”？

我们已经了解到了，一方面，在先秦理性主义的祛魅语境中，无论是当时的儒者还是杨朱，都已在摈弃了“超越性存在”之后，无所遮蔽地成了“为己之学”；可另一方面，杨朱学派却在相形之下，只是本着生理的或动物性的本能，退而龟缩成了功利主义的“利己之学”，而儒家学派则反其道而行之，要去发展人们的社会性本能，企望沿着“主体间”的上升台阶，进而发展为更丰富的“成己之学”。既是如此，由这种“成己之学”的性质所决定，儒家学说就它的本质而言，便只能表现为“教育之学”或“修己之学”，而它终极的或唯一的目的，也无非是在向人们殷勤地劝学，使之在终身学习中成为“大写的人”。

我们如果基于这样的视角，再来重温孔子对于“学”字的突出强调和对于“学”字的由衷爱好，比如所谓“学而时习之，不亦说乎”，[1] 再如所谓“十室之邑，必有忠信如丘者焉，不如丘之好学也”，[2] 那么，也就会对作为“教育之学”的儒学，得到更确切而明晰的印象了。——写到这里还需再次强调，此间的真正微妙之处在于，一方面，正由于儒学原本就是“认识本位”的，而并不是“伦理本位”的，它才会如此地凸显出这个“学”字；也就是说，从先秦儒学的角度来看，无论“道德”或“仁心”有多么要紧，其本身都并不足以构成“本体”或“本源”，否则的话，就很容易再基于此种“至上理由”，不惜进行虚拟的“神道设教”，从而退回到“反智主义”的蒙昧立场。但另一方面，也正由于凸显了这个“学”字，儒学在一旦确立了“认识本位”之后，又势必采取“德教优先”的立场，从而把“进学”与“进德”这两件大事，在人生进程中有机地结合起来。——换句话说，它既在循循善诱地倡导着“开智”，又为了追求层次更丰满的主体性，要从伦理的立场来范导“开智”的方向，以免只停留在迎合生理需求的“小智”。就此而论，正如我在前文中已经说明的，只有把这两个侧面有机地结合起来，人们对于儒学的理解才算是完整的：

看似有些缠绕乃至吊诡的是，一方面，正因为儒学的根

1 《论语·学而》,《十三经注疏》，北京：中华书局，2009 年，第 5335 页。

2 《论语·公冶长》,《十三经注疏》，北京：中华书局，2009 年，第 5376 页。

基或起始处，乃是“认识本位”，而非“伦理本位”的，它才从来都只是一种“学”，而非一种“教”；否则的话，就像当代西方神学日益显露的那样，便会自以为已经从“伦理本位”获得了理由，哪怕只是假着“道德之名”，就去编造出既超出认识界限又拒绝理性解释的，只需要去闭着眼睛盲从的“超越性存在”。而另一方面，又正因为其他“人生解决方案”，只需要假托或虚妄地告诉你，还有个“超越性存在”正高居其上，要求你去严守“摩西十诫”之类的道德，所以，在其他文明类型中真正吃紧的，就从来都不是道德，而只会是宗教。由此也就反证出，反而是一种从“认识本位”出发的文明，必须以理性去开展道德的教化，否则就无法落实价值的规范，由此就凸显出“德教”的重要性来了。[1]

写到了这里，我们也就足以对孔子的那句感叹，即“德之不修，学之不讲，闻义不能徙，不善不能改，是吾忧也”，[2] 获得更加深入和富于同情的理解了。值得注意的是，所谓“学”字和“德”字，乃至于“朝闻夕死”与“进德修业”，在这里是紧密相连、不可分割的。也就是说，正因为儒学并不是宗教式宣喻，而

1 本书，“儒家德教有何重要性？”。

2 《论语·述而》，《十三经注疏》，北京：中华书局，2009 年，第 5390 页。

仅仅是学术性话语，它才如此倚重追求智慧的“学”字，并在逐渐展开它的、终身进学的“开智”过程中，再以那个“德”字来支撑人格发育。——正是这一点，才使得儒学同任何的独断性教义，从思想的原则上严格区分开来，因为后者即使只是为了维护既定的人间秩序，也照样宁愿虚构出某种既超越了人间，也超出了人类理解的神秘存在；换句话说，这个“学”字和那个“德”字，在它们那里就往往是可以脱离的，而且只要是出于后者的“正当”目的，那么也就有了理由去忽视或压制前者。

不过又正因此，如果再重读一遍孔子这句话，即“德之不修，学之不讲，闻义不能徙，不善不能改，是吾忧也”，[1]我们又会从那连续四个“不”字中，领会到这种学说的特别吃紧之处。同样地，也正是出于这种千古如是的紧张，梁启超才会在本书中专门辟出一章，也即《德育鉴》的“知本第三”，并为此专门写下了这样的题记：“陆子曰：‘学者大约有四样：一、虽知学路而恣情纵欲不肯为，一、畏其事大且难而不为者，一、求而不得其路，一、未知路而自谓能知。’既辨术而立志，则前二弊其庶免矣。然不得其路，或误认其路，终无以底于成，则志焉而不至者岂少也。述知本第三。”[2]尤其需要注意的是，正因为在儒学的思想逻

1 《论语·述而》，《十三经注疏》，北京：中华书局，2009年，第5390页。

2 梁启超：《德育鉴·知本第三》，南京：译林出版社，2022年，第42页。

辑中，那个“学”字跟“德”字是一脉相连的，所以无论是当年的孔子，还是后世的陆九渊，乃至梁启超，他们所讲的那种“学习”或“教育”，又都跟眼下对于“学习”的流行理解，有着相当微妙又非常关键的差异。——而对于此种微妙区别的辨析，也就构成了本节讨论的主要话题。

写到这里，也就有必要来回顾一下，人们眼下对于“学习”二字的理解，到底是从哪个岔路口走上这条道的。而由此就又要说回严复那里了，——我已经多次提到他下边这段话，因为那中间截然的“中西二分法”，的确在当年充当过转变的“道岔”：“自由既异，于是群异丛然以生。粗举一二言之：则如中国最重三纲，而西人首明平等；中国亲亲，而西人尚贤；中国以孝治天下，而西人以公治天下；中国尊主，而西人隆民；中国贵一道而同风，而西人喜党居而州处；中国多忌讳，而西人众讥评。其于财用也，中国重节流，而西人重开源；中国追淳朴，而西人求欢虞。其接物也，中国美谦屈，而西人务发舒；**中国尚节文**，**而西人乐简易**。其于为学也，**中国夸多识**，**而西人尊新知**。其于祸灾也，中国委天数，而西人恃人力。若斯之伦，举有与中国之理相抗，以并存于两间，而吾实未敢遽分其优绌也。”[1]

1　严复：《论世变之亟》，《严复集》（第一册），王栻主编，北京：中华书局，1986 年，第 3 页，着重号为引者所加。

跟眼下的论述密切相关的，乃是其中的“中国尚节文，而西人乐简易”“中国夸多识，而西人尊新知”那两句，因为它们都涉及了“学习”的内容，乃至教育的方法。不过，既然有了前文的论述在铺垫，我们至此也足以一眼就看穿了：严复总归还是沿着功利主义的观念，或者说，是基于舶来的“有用”“无用”的序列，来重新排定所谓“教育”的当务之急。正因为这样，尽管正如我已在别处指出的，“曾几何时，也不单是古代中国文明，恐怕任何称得上文明传统的传统，包括西方文明自身的传统，当它为了自我赓续而施行教育时，其传授的课程内容也肯定都是通识优先的。如若不然，它们就无法进行大体不走样的自我复制，其教育目的就会谬以千里，其文明运势就会日趋式微，——而照这样子衰颓下去，也就很难被作为后人的我们所知了”；[1]然而，这位只是毕业于海军学院的严复，却一知半解地基于时新的范畴表，便在中西之间划出了判然的边界，由此认定了中国的学问如果相对于西方，便只属于古典型的、通识性的和文饰性的。——由于他被误认为“近世西学第一人”，此论一出，就几乎成了人们长期所执的定论；因而，也正是在它那压倒性的流风中，才会出现陈独秀后来的主张：“曰，推倒雕琢的阿谀的贵族文学，建

1 刘东：《诸神与通识》，《道术与天下》，北京：北京大学出版社，2011 年，第 398 页。

设平易的抒情的国民文学；曰，推倒陈腐的铺张的古典文学，建设新鲜的立诚的写实文学；曰，推倒迂晦的艰涩的山林文学，建设明了的通俗的社会文学。”[1]

于是，这种夸张而绝对的“中西二分法”，也自然就产生了重大的误导，诱使人们只从中看到“异中之同”，再也看不到“同中之异”，因而便把很多原属于“历史时间”的问题，简单归咎到“文化空间”中去了。也正因为这样，才又出现了所谓“改造国民性”的提法，而这种人心改造的终极目的，当然还在于针对中国本身的改造，也即尽量要在这种判然的框架下，把中国的钟摆推向它的相反一极，或者说，是刻意地要朝“非中国”的方向去发展，直到它终究变得“最不像”那个传统中国了。——这一点，也正如我在其他文章中指出的：“正因为有了如此严峻的天下大势，才使得中国人愿去接受严复的误读，而一旦普遍接受了严复的故意误读，那种严峻的天下大势也就更加刺目，甚至，就连中国人自己也会主动地，乃至变本加厉地，去继续加剧这样的天下大势。在这个意义上，中国人打从进入现代的门槛开始，就迅速地朝着‘非中国’的方向来转化，而到了当今的世界，生活在这个国家中的人们，甚至已比任何外国人都更不像传统意义

1　陈独秀：《文学革命论》，丁丁编，《革命文学论》（第5版），上海：泰东图书局，1930年，第58页。

上的‘中国人’了！”[1]

正是受制于这样的认识，如果以往在传统中国，曾经流行过“半部论语治天下”的俗语，那么再到了现代中国，则转而又流行起“学会数理化，走遍天下都不怕”的俗语了，足见世风出现了何等彻底的颠倒。——也正是沿着这种受压的心理，由于打从中西文明的接触之初，就曾针对所谓“学问”的内涵，出现了严复式的漫画般处理，中国的教育也就逐渐滑落得不光是绝不再像开化已久的“传统中国”了，甚至久而久之，也同样不像它所刻意模仿的“现代西方”了：“打个比方，如果人类的知识构成，在任何堪称正常的传统社会，其所谓‘专’和‘通’或‘约’与‘博’的比例，大概都只会是三七开，那么，到了工业革命以后，这两种学识间的比例，就率先从西方开始滑坡，逐渐发展到了五五开，甚至六四开；按说，这样的一种现象，已经是够不正常的了，——而我们竟还要变本加厉，基于对西方文明的偏颇总结，继续朝一个明显的偏向滑落，终于滑到了七三开、八二开，甚至九一开！”[2]

这意味着，问题并非简单地表现为，是否在亦步亦趋地照抄西方，而毋宁更夸张地表现为，竟只抄成了一个大大走样的、十

1 刘东：《进化与革命》，《引子与回旋》，上海：上海人民出版社，2017年，第138页。

2 刘东：《诸神与通识》，《道术与天下》，北京：北京大学出版社，2011年，第402页。

分恶劣的摹本。正是因此，才会又导致现在的掉转情况：反而在所谓“中国夸多识”“西人尊新知”的极化框架下，竟又不知不觉地发生了一场斗转星移，“正如专业分工曾被视为西方的最大奥秘一样，等人们沿这条斜坡越滑越远，才又在今天反过来发现：原来只有通识或博雅教育，才算得上西方成功的真正谜底！”[1]——由此也便可以理解，如今无论在官方话语，还是民间认知中，居然又都一百八十度地转过来，反把“通识教育”看成是西方的“优势所在”了，觉得唯有这种宽广而从容的知识底座，才造成了当今西方大学的突出优势地位，而忘了这原是传统中国的“看家本领”，只是到了现代中国才被“弃之如敝屣”的。

此外又不可不提，人们在分享西南联大的荣光时，也同样在鲜明的今昔对比中看到，那种后来被无情抛弃的“通识教育”，恰正是成批地产生大师的学术温床，正如我在总结这段历史时曾经指出的，“推动他们日后成功的心智条件，恰恰要归功于他们在早岁所接受的‘自由教育’（Liberal Arts Education，又译“通识教育”或“博雅教育”）。而这样一来，对于那个一直让人羞愧困窘的‘钱学森之问’，即‘为什么我们的学校——特别是跟大师辈出的民国时期相比——总也培养不出杰出的人才’，实则它

1 刘东：《诸神与通识》，《道术与天下》，北京：北京大学出版社，2011年，第403页。

的解答也早已明摆在那里了”。[1] 事实上，我们如果设身处地地理解，当年历史的“寸劲儿”恰恰体现在，由于这所于战火中匆匆合并起来的学校，一方面既享有来自三所名校的名师，另一方面又缺乏相应的基本研究条件，从而不光不能再硬性地要求发表，就连研究生都很少有条件招收，这才导致名教授们只能去专注于基础教育，从而使得这所偶然形成却又堪称“超级”的文理学院，便这么偶然地在中国现代教育史中，获得了它那种堪称“例外”的、不可复制的成功。

毫无疑问，如果同中国大学的“专业教育”相比，那么西方本科眼下施行的“通识教育”，毕竟因其铺垫了更宽广的知识基础，留出了更大的自由联想空间和更多的科际整合可能，也确乎是显出了其相对的优长。——正如一位来自耶鲁的教授所说：“且不说共同的学识对本科生有什么意义，缺乏共同的学识整体也会对学术研究的前途造成严重的问题。优良的学术和恶劣的学术之间的区别是学生在研究生院学习的结果，但是，好的学术和伟大的学术之间的区别常常就是学者在专业领域之外所接受的通才训练，因此，就是一个学生在学院里学习的结果。而且，这个过程将会继续，不会随着正式的学术教育的结束而结束；本科生

1　刘东：《自由与传统的会通：重读〈西南联合大学国文选〉》，《自由与传统》，北京：北京大学出版社，2015年，第48页。

教师对于学生的通识负有持久责任，正是这一责任继续给作为学者的教师解释他们自己的专门学科提供了思想和观念。”[1]

不过，紧接着又必须来提醒，即使这样也并不意味着，这一回终于又找到西方的“奥秘”了，所以只需重抄一遍“通识教育”，也就足可以迎头赶上、万事大吉了。事实上，正如前边的引文已经提到的，眼下被译成“通识教育”、“博雅教育”或“自由教育”的 Liberal Arts Education，最早出现在纽曼的《大学的理念》中。而历史的诡异之处偏又在于，尽管这位作者既身为红衣主教，又是在为苏格兰天主教大学立法，而且我们只要打开了他这本著作，就会发现他基本上脱不开神学，可他还是在有意无意之间，以这种 Liberal Arts Education 的提法，迎合了当时的启蒙思潮与知识增长。正因为这样，他的这种“通识教育”理念，也就裹挟着相当微妙的两面性：它一方面明确地主张，在大学阶段并不负责学生的“立德教育”；而另一方面却又说明，也仅仅是在升入了大学之后，而不是在以前的学院里，学生的主业才不再是“修习神学”。——也正因为这样，我们才可以沿着这个豁口去理解，人们后来从不同的角度去验收，要么嫌他“太不强调”神学了，要么嫌他“太过强调”神学了。

---

1 ［美国］雅罗斯拉夫·帕利坎：《大学理念重审》，杨德友译，北京：北京大学出版社，2014年，第 102 页，着重号为引者所加。

当然不管怎么说，我们还是应当清醒地看到，当今西方大学的最好状态，或者说主要根基，也正是按照纽曼的设计来操作的，因而它们也就把自己的基本职责，看作对于学生心智（或智力）的专心开拓。——正如纽曼在《大学的理念》中所主张的："心智的培养不是要将心智塑造成或者牺牲于某种特殊的或偶然的目的、某种专门的行业或职业、研究或科学，相反，心智的培养是为着心智本身，是为了理解它自己恰当的对象，是为了给自身以最高的修养。心智的这种培养过程叫作'博雅教育'。虽然不可能在任何人身上把这种教育发展到理想的地步，或者使其心智成为一般心智应该达到的楷模，但是几乎每个人都可以知晓这种真正的培养的理念，并且至少对它抱有期望，把它真正的范围和结果不是当作别的东西，而是当作卓越的标准；而且，的确有许多人可能完全接受了它，并且在充分地身体力行。制定正确的标准，按照这样的标准进行培养，依据学生不同的能力帮助他们向这个目标前进，我认为，这应该就是大学的职责。"[1]

不过反过来说，如果不是站在那个独特的"岔口"，我们还是无法富于历史感地理解，纽曼何以会在那个关键的阶段，去主张脱离"德性"的"心智"，从而致使所谓 Liberal Arts Education，

1 ［英国］约翰·亨利·纽曼：《大学的职责》，《大学的理念》，高师宁等译，北京：北京大学出版社，2016 年，第 75 页。

尽管被不无反讽地译成了“通识教育”，却反而忽略了其中最为重要的“德育”？深究起来，如果在历史上杂凑出的“西方文明”，实则有两个不同的源头和本根，也就是希腊文明和希伯来文明，而且这种所谓的“两希文明”，又从来都处于缠斗与撕裂之中，那么，迎合着文艺复兴和启蒙运动的要求，纽曼的这种主张就其本质而言，也无非是要让被压制的古典文明，尽量从中世纪的修道院里挣脱出来，而至少姑且达至这样的平衡，即所谓“罗马的归罗马，凯撒的归凯撒”。——而这样的纯粹“开智”过程，又难免加剧社会的分化与撕裂，正如我们常在当今美国那里所看到的；这是因为，如果神学可以采取极端的“反智主义”（哪怕再有悖于科学的基本常识），从而明显地陷入了蒙昧的状态，那么，科学也可以采取极端的“唯智主义”，不在意任何终极关怀与伦理约束，只去追求可以满足眼前功利的分科知识。

不待言，也正是沿着这样的分化与撕裂，才引出了霍夫施塔特的那本名著，他在书中不光是罗列了种种“反智主义”的表现，也同样指出了其“不无正当”的宗教根源：“如果反智主义像我相信的那样，已经成为我们文明中普遍存在的特性，那么，这是因为它通常都与高尚的——或至少是合乎情理的——事业联系在一起。它首先牢牢抓住了我们的思维方式，因为培养它的，正是提供了人道和民主之情的福音派宗教。反智主义之所以能进入政治，原因则是，它与我们对平等的热情关联在了一起，它在我们的教育中也很难对付，这一部分是由于，我们的教育信念是平等主义的，而且带有福音派的色彩。鉴于上述原因，我们务必要尽可能地从这些善意的冲动中将我们的反智主义切除下来，尽管后者依靠前者为生；我们的手段就是可以免除这些冲动的、连续又精细的思想手术。只有以这种方式，反智主义方能被抑制和遏制；我并没有说要把它完全根除，因为我相信这超出了我们的能力，而且我也认为，那种想要彻底去除这种或那种恶性的不羁热情，同我们时代中的任何妄念一样，都有可能是危险的。”[1]——而这种尽量去“不偏不倚”的论述，也就从历史的后效中提醒了我们，分别来自两希文明的“教”与“学”，由于在两者之间总有相互的矫正，其裂缝又往往能部分地得以弥合，虽说也顶多只是暂时性地得到弥合。

一旦理解了西方教育的内在纠结，我们再来对照中国的传统教育，也就足以觉察其间有哪些不同，从而寻找出它们关键的区分来了。——比如，让我们再来重温一下《礼记·大学》中的那个著名论断：

1 ［美国］理查德·霍夫施塔特：《美国生活中的反智主义》，何博超译，南京：译林出版社，2021 年，第 30 页。

> 大学之道，在明明德，在亲民，在止于至善。……古之欲明明德于天下者，先治其国；欲治其国者，先齐其家；欲齐其家者，先修其身；欲修其身者，先正其心；欲正其心者，先诚其意；欲诚其意者，先致其知；致知在格物。物格而后知至，知至而后意诚，意诚而后心正，心正而后身修，身修而后家齐，家齐而后国治，国治而后天下平。自天子以至于庶人，一是皆以修身为本。[1]

这里所讲的“格物”“致知”“诚意”“正心”，乃至“修身”“齐家”“治国”“平天下”，曾被后世的儒者归结为“八条目”，而它们如果以舶来的西方学科来归类，则不妨被分别视作物理学、生物学、心理学、教育学、社会学和政治学……虽则说，如果只是从西学的视角来看，这种范畴难免太过“笼统混杂”了，可真正的吃紧之处却又在于，再本着儒学自身的原则来看，所有这一切专门的知识领域，却总要收拢到和隶属于伦理之学。也正因为这样，这段话才会开头就要求“止于至善”，才会最终又总结道“皆以修身为本”。——当然，也正因为如此地投以重视，我们再来重温孔子所讲的“德之不修，学之不讲，闻义

1 《礼记·大学》,《十三经注疏》，北京：中华书局，2009 年，第 3631 页，着重号为引者所加。

不能徙，不善不能改，是吾忧也”，[1] 才会更加理解同步于“进学”的“进德”，到底在儒家观念中具有多大的分量，也才会从孔子连讲的那四个“不”字中，体会到其深深的焦虑与忧患之情。正如他在《论语》的另一处又讲道：“见善如不及，见不善如探汤。吾见其人矣。吾闻其语矣。隐居以求其志，行义以达其道。吾闻其语矣，未见其人也。”[2]

《礼记》还曾对具体的教育内容，阐述过一种理想的发展次第：“古之教者，家有塾，党有庠，术有序，国有学。比年入学，中年考校。一年视离经辨志。三年视敬业乐群，五年视博习亲师，七年视论学取友，谓之小成；九年知类通达，强立而不反，谓之大成。夫然后足以化民易俗，近者说服，而远者怀之，此大学之道也。”[3] 而这种循序而来的教养次第，也就更足以让我们领会到，至少就儒家的理想状态而言，“进学”和“进德”不仅应是彼此同步的，还应是须臾不可分割与剥离的。——这也就进而启发了我们，如果前文中已经明确，中国的教育原就是“通识性”的，那么，我们现在则可以更加明确，如果根据儒学的理解与规定，这种“通识教育”无论在哪个阶段，都必须包含“德育”的固定内

---

1 《论语·述而》，《十三经注疏》，北京：中华书局，2009 年，第 5390 页。

2 《论语·季氏》，《十三经注疏》，北京：中华书局，2009 年，第 5478—5479 页。

3 《礼记·学记》，《十三经注疏》，北京：中华书局，2009 年，第 3297 页。

容；换句话说，人们决不能放弃任一阶段的“进德”，正如他们决不能放弃任一阶段的“进学”。甚至于，即使进而追求细部的专业知识，乃至投入具体的事功行业了，如从一位儒者的深层心迹来看，那也首先要属于一种“进德修业”的深化形式。

海德格尔曾在一篇有名的讲演中，批评由于失去了知识的思想本根，当时德国大学用围墙所圈起来的，无非是一堆并不相干的凌乱之物，由此所谓“大学”也只是一个杂乱的外延，缺乏确定和整一的精神内涵。正因为这样，他才呼吁人们迷途知返地，从知识的分化与异化状态中，去“追问自身将成为知识的最高形态”，——“这种追问粉碎了在各自专业中所形成的科学壁垒，将科学从散落在各个领域和角落中的那种漫无边际、毫无目的的状态中取回，并重新从人类－历史性的此在的塑造世界的所有力量的丰饶和福佑中——诸如自然、历史和语言，民族、习俗和国家，诗歌、思想和信仰，疾病、疯狂和死亡，法律、经济和技术——直接规定科学”。[1]

当然，海德格尔这种批评的声音，包括他那种纳粹式的语式，其本身也并不是没有争议的。所以行文到了这里，我们也就姑且不谈那种无根的知识，及其漫无边际的滋生疯长，到底曾在

1 ［德国］马丁·海德格尔：《德国大学的自我主张》，载杨东平编，《大学二十讲》，天津：天津人民出版社，2009年，第192页。

西方造成了什么；可总而言之，鉴于前文中的那些澄清，我们毕竟还有充足的理由，去基于儒学思想的自身特质，乃至中国社会的自身特质，从对比中获得更为全面的理解：一方面，毫无疑问，即使是纽曼那种脱离了“德育”的通识教育，也要大大好过我们过早的“文理分科”，因为这样的“洋泾浜”制度，已经简直比“西化”还要“西化”了；可另一方面，即使照搬进纽曼的通识教育总还会给我们带来相应的改进，却仍会大大误导中国的教育。而归根结底，此间的原因还要归结到，我们的社会自从轴心时代开始，就具有了其不可改变的世俗性质。——正如我在前文中已经指出的：“摈弃了‘上帝’的世俗社会，既有可能表现为‘自足自律’的，也有可能表现为‘连根拔起’的，既有可能具有更高的‘幸福指数’，也有可能具有更差的‘生活质量’，既有可能属于良善和谐的，也有可能属于腐恶衰败的，而此中的关键就在于，在能否有效地对人们施以‘德教’，从而对整个的社会风气，都进行道德上的规范、矫正与导引。”

由此也就说到了，一旦放弃了通识教育中的“德教”，只把“进学”看成了单纯的前来“求知”，或者说，到“学店”里购买“有用”的知识，而且人们这种“求知”的基本初衷，又无非在于走出校门后的“求职”，那么，如此短浅而功利的教育风气，或者说，这种只把教育理解为“职业教育”的做法，究竟会对理应正常的人格发育，乃至理应建基于其上的、堪称良性的社会发展，带来什么样的恶劣影响和什么样的被动拖累?

有一种流传甚广却相当可疑的区分，认定传统社会乃是“伦理本位”的，而现代社会则属于“知识本位”的。我们要是依从了这种区分，把文明的进程理解得如此断裂，而传统与现代之间也是如此悖反，那么或许就难免要误以为，一旦来到了这种“知识本位”的社会，而面对着日益剧烈的“知识爆炸”，再去坚持把“心术”的培养放在首位，也就显得不那么“现代”，不大能跟得上“潮流”了。——然而且慢，同样是受到了世风的恶刺激，梁启超却在《德育鉴》这本书中，触目惊心地提出了它的反命题，那就是一旦落得“心术不正”，而失却了最基本的道义前提，那么，在一个人的成长过程中，就会“学得越多”反倒“效果越坏”！

正是基于这样的理解，才更凸显了所谓“知本”的重要性。在这里，梁启超既选进了陆象山的相关说法，即“学者须是打叠田地净洁，然后令他奋发植立。若田地不洁净，则奋发植立不得。古人为学，即读书然后为学可见。然田地不洁净，亦读书不得；若读书则是假寇兵、资盗粮”；[1] 也选进了王阳明的相关说法，

1 梁启超：《德育鉴·辨术第一》，南京：译林出版社，2022 年，第 7 页。

即“学绝道丧，俗之陷溺，如人在大海波涛中，且须援之登岸，然后可授之衣而与之食。若以衣食投之波涛中，是适重其溺也”。[1]与此同时，针对当时已被败坏的读书风气，特别是针对“智育”和“德育”的割裂，他还进一步写出了下述的痛切案语：“象山所谓田地不洁净，则读书为借寇兵、资盗粮；阳明所谓投衣食于波涛，只重其溺。以此二条参证之，更为博深切明。盖学问为滋养品，而滋养得病根，则诚不如不滋养之为愈。趋避巧而复藏密，皆非有学问者不能，然则学问果借寇兵、资盗粮也。近世智育与德育不两立，皆此之由。”[2]

如果再细心地予以辨析，如果说在梁启超那个时代，当然是鉴于舶来的功利主义已经大大贻误了学堂的风气，才油然导出了他在上面的感慨，那么，再回到陆象山和王阳明的时代，则这类说法原本在指斥的，却只是沦为“名利场”的本土科场。也就是说，如果到了梁启超生活的年代，干脆就已是“打倒孔家店”、不读圣贤书了，那么，早先在陆象山和王阳明的年代，儒家的学说却还充当着考试的内容。——也正因为这样，如果现在的短浅功利之心，表现为掉头不顾儒家的“德教”，那么过往的杨朱式的功利主义，却反而会怪诞而吊诡地表现为，即使是私底下的、

1 梁启超:《德育鉴·辨术第一》，南京：译林出版社，2022 年，第 7—8 页。

2 同上书，第 12 页。

不足与外人道的“功名利禄”之心，还都要冠冕堂皇地去假着“圣贤之学”的名义，才能悄然获得满足。

由此足见，一旦自家已然是“心术不正”了，那么即使在读着“圣贤书”，也照样能把它给读歪斜、读走样了，正如荀子当年就警示过的那样：“小人之学也，入乎耳，出乎口。口耳之间则四寸耳，曷足以美七尺之躯哉！古之学者为己，今之学者为人。君子之学也，以美其身；小人之学也，以为禽犊。”[1]——而到了后世，王阳明的下述说法则更说明了，偏偏要把“大公至正”的学问，当成自家“博取功名”的工具，乃至竟是满口的“仁义道德”，而一肚子“心怀鬼胎”，几已成为司空见惯的社会习气了：“记诵之广，适以长其敖也；知识之多，适以行其恶也；闻见之博，适以肆其辩也；辞章之富，适以饰其伪也。是以皋、夔、稷、契所不能兼之事，而今之初学小生皆欲通其说、究其术。其称名借号，未尝不曰‘吾欲以共成天下之务’，而其诚心实意之所在，以为不如是则无以济其私而满其欲也。”[2]

不过，既已说到了早前的王阳明，我们又不免由此而联想到，在当年那种既定的制度下，他也是不得不投身于科场的。因而，真能从中看出其“出息”大小的，就不在他是否也去“应

1 《荀子・劝学》，北京：中华书局，2011 年，第 8 页。

2 梁启超：《德育鉴・辨术第一》，南京：译林出版社，2022 年，第 13 页。

试”了，也不在他能否一科就“得中”了，却反而在于他能否在“落第”时，讲出那一番坦荡洒脱的话来——“世以不第为耻，吾以不第动心为耻。”[1] 同样参加过科举的梁启超，也肯定在这方面很有同感，缘此才会把阳明的下述语录，也收录到了《德育鉴》的第三章：“只要良知真切，虽做举业，亦不为心累。（中略）任他读书，只是调摄此心而已，何累之有？”[2] 而紧跟着，任公又就此写下了自己的案语：“程子言‘举业不患妨功，惟患夺志’，王子此言，正本于彼。夫学至举业，可谓污贱矣，然苟良知真切，犹不为心累。然则日日入学校习科学，更何能累之有？故世有以讲道学为妨科学，而因以废道学者，可以前条正之。又或以讲科学为妨道学，而因以废科学者，可以本条正之。但惟患夺志一语，最当注意。刻刻在学校习科学，刻刻提醒良知，一丝不放过，此学之要也。”[3]

平心而论，如果同出路更狭窄的科场相比，真要到这里“一心向学”的话，则当今这种洋派的“大学”建制，已属于更加“纯粹”的学府了，也就是说，人们已可有幸来这里做到，只要“进学不已”，便可“谋求生计”了。但很可惜，由于

1　转引自［日本］冈田武彦：《王阳明大传：知行合一的心学智慧》，上卷，杨田等译，重庆：重庆出版社，2014 年，第 110 页。

2　梁启超：《德育鉴 · 知本第三》，南京：译林出版社，2022 年，第 70 页。

3　同上书，第 70—71 页。

也同时舶来了功利主义，且由此又激活了本土的杨朱心理，人们仍不能如梁启超所说的，打从心灵深处去“知本”和“返本”；也正因此，他们就还只是一仍其旧地，仅仅基于短浅的“用处”范畴表，即使在这个已可“学而优不仕”的环境下，也只是把以往孜孜以求的“官衔”，简单地置换成了眼下的“学衔”。——更有甚者，正像陆、王二位在前边批评的，哪怕他们偶然来此选择的专业，恰属于满口“仁义道德”的伦理学，或者力主“进德修业”的中哲史，那也无非只是个谋生的饭碗，并没有促使他们更进一步，要从境界上超出一般的“贩夫走卒”。

正因为这样，一方面，鉴于如今又突然兴起了“国学热”，也随即就有人偏要以强调“义利之辨”的儒学，来投合市场中冒出的“商机”了；而且，也正如我曾经就此指出的，这种不顾学理只顾投合的讲学，正因其太过利欲熏心、唯利是图了，也很快就转而败坏了这场“国学热”，既然它明显地“带有初始阶段的杂乱，而且裹挟了明显的商业目的，甚至诱使得学界外围的某些趋利之徒简直就像苍蝇见血一般，污损了民众的善良意愿”。[1]——而另一方面，更加可怕和令人痛心的是，即使有人毕

1 刘东：《“礼失求诸野”之后：“国学热”的冷思考》，《思想的浮冰》，上海：上海人民出版社，2014年，第154页。

生都在从事思想史，甚至是儒学思想史研究，而且以往流行过的“一本书主义”，就像当年不得不苦熬“十年寒窗”一样，也确曾构成过他们治学的动力，只可惜，一旦把身下的板凳给“焐热了”，他们反而在眼下的“国学热”中，遭遇到了进一步治学的障碍，只去拉着行李箱到处“炒冷饭”，所以反而暴露出即使是“圣贤之学”，对于他们仍不啻“口耳之学”，或者说，仍属于杨朱之徒的“稻粱之谋”。

这样的人，顶多也只是在“知识性”地关心，哪位前贤曾在历史上讲过什么话，这都属于他们“站得住”的史料，但他们却感情冷漠地绝不关心，把这些话再拿到当下会意味着什么。事实上，即使是在讲述着儒学话语，可一旦失去了必要的道义关怀，只把先儒那些充满激情的语录，当成了“哲学史”意义上的“史料”，这样的“哲学史”也就变成了“哲学死”，而这样的“思想史”也就变成了“思想死”。可叹的是，那种杨朱式的强劲胃液，竟能把一切曾经鲜活的思想，都在吞咽之后消化为“死物”，成为他们扬名立万的盈利工具。——而想当年，同样是针对这样的“口不对心”，梁启超才会愤然写下这样的案语：“今试问举国之人，苟皆如先生所谓用其私智以相比轧，假名以行其自私自利之习，乃至于其所最亲近而相凌相贼者，苟长若是，而吾国之前途尚可问乎？夫年来诸所谓爱国、合群之口头禅，人人能道，而于国事丝毫无补者，正坐是耳。”[1]

由此可见，正因为关乎“安身立命”的大事，所以尤其是涉及德教的儒学话语，就更不能只是“入乎耳，出乎口”，而需要真正去身体力行、知行合一。否则的话，一旦带着如此“机心”去玩国学、玩儒学，那么，国学和儒学也肯定要被他们“玩坏”了。事实上，一旦再由这种“鬼精鬼精”的人，去侈谈什么“不为圣贤，便为禽兽”，就会构成更大的反讽与悬念；而他们由此造成的社会损害，正也因其满口都是“仁义道德”，反比去宣扬哪怕再偏颇的学说，都来得更加剧烈、积重难返。——也就是说，如果连儒家的德教本身，都无非表现为“口耳之学”，都有其无法掩盖的、令人生厌的虚伪性，那么，整个的社会风气也就更加难以收拾了。

在这个意义上，或许眼下突然冒出的“国学热”，真还不如根本就未曾发生过，那至少不会闪出这许多“商机”，乃至刺激了投机分子的“机心”。当然话说回来了，“国学热”还是有其深刻的社会依据，我也曾在其他文章中分析过。因而，此中的关键正解还在于，即使在举世“功利滔滔”之际，一个学者在“理应寂寞”的时候，还是应当安下心来、横下心来“甘于寂寞”，先

1　梁启超：《德育鉴 · 知本第三》，南京：译林出版社，2022 年，第 74 页。

把身下的“冷板凳”给坐住了；而不是仅仅为了外在的功名，就有违学理地去“躁进”和“邀功”。——说到了这种外在的功名，又不免想起来，诸葛亮当年还有过一个自述，即所谓“苟全性命于乱世，不求闻达于诸侯”。[1] 而对于此中所讲的“闻”与“达”，孔子也早就在《论语》文本中，向弟子们进行过相应的厘清，从而把前者归结于内在的“仁”，也即无条件的、对于自我道德的修养，又把后者归结于外在的“义”，也即有条件的、对于社会环境的应接：

> 子张问：“士何如斯可谓之达矣？”子曰：“何哉，尔所谓达者？”
>
> 子张对曰：“在邦必闻，在家必闻。”子曰：“是闻也，非达也。夫达也者，质直而好义，察言而观色，虑以下人。在邦必达，在家必达。夫闻也者，色取仁而行违，居之不疑。在邦必闻，在家必闻。”[2]

无论如何，经由上述的反面例证，我们到这里就更可确认下来，如果“德之不修、学之不讲”，在孔子那里原是紧密相连、

1 诸葛亮：《前出师表》，《诸葛亮文集译注》，成都：巴蜀书社，2011 年，第 18 页。

2 《论语·颜渊》，《十三经注疏》，北京：中华书局，2009 年，第 5440 页。

不可分离的，那么无论到什么时候，都绝不可沦落和蜕化成了只“讲学”而不“修德”。事实上，正是鉴于此间可能出现的“异化”，当他的塾师以“惟读书登第耳”来回答“何为第一等事”的问题时，少年的王阳明才会慨然地应对：“登第恐未为第一等事，或读书学圣贤耳。”[1]当然，他后来在“内圣”与“外王”之间的平衡，却又胜于雄辩地向我们说明了，这种所谓人生的“第一等事”，并不意味着人生只有“这一件事”；可反过来，却又终究事事都涉及同一个价值，于是都要返归同一个道德本根，所以说到底还是要“吾道一以贯之”。[2]——唯其如此，才看出了儒学的“内圣外王”之道，而作为一种毕生的“成己之学”，它又将这两个侧面都收于“德教”；也就是说，即使在瞬息万变的“外王”时刻，也不可片刻地稍忘了“内圣”，即使在紧张追求着“事功”时，也不可片刻地稍忘了“道义”，即使在被人群包围簇拥时，也不可片刻地稍忘了“慎独”的工夫。

说到了这里，再来回顾《礼记·大学》中的收束，我们便可以迎刃而解地领会到，不光是讨论“德教”本身的伦理学一定不可脱离“德性”的约束，就是“八条目”中涉及的一应知识领域，包括物理学、生物学、心理学、教育学、社会学和政治学等

1　王阳明：《年谱一》，《王阳明全集》，卷三十三，上海：上海古籍出版社，2006 年，第 1221 页。
2 《论语·里仁》，《十三经注疏》，北京：中华书局，2009 年，第 5367 页。

等，都同样要在价值上去“知本”和“返本”。且不说生物学、心理学和教育学了，那类直接涉及人类自身的学科，在任何时候都不可脱离主体的关切；即使是社会学、政治学和历史学，也并不能当真做到所谓“价值中立”，否则就会像无头的苍蝇，或是随着人群盲动；甚至，即使是最称客观和超然的物理学，也不可能超然于主体的关切之上，不可能脱离其基本的道义前提，——否则的话，无论是造出更凶狠的病毒来，还是造出更剧烈的核弹来，其足以毁灭人类和引爆地球的力度，也都可被视作某种实验的壮举了。

于是到了本章最后，也就自然回到了这样的话题，亦即从儒家思想的角度来看，在“博学”与“德教”之间，或曰在“通识”与“德教”之间，到底存在着怎样的一种关系。一方面，《论语》中有过这样的记载：“达巷党人曰：‘大哉孔子，博学而无所成名。’子闻之，谓门弟子曰：‘吾何执？执御乎，执射乎？吾执御矣。’”[1]这使我们回想起来，其实孔子在他自己的时代，原属于“百科全书”式的人物，足以掌握当时的全部通识——“六艺”，也就是“礼、乐、射、御、书、数”。因而，这里所谓的“博学而无所成名”，就并非在批评孔子的“务广而荒”，而只是

1 《论语·子罕》，《十三经注疏》，北京：中华书局，2009 年，第 5407 页。

在赞扬他的“君子不器”，[1]即不特意追求以专长来“名家”。可另一方面，孔子却不会满足于这样的通识，而要进一步地“志于道，据于德，依于仁，游于艺”，[2]也就是要把对于道德与仁爱的追求，贯注于所谓“艺”的一应局部知识中，而我们由此才可以充分理解，他何以要跟子贡进行这样的对话：“子曰：‘赐也！女以予为多学而识之者与？’对曰：‘然，非与？’曰：‘非也，予一以贯之。’”[3]

也正是沿着这样的思路，我们又可与此相通地看到，梁启超也是一方面要力主“通识性”的广泛教育，并且把开拓眼界和获得尝试，看作是“开智”与“立志”的关键步骤：“志之所以能立，莫先于勇，先哲所言大率断断于此。惟陆子复言‘必先有智识，然后有志愿’，此别是见到语。如吾辈前此曾无爱国之志，而一闻先觉之言，或一经游历他国，而此志乃勃然兴者，则智识为之导也。近今各国教育，必令学童先习溥通学，得有常识，然后使于专门学中自择一焉，亦为此也。然智识与志愿，递相为果，递相为因，无智识则志愿固无从立，无志愿则智识亦无从增。吕豫石所谓‘眼界不开，由骨力不坚；骨力不坚，所以眼界

1 《论语·为政》，《十三经注疏》，北京：中华书局，2009 年，第 5348 页。

2 《论语·述而》，《十三经注疏》，北京：中华书局，2009 年，第 5390 页。

3 《论语·卫灵公》，《十三经注疏》，北京：中华书局，2009 年，第 5467 页。

愈不开’，此又与陆子所言相发明也。”[1]

可在另一方面，针对由此可能导致的局部迷失，也即“鸡零狗碎”的支离，任公又不得不投以相当的警惕。——也正是出于这样的警惕，他才会如此地贬斥理学家朱熹：“《朱子语类》云：‘今学者多来求病根，某向他说，头痛灸头，脚痛灸脚，病在这上，只治这上便了，更别讨甚病根?’（潘时举记）此朱子之大误处，所谓支离者此也。头痛灸头，脚痛灸脚，终日忙个不了，疲精敝神，治于此仍发于彼，奈何?万一头、脚、耳、目、手、心、腹、肾、肠同时皆痛，又将如何?天下良医，断无如此治病法。”[2]而不待言，就梁启超本人的立场而言，他肯定是更倾向于心学家王阳明：“吾辈通患，正如池面浮萍，随开随蔽。未论江海，但在活水，浮萍即不能蔽。何者?活水有源，池水无源，有源者由己，无源者从物。”[3]

由此可见，爆发于1923年的那场“科学–玄学”大论战，根本不必再等到《欧游心影录》的写作了，早在写于十余年前的《德育鉴》中，就已经明确露出了它的思想端倪。——发人深省的是，梁启超那时候已可对比着西学，也就是既基于“归纳逻

1 梁启超:《德育鉴·立志第二》，南京：译林出版社，2022年，第39页。

2 梁启超:《德育鉴·知本第三》，南京：译林出版社，2022年，第49页。

3 同上书，第43页。

辑”的自身局限性，又本着《大学》中的“一是皆以修身为本”，来分辨在作为“知性”的科学与作为“理性”的哲学之间，到底存在着什么样的本质区别了：“朱子之言曰：‘大学始教，必使学者即凡天下之物，莫不因其已知之理而益穷之，以求至乎其极。至于用力之久，而一旦豁然贯通焉，则众物之表里精粗无不到，而吾心之全体大用无不明矣。’其所论与英儒倍根之归纳论理学颇相似，以之为研究科学之一法门可也。虽然，科学之上，不可不更有身心之学以为之原。而朱子之所以教人者，则自以为身心之学而非科学也。更申言之，则属于德育之范围，而非属于智育之范围也。夫为学当日益，为道当日损，是则德育、智育两者发脚点所攸判也。”[1]

不必讳言，这里所讲的“为学当日益”，和“为道当日损”，当然是脱出于老子的那句名言：“为学日益，为道日损。损之又损，以至于无为。无为而无不为。”[2] 不过，梁启超这么脱口而出地化用，则又神妙地借助这两个成语，精到地讲出了儒家的“成己之学”中，其作为“德教”的伦理之学，与其作为“博学”的格物之学，有着怎样一种微妙的关系。而这两方面，如果用他自己

1　梁启超：《德育鉴 · 知本第三》，南京：译林出版社，2022 年，第 44—45 页。

2 《道德经 · 四十八章》，《老子今注今译》，陈鼓应注译，北京：商务印书馆，2003 年，第 250 页。

的原话来讲，当然也就是“为道”与“为学”了：“此言为道与为学两不相妨也。为道日损，故此心不许有一毫人欲间杂；为学日益，故讲求许多条理节目。然既有日损之道，则日益之学乃正所以为此道之应用也。且既有日损之道，自不得不生出日益之学以为之应用也。”[1]——这就意味着，一方面，无论是“进德”还是“进学”，或曰“为道”还是“为学”，都应被一体地包容在终身教育中，也都应被囊括在“通识”的范畴下；可另一方面，在不稍懈怠的终身自我教育中，它们却是一个在逐步地向外扩张，不断地向着“至大无外”的极境逼近，另一个则在逐渐地向内聚敛，不断地向着“惟精惟一”的化境逼近。

我们讲到了这里，再来回顾孔子的生平自述，即所谓“吾十有五而志于学，三十而立，四十而不惑，五十而知天命，六十而耳顺，七十而从心所欲不逾矩”，[2]便可以得到更深一层的领会了。这是因为，我们由此才可以理解，孔子所讲的“从心所欲不逾矩”，并不是指在追求“博学”的外向过程中，或者在追求“为学日益”的扩张过程中，虚妄地误以为已经穷尽了“格物”的知识，而只是指在追求“修己”的内向过程中，或者在追求“为道日损”的内敛过程中，自觉到已可进入某种“炉火纯青”的状

1 梁启超：《德育鉴 · 知本第三》，南京：译林出版社，2022 年，第 70 页。
2 《论语 · 为政》，《十三经注疏》，北京：中华书局，2009 年，第 5346 页。

态。如果不去辨明这一点，或者说，弄不清孔子只是在讲述“修己”之事，那么，就会把他的“从心所欲不逾矩”的道德化境，误判成了对于具体局部知识的穷尽，于是夫子的形象也就会被封闭起来和神秘化了。同样的道理，如果不去辨明这一点，或者说，不去了解在获得“通识”的终生进程中，原本就会在“进学”和“进德”这两个方面，延伸出“为学日益”和“为道日损”的两个方向，那么，就会陷入“生也有涯”“知也无涯”的困顿，从而陷入对于“无所不知”的虚幻追索中。——我们看到，梁启超正是基于这样的理解，才判定了理学家朱熹的方向走偏，从而也才判明了历史上的朱、陆高下：“欲以一人之精力，而总有洋海全部之智识，此固必不可得之数，庄子所谓‘吾生也有涯，而知也无涯，以有涯随无涯，殆矣’。若是乎由朱子之道，而欲求所谓‘众物表里精粗无不到，吾心全体大用无不明’者，其亦终不能至而已。朱子之大失，则误以智育之方法为德育之方法，而不知两者之界说适成反比例而丝毫不容混也。故陆子规之曰：‘易简工夫终久大，支离事业竟浮沉。’朱陆异同，此为界线。”[1]

讲到了这里，就又自然会在本章的最后，接触到一层尚未

1 梁启超：《德育鉴·知本第三》，南京：译林出版社，2022 年，第 45—46 页。

揭示的精义。我们在前述学理的基础上，再来回顾《大学》中的“八条目”，才足以更加心领神会地发现，原来作为“为学日益”的“格物”与“致知”和作为“为道日损”的“诚意”与“正心”，虽说表现出了不同的智慧方向，却毕竟被收纳到了一体贯通的“通识”之中。正因为这样，人生中不可偏废的“进学”与“进德”，虽则看似在朝两个方向分道扬镳，却又毕竟在相互约束与相互支撑着。也正因为这样，即使人人皆可得而有之的“仁爱之心”，也并非仅仅基于某种天生的或普遍的“道德本能”，而是要在“进学”过程中去获得蒙养与开悟；反过来说，一切在“格物”过程中获得的知识寸进，一切对于世间人情物理的渊博了解，则又不但不能脱离伦理的前提，反而有助加强内心的道德关切。正因为这样，一代又一代循序渐进的儒者，才会在“进学”与“进德”的双重约束下，不光把人类的“良心”规定为“良知”，还又在“良知”前加上一个“致”字，以便用这种所谓“致良知”的修养工夫，来凸显在“格物致知”与“诚意正心”之间，有着怎样一种密不可分的关系。

顺便再来发挥一句，也正因为两者之间的相互约束，那么至少在儒学的底层逻辑中，鉴于所谓“进学”与“进德”是不可偏废的，或者说，鉴于所谓“知识”本身就是“美德”，也就同时既避免了脱离“智慧”的“道德”，又避免了脱离“道德”的

“智慧”。我们由此便可心领神会地理解，何以在中国本土的文化环境中，既不可能鼓励东正教式的“圣愚”，也不可能催生名利场中的“恶灵”。——毕竟，从儒学对于人类“通识”的开发而言，这两者都未能获得“致良知”的蒙养，从而也都在心灵上造成了某种后天的残缺。

题解八（知本第三）

心学比理学强在哪里?

沿着前文中的相关叙述，我们还应当跟着去领悟：既然从先秦儒学继承下来的，原本就并非独断性的、不容商量的宗教教义，而是研讨性的、集思广益的学术话语，那么，等这种学说再延续到后世那里，也就同样不会表现为“封闭系统”，而势必会表现出应有的“开放性”。——正因为这样，人们在探讨这些复杂的学理时，特别是在试图把握其微妙前提时，也总难免会既有所领悟，也有所闪失；同样因为这样，我们在阅读后世的儒学文本时，就会既在其中读到“当仁不让”的激辩，也在其中看到“洋溢生机”的修正。

于是，正如我们已在《德育鉴》中读到的，一旦语涉“朱、陆异同”的问题，尽管对这两家也都有所采撷，可梁启超既然自许为儒者，把这一切当成了安身立命的要津，就不会无可无不可地去“和稀泥”，而会直言地赞同在他看来“讲对了”的那一方。因而，受到深层学理的制约，他既已利用老子的那句成语，而厘清了“为学日益”和“为道日损”的不同方向，我们从逻辑上也便不难料定，他正是要在这样的关节点上，指出心学同理学分道扬镳的要冲，或者更直截了当地说，指出理学在开智方向上的失足之处。——既然如此，也就给我们带来了新的、有待思考的问题：他如此泾渭分明的“左袒”是有道理的吗？而如果心学的确要比理学更好，它究竟在什么地方强过了后者？

为了把事情看得更全面，就需要把心情再潜回到当年。在一方面，我们的确可以说，基于梁启超所悟到的精微学理，正是在“为学日益”和“为道日损”的不同向度上，沿着对于先秦儒学的“正解”和“误解”，才产生了后世的理学与心学之分化。可在另一方面，我们又应当看到，即使我们从基本的思想原则上，可以首肯他所做出的这种区分，却又不可由此便忘记了，其实在当年的历史语境中，心学一派偏又是由理学家造成的。——此中最关键的分水岭，还是在于第四章中已经提到的、起初由韩非所概述的“儒分为八”，即“自孔子之死也，有子张之儒，有子思之儒，有颜氏之儒，有孟氏之儒，有漆雕氏之儒，有仲良氏之儒，有孙氏之儒，有乐正氏之儒”。[1]

此外，针对那中间的关键分水岭，也就是所谓“孟氏之儒”

---

1 《韩非子·显学》，北京：中华书局，2010 年，第 724—725 页。

和“孙氏之儒”，或者说是“性善论”与“性恶论”，我在前文中也已给过自己的分析：“只要基于更高的参考框架，我们就不难从对比中看出，如果孔子属于‘执两用中’的整合，那么，荀孟二人分别属于‘各执一偏’的两端。而在这两者之间，一个的认知与手法是他律的，一个的认知与手法则是自律的；一个属于更接地气、更有人间烟火的，从而具备了社会功能，一个属于更上层次、更有圣贤气象的，从而具备了人格境界。也正因为这样，我们才会合乎逻辑地看到，他们一个是更靠近‘免而无耻’的法家，一个是更趋于‘有耻且格’的儒者。”[1]

如果沿着学理本身的规定，我们原本有理由这么说，正因为无论孟子还是荀子，都属于孔子身后的学术分化，因而在倾向上都只属于一偏，那么，特别是到了后世的思想家那里，由于从思路上理应去“总其成”，就更不应忽视其中的任何一家，不然的话，就会失去了最起码的思想平衡，也就会距离“叩其两端”的孔子更远。事实上，如从思想的宏观大势来观察，无论孟荀皆属于孔门高弟，所以不管他们朝哪个特定的方向运思，总是接续了孔子所关切的某一侧面，也都是在发挥孔子本人的思想潜能。——也正因为这样，他们在难免都“各有所失”的同时，却

1 本书，“为什么反是成己之学？”。

又都做到了“各有所见”。也正因为这样，再到了施展“德教”的不同层级中，这两个思想极端原本也就可以互补，要么去进行初阶的“化性起伪”，要么再去进行高阶的“反求诸己”。

本来，我们既从《论语》中读到过这样的浩叹：“子曰：‘吾未见好德如好色者也’”，[1]或者“子曰：‘民之于仁也，甚于水火。水火吾见蹈而死者矣，未见蹈仁而死者也’”，[2]原也不难从孔子的那番感慨中，看出荀子所力主的“性恶论”，绝不是毫无根据或一无所见的。——再回顾起来，当荀子去着力反驳孟子所主的“性善论”时，也正是从谁更有“事实依据”、谁更能“辨合符验”的角度入手的：“今当试去君上之势，无礼义之化，去法正之治，无刑罚之禁，倚而观天下民人之相与也。若是，则夫强者害弱而夺之，众者暴寡而哗之，天下之悖乱而相亡不待顷矣。用此观之，然则人之性恶明矣，其善者伪也。故善言古者必有节于今，善言天者必有征于人。凡论者，贵其有辨合，有符验，故坐而言之，起而可设，张而可施行。今孟子曰‘人之性善’，无辨合符验，坐而言之，起而不可设，张而不可施行，岂不过甚矣哉！”[3]

1 《论语·子罕》，《十三经注疏》，北京：中华书局，2009年，第5410页。

2 《论语·卫灵公》，《十三经注疏》，北京：中华书局，2009年，第5471页。

3 《荀子·性恶》，北京：中华书局，2011年，第381页。

当然，我们在前文中也已指明，即使荀子在这方面“有所见”，也并不自动意味着孟子“无所见”；正如反之亦然，即使孟子在那方面“有所见”，也并不自动意味着荀子“无所见”。事实上，无论是爱德华·威尔逊的社会生物学，还是乔纳森·海特的直觉主义伦理学，乃至于弗兰斯·德瓦尔的灵长类动物心理学，都早已利用各方面的经验事实证明了，作为一种“群居动物”的晚期智人，就是有着先天秉持、与生俱来的“道德倾向”，否则的话，以他们“艾比米修斯”式的本能缺陷，根本就无法在残酷的生存竞争中向上攀缘。正因为这样，我们才曾从另一个侧面指出，孟子以“四端之心”来命名“人类善根”——所谓“恻隐之心，人皆有之；羞恶之心，人皆有之；恭敬之心，人皆有之；是非之心，人皆有之”——也同样是基于对于人性的观察，尽管这种观察来得更加幽深细微，未必能判然地显出“辨合符验”的效果。

也正因为这样，既然我们已从《论语》中读到过，所谓“人能弘道，非道弘人”，[1] 所谓“为仁由己，而由人乎哉”，[2] 所谓“仁远乎哉？我欲仁，斯仁至矣”，[3] 那么，我们也就有了相应的理由来断定，孟子也同样是在发挥孔子的潜能，虽说他也像荀子一样是

1 《论语·卫灵公》,《十三经注疏》, 北京：中华书局，2009 年，第 5470 页。

2 《论语·颜渊》,《十三经注疏》, 北京：中华书局，2009 年，第 5436 页。

3 《论语·述而》,《十三经注疏》, 北京：中华书局，2009 年，第 5394 页。

在“攻其异端”，仅仅发挥了孔子的某一个侧面：“尽管倾向于行为科学的当代人，往往会大而化之地想当然，误以为‘性善论’顶多是‘希望如此’的假说，可是，最新的研究却针锋相对地指出，那只是因为以往的科学还未曾发现，甚至，就连研究的触角都未曾伸向这里。所以，如果类似下面的这种研究，能够继续得出让人信服的证据，我们或许就可以得到一个强论证，知道从‘天生烝民，有物有则。民之秉彝，好是懿德’（《诗·大雅·烝民》），到‘仁义礼智，非由外铄我也，我固有之也，弗思耳矣’（《孟子·告子上》），这些中国古人的箴言都绝非虚词，相反倒是听从着暗中敲响在心间的、作为族群遗传的潜能之声。”[1]

既然如此，虽说我们不必学着宗教的口吻，去把人类一分为二地描述为“一半是野兽，一半是天使”，却总还有理由去根据生物学实验，而认定无论孟子还是荀子强调的人性侧面，都同样属于无可否认的经验事实。——正如乔治·莱文针对德瓦尔的研究所总结的：“在这方面，伦理学与科学，即‘应该如何’与‘是什么’，是直接相关的，起码的理由是，假如自然使我们从本质上就没有道德准则和道德行为的能力，伦理学将完全失去意义。然而我们每个人，包括最愤世嫉俗的人在内，显然并非没有这种能

1 刘东：《天边有一块乌云：儒学与存在主义》，南京：江苏人民出版社，2018 年，第 97—98 页。

力，因此要么必须用超自然力量来解释，甚至连阿尔弗莱德·拉塞尔·华莱士（自然选择的共同发现者之一）在论述人类意识和精神的存在时都接受了这个较为传统的反应；要么在自然过程的本质中存在着某种东西，它不需要超自然力量的协助就能使道德成为可能。我们知道达尔文在这个问题上的立场是怎样的。德瓦尔坚称，通过对灵长类动物的研究，有明确证据表明，道德问题本就是自然进化过程的一部分。毫无疑问，道德问题是灵长类动物本性的一部分。动物性似乎并不仅仅意味着血淋淋的牙齿和爪子，正如理查德·道金斯乐此不疲提醒我们的那样，就在你读着这些字的时候，数百万的生物正在被追逐、吞食、毁灭和虐待。”[1]

于是，这也就无可置疑地意味着，对于真正有力度的思想家，关键就不在于那些事实“是否存在”，而只在于你于后世构造的理论，是否真正做到了“体精思微”，从而能以足够的弹性与韧性，去收纳和安顿各方面的事实。只可惜在我看来，也正是在这个最吃紧处，居然所有的宋明理学家，都无一例外地有所蒙蔽或失足了。——问题的复杂与吊诡在于，尽管在一方面，越是在“礼崩乐坏”的危局中，他们就越看到了“人心不古”或“人性的恶”，可是在另一方面，又正因为日益看到了“人性的恶”，

1 ［英国］乔治·莱文：《导言》，载乔治·莱文编：《世俗主义之乐：我们当下如何生活》，赵元译，南京：译林出版社，2019 年，第 22—23 页，着重号为引者所加。

看到了它越发严重的腐蚀作用，他们却反而更要一心一意地，只愿从理论上去肯定与标举“人性的善”。正因为这样，先秦儒者们对于各种人性本能的敏感，以及对于各种人性潜能的环视与兼顾，一旦到了宋明理学家们的运思中，也就变成了一场空洞的思想游戏；而这种思想游戏的基本规则，就在于要从理论思维的奠基处，就对自己亟欲克服的“人性之恶”，采取“视而不见”的态度，似乎只要从本体上抹杀或化解了它，也就足以让“性恶论”彻底趋于泯灭了。

只有基于这样的剖析，我们才可以顺势再去理解，为什么同为孔门高弟的荀子，一旦到了后世的宋明理学那里，也同样会受到如此彻底的否定。同样地，又只有基于这样的剖析，我们也才可以再去顺势理解，为什么理学家们只靠自己的“心证”，就想当然地勾勒出了“思孟学派”，并将此解释成直接通达自己的、来自孔子的唯一真传。说白了，这种种“六经注我”的主观做法，无非还是要把儒学的立足点，仅仅奠定在“性善论”的基础上。正因为这样，我们就不光能从先秦的孟子笔下读到“万物皆备于我矣。反身而诚，乐莫大焉。强恕而行，求仁莫近焉”，[1] 也同样可以从北宋的张载的笔下读到“大其心则能

1 《孟子·尽心上》,《十三经注疏》，北京：中华书局，2009年，第6015页。

体天下之物，物有未体，则心为有外。世人之心，止于见闻之狭；圣人尽性，不以见闻梏其心，其视天下，无一物非我，孟子谓尽心则知性知天以此。天大无外，故有外之心，不足以合天心”。[1] 也正因为这样，我们才可以不出意外地看到，为了另外构造一种“发明的传统”，宋儒才会不在乎历史上的真实，而只在意内心中的理路，以致竟撇开了先秦时代的《荀子》，只保留了当时的《论语》和《孟子》，又从成书于汉代的《礼记》中，挑选出其中的《大学》《中庸》两篇，准此而重新编定了后世的经典——“四书”。

当然并不是说，在宋明理学家那里，果真就全然看不到“人性之恶”了。刚好相反，如果可以进行“深层的阅读”，我们甚至有理由认为，所有那些有关“人性本善”的断然立论，恰是针对着历历在目的“性恶一面”。然而转过来，又正是为了克服这样的“恶本性”，就反倒更加促动了那些理学家，要利用自己构建的理论体系，或者自己醉心其中的思想游戏，一反荀子当年的基本立论前提，去把“性恶”说成是后天的、习得的和偶然的，而与此同时，则把“性善”说成是先天的、固有的和必然的。——事实上，只要能具备足够穿透的目力，那么宋明理学家

1 张载：《卷四·大心》，王夫之注，《张子正蒙》，上海：上海古籍出版社，2020年，第154—155页。

的那些看似精微的辩论，比如“气质之性”与“天地之性”之辨，即所谓“形而后有气质之性，善反之则天地之性存焉。故气质之性，君子有弗性者焉”，[1]再如“未发之前”与“已发之际”之辨，即所谓“喜怒哀乐之未发，谓之中。中也者，言寂然不动者也，故曰天下之大本。发而皆中节，谓之和。和也者，言感而遂通者也，故曰天下之达道”，[2]大抵都是沿着这条思路发出的。

也正是沿着这样的理解，我们才在前边预先就判明了，尽管这两者曾经表现为双峰对峙，而且心学的倾向相对于理学的营垒，也确曾相对地构成了偏离的叛逆，然而一旦回到当年的历史语境，这种宣扬“心外无物、心外无理”的学说，偏又恰是由理学家们先行造成的。事实上，大凡理学家也都有心学的工夫，比如我们可以从宋人的笔记中读到“伊川每见学者能静坐，便叹其善学”；[3]甚至有的时候，我们实际上也不大能分清楚，那种倾向到底属于理学还是心学，比如我们又可以从大程那里读到“圣贤千言万语，只是欲人将已放之心，约之使反，复入身来，自能寻向

1　张载：《卷三·诚明》，王夫之注，《张子正蒙》，上海：上海古籍出版社，2020年，第146—147页。

2　朱熹、吕祖谦撰：《朱子近思录》，卷一，上海：上海古籍出版社，2000年，第29页。

3　罗大经：《丙编·卷三·静坐》，《鹤林玉露》，上海：上海古籍出版社，2012年，第177页。

上去，下学而上达也”。[1]——当然也正因为这样，“理学”一词也便有了其广、狭两义，狭义的只是在指称“周张二程”，而广义的则又包含了“程朱陆王”。

不过，也正因为这种“你中有我”的交织，就使人又不禁想起一段轶事来，那同样显出了闭目塞听的心学倾向：“（伊川——引者注）过汉江，中流遇风，船几覆。同舟人皆号泣，伊川但正襟安坐。已而船及岸，众人中有老父问伊川曰：‘船当危时，君正坐甚严何以？’伊川曰：‘心存诚敬耳。’老父曰：‘心存诚敬，不若无心。’伊川尚欲与之言，因忽不见。”[2]无论如何，要是把这里的“伊川”二字——这正是程朱理学的开山或主帅——代换成“象山”“阳明”，或者“龙溪”“蕺山”，人们或许更容易理解些，因为反正后边的这些人物，都是主张“心外无理”“心外无物”的。而沿着这样的思路，我们也便可以恍然大悟了，阳明心学正乃程朱理学的完成；这是因为，只要把潜藏在理学中的某种倾向——尽管其中也还夹杂了另外的倾向——干脆给剥离出来，且不顾其余地贯彻到底，那就只能进而把它表述为心学了。

---

1 程颢、程颐：《河南程氏遗书·卷一》，《二程集》，王孝鱼点校，北京：中华书局，1981年，第5页。

2 余怀：《东山谈苑》，《余怀全集》（下册），李金堂编校，上海：上海古籍出版社，2011年，第550页。

也正因为这样，即使我们沿着前文中的分析，承认宋明理学在先秦的孟荀之争中，确乎是凸显了其中更重要的一半，那终究还只属于其中的一半。而这种偏颇也就必然导致了，一旦把人心中“性善”的一面，给夸张成符合于“天心”的世界本质，甚至缘此更认定了“心外无理”“心外无物”，那就只能在以偏概全的基础上去闭目塞听了。这里必须厘清的是，一方面，内在萌生的“道德之心”“善良之性”，的确给了我们最后的价值支点，也的确给了社会最后的转变之机，让我们拒绝去和光同尘地向下坠落，也好借此再去改造社会和修正历史。可另一方面，即使是这种内心中的价值支点，也不可被无限地予以夸张与扩大，乃至说成是宇宙万物、天地万象的唯一本质，以及理解与操控整个世界的支点；否则的话，人们对于世界的认识和改造，也就变得太过轻而易举了，也就显得太过一厢情愿了。——在这个意义上，其实宋明理学真正的要害，就在于它端出的那种闭目塞听的解答，根本就算不上什么“人生解决方案”，充其量也不过是唇齿游戏，说说而已。无论如何，一旦思想家把自己所肩负的任务，理解和处理得太过简便和轻易了，整个社会反会遭遇更多的麻烦与艰危。

当然我也说过，即使它的确存在着上述缺陷，也不宜只把宋明理学，给简单地概括成“道德神学”，那顶帽子显然更适合汉代儒学。需要仔细拿捏的是，一方面，孔子的思想高度，他的完整性和平衡性，他的革命性和透彻性，肯定是后世的思想家皆所不及的。——正如我在以往的著作中讲过的："由于即使是从整个世界的范围看，由孔子所继承和光大的先秦理性主义，也是'祛除巫魅'得极其早熟的，他的思想在一片巫魅的蛮荒中，难免像是一支时隐时现的爝火，而围绕在其周围并随处可见的，则仍是过往黝黯时代的、顽强习惯势力的幽灵。——也正因为这样，孔子的思想在逐渐照亮了中华世界的同时，也难免要遭遇到种种的误解和曲解，或者至少是对于其精义的不解。而由此才令人遗憾地导致了，总是有人要动用属于其他学派的、远没有如此思想力度的学说，去包裹它、中和它、钝化它，使之失去了原有的挑战性、先锋性和尖锐性。"[1]

可另一方面，虽说都属于思想的钝化与退化，然而相比起汉代儒学，宋明理学却又在汉儒的退化基础上，显出了相对的或部分的"脱魅"，从而也以自身的有限进展，标示出了历史自身的进展方向。由此，如果我们可以把后世的儒家言说，看作一排繁杂错落、色彩不一的"光谱"，其间并不存在绝对的清醒理性或绝对的狂热迷信，而一般都属于犬牙交错、你中有我的，那么，

1 刘东：《天边有一块乌云：儒学与存在主义》，南京：江苏人民出版社，2018 年，第 119 页。

“即使我们借着这排参差错落的光谱而看出，那些方领矩步、闭眉合目的道学先生，无论从其思想内容到其行事做派，都的确是沾染了其论辩对手的色彩，可反过来，如果再拿它跟与之竞争的佛道‘二氏’本身相比，其宗教味道毕竟还属于相对淡薄的。而与此同时，如果再拿它跟自家营垒中的对手相比，则宋明理学中包含的理性主义色彩，相对于汉儒而言也肯定是更加浓厚的，否则它也就不会以‘理’字来名家了。这也就逻辑地意味着，即使比不上理性味道更浓的先秦儒学，晚出的宋明理学在那排参差错落的光谱上，至少也并不处在对立悖反的一极，倒是仍在历史中标示着某种积极的进取”。[1]

不过，问题反而就出现在这个“理”字上了；而且，也正因为对于这个“理”字的滥用，如果宋明理学还算不得“道德神学”的话，至少也是在孔德的批判意义上，属于一种“改头换面”的“道德形而上学”。事实上，正如我们已经在前文中厘清了在“为学日益”和“为道日损”之间的区别，或者说在“道问学”与“尊德性”之间的区别一样，对于坚守着“认识本位”的先秦儒学而言，对于由此而“不语怪、力、乱、神”的孔子而言，根本就不可能闭眼对着外部世界，去侈谈什么“天人合一”

1　刘东：《落实儒学的历史条件》，《国学的当代性》，北京：中华书局，2019年，第124页。

或“天地之心”。因而，孔子唯一能找到的价值支点，就只在对于内在心音的倾听，即所谓“人能弘道，非道弘人”，[1]所谓“为仁由己，而由人乎哉”，[2]所谓“仁远乎哉？我欲仁，斯仁至矣”。[3]正因为这样，我们才可以理解子贡的著名追忆：“夫子之文章，可得而闻也；夫子之言性与天道，不可得而闻也。”[4]同样地，我们也才可能从孔子对于本体论的置疑和他对于伦理学的坚守中，去进而领悟一种最重要的区分与平衡，那就是“天地可能不仁”，可“人心却要向善”。

正是在这样的意义上，我们才可以赞同孔德从实证立场发出的批判，而把一切利用“理性”来论证“宇宙本源”的形而上学，都看作某种改装了的，或者弱化了的神学。正如我在以往的文章中指出的，“这类思维方式也无非是‘循环论证’罢了，——也就是说，他们必须先来假定自己拥有上帝般的、无所不知的理性，或者其他形式的超能力；而反过来，他们又非要动用这样的‘无限理性’，或者其他形式的超能力，才能论证出全知全能的上帝的存在”。[5]也正是在这样的意义上，如果从思想

1 《论语·卫灵公》，《十三经注疏》，北京：中华书局，2009年，第5470页。
2 《论语·颜渊》，《十三经注疏》，北京：中华书局，2009年，第5436页。
3 《论语·述而》，《十三经注疏》，北京：中华书局，2009年，第5394页。
4 《论语·公冶长》，《十三经注疏》，北京：中华书局，2009年，第5373页。
5 刘东：《落实儒学的历史条件》，《国学的当代性》，北京：中华书局，2019年，第118页。

史的系谱学来看，那么中国的宋明理学的基本倾向，也就在其思想伸展的曲率上，大体上雷同于西方的斯多葛主义："就像斯多葛主义曾经既突出了'理性'，却也在这种突出中夸大了'理性'，从而又在这种夸大中背叛了'理性'一样，宋明理学一旦把'理'看作了无所不包的'道'，其自身也就势必要转变为无所不能解释的、足以乐观地统摄万有的形而上学。而由此又顺理成章的是，这种形而上学既然对于天下万物，都已然给出了'合理化'的疏通理顺，那么对于一切历史中形成的、不管是否真的合理的秩序，也就必然都要加盖上'合法化'的理论印章了。"[1]

就我们这一章的主旨而言，实则也正是在一点，才使得心学就思想品质而言，相对地强过了与之对峙的理学，尽管它原是打后者中脱出的。在这里，它们之间的主要区别，还是显现在"尊德性"和"道问学"之间，或者再用梁启超的那个表述，还是显现在"为道日损"和"为学日益"之间。这就使得心学在相对的意义上，主要是显出了伦理学的色彩，且更其聚焦于个人的修养；而非本体论的色彩，且更倚靠"万物一体"的超越性预设。无论如何，如果只是虚拟出作为自然的"天心"，那么以一种"主观的合目的性"的心态，去勾画出类似"田园诗"的牧歌

1 刘东：《天边有一块乌云：儒学与存在主义》，南京：江苏人民出版社，2018 年，第 443 页。

情调，又吟哦出“维天之命，于穆不已”的诗句，这样的眼界尽管仍嫌幼稚，总还显得是天真烂漫思无邪；然而，一旦虚拟出作为人世的“天心”，再把这种对于“天人合一”的一厢情愿，越界地框套到有限的和历史性的、难免显出不合理的社会制度上，这就不再是天真烂漫思无邪，而只能令人反感、恐惧和窒息了。——由此一来，既然由这种理论推演所带来的、去盲目肯定一切的宇宙目的论，已经使得无论什么样的统治类型，乃至无论什么样的统治者，都已先行获得了“合法性”论证的保护，它便严丝合缝地证成了现行的社会秩序，并天网恢恢地收紧了个人进行选择的空间。

如果再来追究方法论上的深层根源，那么理学在思想上的这种失误，以及由此导致的实践上的这种危害，又都要归咎于它在运思上的“违规”，或者说，归咎于它对于理性本身的“非理性态度”。换句话说，它虽然已用这个“理”字来命名自身了，却仍缺乏为理性所必备的“自限性”，[1] 从而未能警觉地进而表现为“有限理性主义”。[2]——正如我已经撰文指出的：“即使这种对于理性的无原则泛化，也有可能在特定的时间阶段，并且在某些具

1 参阅刘东：《作为理想类型的理性精神》，《我们共通的理性》，上海：上海人民出版社，2021 年。

2 参阅刘东：《作为有限理性主义的儒学》，《中国学术》第四十二辑，北京：商务印书馆，2021 年。

体的局部问题上，有利于推动理性在社会中的贯彻与普及，可到头来，又由于这种超越自身限制的泛化，其本身就有违于清醒而谨慎的理性精神，就终究会反而给社会带来相应的贻误。比如，还是接着来举张载的例子，他那句‘民吾同胞，物吾与也’的名言，肯定是流传最为广远的儒学箴言了，它也确实浸透了泛爱大同的儒家精神；可即使如此，如今恐怕也很少有人愿意接着再念出：‘大君者，吾父母宗子；其大臣，宗子之家相也’，因为那显然是对于并不合理的皇权，进行了明显过时和悖理的合法化，所以充其量，也只属于一种柔性的，或冲淡了的‘三纲五常’。由此可见，无论一个人处在何种具体的时代，只要他无原则地泛化自己的理性，或者说，只要他误以为自己具有‘无限的理性’，那么，他就总有可能去把具体的历史现象，包括肯定并没有那么合理的现行体制，都一厢情愿地‘理性化’或‘合理化’了，从而也就无意间构成了历史的阻力。”[1]

正因为这样，我们也便不出所料地看到了，就像那种产生于希腊化时期的、宣扬“节制欲望”和“顺应理性”的斯多葛主义，到了后世总是更为罗马皇帝或大臣所心仪一样，把一切的“不合理”都给“合理化”了的理学，也是无独有偶地更会为统

1 刘东：《落实儒学的历史条件》，《国学的当代性》，北京：中华书局，2019 年，第 126—127 页。

治者们所钟爱，而且事实上也只是在外来者入侵以后，才被更加粗鲁的马背朝廷给强行定为一尊。——当然，也是出于大致相同的原因，一旦再来到时过境迁的当下社会，由于僵化刻板的理学已然明显过时，顶多也只能躲在学科中间，以“哲学史”的名义而受到官场的保护，相形之下，心学也便更凸显出来，也相对地更能适应民间的国学市场。无论如何，尽管这一切都是相对而言的，可这两者间的区别毕竟还在于，它们一个是要乞灵于外在的规训，一个则是在唤醒内生的自觉；一个是在灌输社会的训令，一个则是在导引心性的存养；一个是在强加他律的严峻性，一个则更倚重自律的主动性；一个是在加重社会训诫的压抑感，一个总还要释放“法由己出”的自由感；一个更适于约束贩夫走卒的行为，一个则更适于满足文人士大夫的性灵……凡此种种，都使得心学在同理学的竞争中脱颖而出，似乎也更适应于现代社会所需的“创造性转化”。

在这个意义上，承接着《新民说》最后几节的转向，梁启超也就不再去号召道德的与时俱化了，反去平心重新估价儒家的学说，并且希望从中抓住不变的“元伦理学”，这就构成了《德育鉴》的初始编选动机。由此一来，梁启超的这种看似怀旧的学术努力，也就正好应对了当时的崭新课题，那就是在把“婴儿”和“洗澡水”全都倒掉了之后，又如何把儒学的内核与精华给抢救出来，以期有补于日渐浮薄浇离的世风。——也正是在这个意义上，这本书对于心学，特别是阳明学的左袒，当然也是产生过积极意义的，既然这样的倾向相对于狭义的理学，要更多地着意于德教的施行、心性的修持，或者说，是主要地具有伦理学方面的意义。

同时还应当看到，相对于科场上的僵化规定，即使同居于广义理学的内部，阳明心学作为一个对峙的分支，总还算是拉开了或显出了某种“异端”倾向；而且也正因为这一点，才使它又跟“官学”拉开了距离，尽管它也尽量要将这种距离，保持在可被容忍的限度之内。无论如何，这种学说看似“返归内心”、与世无争，却又有“法由己出”、恃己傲物的一面。由此一来，它便以少数精英的高明姿态，对抗了芸芸众生的顺从心态；以主体心灵的内在自省，反衬了社会规训的外在约束；以个人经历的丰富感受，冲淡了教科书式的抽象理法。——正因为这样，心学也就在一定的程度上，相对于与之分立的狭义理学而言，克服了后者的刻板与滞着，化解了后者的外在与严厉；甚至不妨说，如果被当成钦定考试内容的理学，主要是在控制和约束读书人的心性，那么，更加强调个人意愿与主动精神的心学，则相对地更能去激发和解放他们。也只有在这样的意义上，我们才可接受荒木见悟的那种概括：“中华思想由理学向心学的跃进，可以说第一次将个人的尊严和自由掌握在自己手中。而良知既然有着这样重大的责任和权限，其锻炼就必须充分施行了。这便是阳明所说的‘事上磨炼’。由此良知之格调便日益崇高起来。”[1]

顺此而论，如果这种相对解脱的心学，曾给过往社会带去过几分正气，那么在如今令人发指的一派腐恶中，心学，主要是阳明学的当代复活，也同样应能给我们的生活抹上些许亮色。而且，不无反讽的是，恰由于人们眼下普遍都很少读书了，而主要只是经由网上的听讲节目，去从这方面获取已被筛选过的信息，这种断章取义和不求甚解的接受状态，就反而加强或扩大了心学传播的积极意义。——这是因为，其实沿着前边的论述也不难理解，只要不再去追问阳明心学的理学根基，不再把它看成对于天地的通盘解释，而仅仅把它当成一种用来修身的工夫论、一种借以成己的伦理学，那么，也就至少可以姑且如此地把它从理学的外在规训中相对切割出来，从而把心学的相对独立的倾向给解救出来。

可话说回来，仅仅根据某些吉光片羽的金句，就去断章取义地信从了心学，那毕竟是不够完整的、未求甚解的。无论如何，我们与此同时又必须牢记住，心学相比起理学的那种优长，只是

1 ［日本］荒木见悟：《心学与理学》，李凤全译，《复旦学报》（社会科学版），1998 年第 5 期，第 80 页。

在思想片段上相对而言的。——而真正关键和要紧的一个判断，仍在于前文中业已明确了的：一方面，即使在最僵化的理学家那里，也照样存在着某种心学的倾向；可另一方面，即使在最彻底的心学家那里，却也仍然脱不开理学的范畴。事实上，心学所以敢于去主张“心外无理”，并不是因为它已彻底豁了出去，断然地认定了“天下无理”，而只因已经先行首肯或认定了理学之“理”，充其量也只是不多去着墨于此。于是，这虽然从积极的意义上，可说是聚焦于“为道日损”的侧面，却同时也从消极的意义上，可说是接受、认可或默许了理学规训的内化。

所以，如果从本体论的角度来观察——那正是先秦儒学要否定或悬置的——尽管王阳明最喜欢立异鸣高，也是刻意要跟朱熹拉开距离，可毕竟如果没有“天理”的设定在前，他也无法沿着这种乐观的宇宙论，再得出“吾心即是天理”或“吾心也是天理”的判断，甚至觉得有理由进一步认为，已无须再为外物的理则操什么心了，只需从内心中获得“致良知”的判断。换句话说，心学实则跟它的理学先驱一样，或说是在跟从着它的理学先驱，仍然是建基于和依赖着“性善论”一极的；而这也就无可逃避地意味着，只有在理学有关“天心”的超越预设之上，在理学有关“道通天地”的独断预设之上，在理学有关“天人合一”的僭越臆想之上，心学才可能以天地之间的“生生之德”，来支持自己对于“性本善”的坚定信念，从而干脆专注于向着自身内部的倾听。

我们由此也便可以领悟，那一次已被太过神化的“龙场悟道”，其实在王阳明本人的内在逻辑中，也不过就是在既定的本体论框架下，去寻求某种相对的个人视角转换罢了。事实上，在那个杳无人迹的偏僻荒野，这样的“悟道”根本不可能意味着，突然顿悟到了宇宙的奥秘和万物的体系。由此，在那中间，原本也并无多少新“道”可“悟”，而顶多也只是对早被阐发过的“道”，再进行一番心灵上的“领悟”、理论上的确认、实践中的发挥而已。——在这个意义上，我们还有理由进而这么说，正因为已然认定了“心外无理”，心学反而就更要隶属于早先的理学了，因为只凭靠对于内在声音的专注，本身并不足以支撑或反驳后者的强辩，乃至于不管天下万物是否合理，都无一例外地去给予“合理化”的论证。

当然上边的这些论证，也更加加强了前文中的论断，那就是心学与理学的区别，无论如何都只是相对的；而且，从逻辑上还只能先有理学，后有心学。这意味着，一方面，是理学为心学铺垫了理论基础；而另一方面，心学又无非是理学的一个分支。如果能进行深层的阅读，把王阳明公开“说出来的”和他“虽未说出”却构成其理论前提的，全都清晰而昭然地释读出来，并给以全面而微妙的把握，我们就不难发现，到他那里才宣告完成的心学，既是对于程朱理学的明确而公然的背叛，却又无时无刻不在程朱的阴影下。——无论如何，全然同出一辙的是，尽管他循着理学的“天人合一”之说，又把由此推导出来的、有关个人本性的伦理判断，也即已被奉为一尊的“性善论”，反过来夸张成唯一存在的“天下至理”，或贯穿于整个外部世界的理性法则；然而，如果从认识论的角度来总结，这样的夸张仍要属于“无限理性”，仍在思想上属于僭越的独断论，从而仍有悖于孔子“知之为知之，不知为不知”[1]的谨慎方法。

当然往好里说，这样的心学毕竟还是以几乎偏激的形式，凸显了任何人类意念或行为中的伦理前提，从而继续光大了整个孔门的价值关切。尽管那个本体论架构本身仍然难免可疑，可阳明学毕竟在这样的架构之下，以“知行合一”乃至“什么都合一”的命题，相对地凸显出了人类行为的道德侧面，并且强调了这个侧面在任何时候、任何情况下，都绝对属于不可或缺、不应遗忘的。——可再从反面来说，它所以能如此专注地经营内部，毕竟还是因为已把外部的合理性，放心大胆地交给了先行存在的理学，交给了它已进行过的“完备性”论证，从而，它还是要用那

1 《论语·为政》,《十三经注疏》，北京：中华书局，2009年，第5348页。

个一厢情愿的、过于完美的宇宙观，来支撑自己同样一厢情愿的、过于自信的人生观。

说到了这里，如果都还能记得前边的论证，即先秦儒学从其起始处，就并不是“伦理本位”的，而只是“认识本位”的，那么，我们也就足以从“有限理性主义”的角度，更加看出阳明学的“一体两面”了。一方面，如果仅从伦理学的层面来阅读，那么在相对而言的意义上，这种心学肯定是要好于理学的，因为可以把它仅仅当成或主要当成伦理学来读。但另一方面，一旦跳跃了“为道日损”与“为学日益”的界限，而在“天人合一”的理学框架下，又把先儒对于个人伦理的心性判断，夸张成了贯通世界的理性法则，那就会在思想的僭越与犯规中，既弥合了主客体之间的矛盾与裂缝，也美化了并不合理的社会现实，从而沦为并没有什么出息的“心灵鸡汤”……说到这里不妨再来回顾，王阳明在那个黑暗的明代，遭遇过何等险恶的政治环境。——那么，他临终前的那句“此心光明，亦复何言”，也不过就是悬置了外部的复杂性吧？

那么，再回到“为道日损”和“为学日益”的分与合，我们又不难从学理深处领悟到，原就不该偏颇地认为“心外无理”，而应更加全面周备地意识到，实则在自己的心外还“别有一理”。而这两种来自内外又同时并存的学理，也正是在一方面的“伦理道理”和在另一方面的“知识道理”。于是，这两者间的反复冲撞、相互启发和意外组合，原本也应在人类文明的发展轨迹中，不断产生出更新和更高的东西来。——在这个意义上，伦理学的原则无论多么重要，充其量也只是可以渗透，却绝不可取代另外的理则；由此观之，心学的真正问题，就不在于它竟然如此突出了伦理维度，而在于它居然仅仅突出了伦理维度。

进一步说，基于心学的这种思想品格，我们也就不难顺势去理解，为什么心学对于自主心灵的如此呵护，或者如荒木见悟在前边概括的，是“第一次将个人的尊严和自由掌握在自己手中”，竟然并没有导致它以相对自主的心灵，去冲决那种生硬僵化的、显然充满了压抑性的外在规训？无论如何，如果能够充满历史感地联想到，这种充满了强制性的、表现为暴力的国家机器，肯定会被先前的孔孟认定为“不合法”，又已然被后世的理学给“合法化”了，那么，我们就会从这种鲜明的反差中意识到，一方面作为儒学的心学，原应并不缺乏那样的思想潜能，可另一方面作为理学的心学，又只能把这种潜能抑制在无形之中了。

于是，真正的冲决就要等黄宗羲了。我们已经在前文中提到过，他所以能在《明夷待访录》中，提出对于君主制的激烈质疑，首先当然是遵循着“泛爱众生”的儒家学理；可与此同时，尽管作为《宋元学案》和《明儒学案》的作者，而对于理学的思想逻辑如此熟稔，但我们如果重读一遍他的批判，却从中看不出任何“性善论”的踪迹：“今也天下之人怨恶其君，视之如寇仇，名之为独夫，固其所也。而小儒规规焉以君臣之义无所逃于天地之间，至桀、纣之暴，犹谓汤、武不当诛之，而妄传伯夷、叔齐无稽之事，视兆人万姓崩溃之血肉，曾不异夫腐鼠。岂天地之大，于兆人万姓之中，独私其一人一姓乎？”[1]更不要说，作为《中国近三百年学术史》的作者，梁启超对黄宗羲如此熟稔，所以当他又接着写出下边这番批判时，我们还是看不出任何“性善论”的踪迹：“吾党常言，二十四史非史也，二十四姓之家谱而已。其言似稍过当，然按之作史者之精神，其实际固不诬也。吾国史家以为，天下者，君主一人之天下，故其为史也，不过叙某朝以何而得之，以何而治之，以何而失之而已，舍此则非所闻也。”[2]

发人深省的是，这又把我们带回“儒杨互补”的判断了。如果说，向内的道德暗示不妨是“主善”的，人们借此才能支撑住自家的修持，那么，向外的人性预设却难免是“主恶”的，人们借此才能维护住社会的礼法。所以，我们在这个看似两难的问题

1 黄宗羲：《明夷待访录·原君》，段志强译注，北京：中华书局，2011 年，第 9 页。

2 梁启超：《新史学·中国之旧史》，《梁启超全集》，第二集，北京：中国人民大学出版社，2018 年，第 498 页。

上，还是要回到“性善论”与“性恶论”的平衡来，或者如我在前文中所讲的那样，为了更加如实地反映和收纳社会现实，就必须回到先秦儒学内部的平衡来，由此“如果把儒学内部的‘孟荀之争’，看作社会上‘儒杨之争’的投射，那么，一旦再把‘孟荀互补’带到了社会层面，它也就会直接扩大为我所讲的‘儒杨互补’了”。[1] 而这样一来，我们也就会回到“为道日损”和“为学日益”的那种分野了，也就是说，既然在我们的道德之心的外部，原本就“别有一理”或“另是一理”，那么，我们就应去认识和发掘这样的学理，并准此而日渐丰富地建起外部的制度，以约束人性中同样真实的“性恶”一面，同时也更多地从中劝诫和引导出“性善”的一面。

作为青年黑格尔派的马克思，曾经在早年这样来批评康德：“康德只谈‘善良意志’，哪怕这个善良意志毫无效果他也心安理得，他把这个善良意志的实现以及它与个人的需要和欲望之间的协调都推到彼岸世界。”[2] 而这种黑格尔主义的基本判断，再延续到晚年恩格斯那里，又引出了对于费尔巴哈的批评：“在善恶对立的研究上，他同黑格尔比起来也是肤浅的。黑格尔指出，‘有人

1 本书，“为什么反是成己之学？”。

2 马克思、恩格斯：《德意志意识形态》，《马克思恩格斯全集》（第三卷），北京：人民出版社，1960年，第211—212页。

以为，当他说人本性是善的这句话时，是说出了一种很伟大的思想；但是他忘记了，当人们说人本性是恶的这句话时，是说出来一种更伟大得多的思想’。”[1]更加耐人寻味的是，经由对伯林著作的不断移译，晚近以来人们也开始关注到，其实康德的思想并非如此简单，因为他也从另一层面认识到，“人性这根曲木，绝然造不出任何笔直的东西”。[2]只不过，又因为对这两个侧面的认知，在康德那里并没有得到融会与打通，伯恩斯坦在讨论他的“根本恶”概念时，才会跟着指出他就此陷入的左支右绌：“这里，康德仿佛身陷双重困境。或者换个比喻说，康德正和自己交战。‘倾向（Hang）’一词的语义——特别是所谓的先天的或与生俱来的‘倾向’——意味着某种类型的自然的因果效应，而康德也似乎明言趋恶倾向的确对我们具有因果性的影响。但康德还强调恶本身出自‘自由的运用’，所以作为行为者我们要对它负责——诚然还要对这种趋恶倾向负责。如果我们将康德的推理逻辑严格贯彻到底，就会被引向一种赤裸裸的二律背反。当康德断言人由其本性就是恶的时候，他正就人做一种普遍的申言而非做一种经验的概括。如果这种倾向是真正普遍的，那么它肯定也是必然

1 ［德国］恩格斯:《路德维希·费尔巴哈与德国古典哲学的终结》,《马克思恩格斯选集》(第四卷)，北京：人民出版社，1995 年，第 237 页。

2 ［英国］以赛亚·伯林:《扭曲的人性之材》，岳秀坤译，南京：译林出版社，2009 年，第 3 页。

的。然而康德还明确肯定恶出自我们的自由的运用；它源于我们的 Willkür。但这样一来我们就被引向这样一个可怕的二律背反的结论，即，人运用其自由的能力以致他们必然采纳道德上的趋恶倾向——‘准则背离道德律的可能性的主观根据中’。”[1]

当然我们行文至此，也无意再来判断康德的得失。真正的关键只在于，我们至少可以从中领悟到，即使以康德那样的博大精深，也同样无法以一个封闭的体系，就用人性中“善良意志”的一面，来否认人性中“根本恶”的另一面。而我们由此也便可知，宋明理学仅仅基于“性善论”，就想抹杀掉人性的另一面，那注定也只能无功而返了。事实上，相对于我们内心深处的、可通过修养去达到的道德“自由”，外在于我们内在意念的、并不取决于道德“自觉”的人性，就要相应地表现为某种“必然”。正因为这样，在那种“为道日损”和“为学日益”的区分中，后者才势必表现为“别有一理”或“另是一理”。

于是，循着从外部得出的学理，如果再回到黄宗羲的问题，后者当然就属于政治学乃至政治哲学的领域。这也就意味着，对于任何一位政治领袖来说，他本人当然不妨从自己内心，以“性本善”的说法来暗示和自命；但反过来说，如果我们对于任何一

1 ［美国］理查德 · J. 伯恩斯坦：《对根本恶的反思：阿伦特与康德》，宋继杰译，《中国学术》第九辑，北京：商务印书馆，2002 年，第 10 页。

位政治领袖，不能从外部去预设他的“根本恶”，那就实在是糟透了，而这种无所不在的“性善论”，也就转过来牢笼了我们自己。事实上，古往今来的所有教训都说明，任何既定的或现行的政治体制，都因为对于资源的垄断而导致，先不管一个人的本性是否“善良”，可只要是坐上了金銮殿或者椭圆形办公室，都更容易暴露和放大其“性恶”的一面。因此，我们真正的思想使命，就不是一味去用“性善论”粉饰和讴歌“圣主”或“明君”，而是转过来用“性恶论”去“驯化君主”和“格君心之非”；换句话说，我们从理论上就不应当预设，侥幸当了皇帝的还会是“好人”，相反我们从一开始，就应当把他当成“坏人”来防范。

无论如何，即使在当代只是有限度地复活，心学也必须意识到它本身的这一层局限，以便冲破它自设的枷锁，从而意识到只去靠“为道日损”，或可修持儒者的个人心性，却绝不足以定国安邦，特别是这样一个现代的国家。无论如何，都不能预设一个善好的社会，只是由一大批善人组成，又由一位大善人领导的。这种一厢情愿的预设，实在是太过轻易，也太像一场虚幻的梦想了，所以它并不足以支撑，我们对于整个的生活世界，都获得如实的理解和全面的把握。——设若真是这样，那么即使儒学尚未“遁入空门”，也至少会像梁启超早年主张的，的确已然是“沦为私德”了。

题解九（存养第四）

佛学如何影响了心学？

说到这里，又需要更深一层地澄清，原本是在兼顾“道义”与“事功”的儒学，到了后世是如何抵不住内心的诱惑，而日渐偏移地沉湎于内在一极的？

正好我在前不久刚写成的一篇文章中，顺便提到过在“内圣”与“外王”之间的平衡，指出了在先秦儒学那里，正因为“为道日损”和“为学日益”的并行不悖，人们在“内外兼修”或“礼乐并重”方面，也是要尽量做到不偏不倚、持中守正的：

> 说到这里，正好来澄清一个长期的误解。具体而言，是要提示在重温孔子那句著名的反诘，即“礼云礼云，玉帛云乎哉？乐云乐云，钟鼓云乎哉”时，必须特别留意其中的微妙平衡感。事实上，一方面，当年孔子只要是走进了太庙，就总要充满好奇地“每事问”，而且我们从他“道之以政，

齐之以刑，民免而无耻。道之以德，齐之以礼，有耻且格”的说法，或者“赐也！尔爱其羊，我爱其礼”的说法中，也无论如何都看不出对于“礼”的忽视来。

可另一方面，他又确实说过“人而不仁，如礼何？人而不仁，如乐何”。由此综合起来也就意味着，孔子所以要发出“礼云礼云”的反诘，并不是想要提倡“矫枉过正”，而只是要就此提示必要的平衡感，让人们不要忘了“礼于外而仁于内”。——在我看来，这种“内与外”的平衡感，也正是“身心合一”的平衡感，否则就不会是内外兼修和不偏不倚的。

正因为这样，无论是沿着孔子的这句反诘，而在后世走向了“心性之学”，误以为作为行为外表的“礼”，就不再具备什么重要意义了，还是沿着他的这句反诘，而在后世走向了“魏晋玄学”，大胆地放言“礼岂为我辈设也”，全都属于对这种平衡感的偏离，从而也都理所当然地意味着，干脆就从那根思想的“平衡木”上掉下去了。而此类偏颇，也早被孔子从方法上预防过——“攻乎异端，斯害也已”。[1]

上面的论述，可当作本章讨论的出发点。事实上，这种向着

1 刘东：《有汉一代的文化贡献：从儒学传播的角度看》，未刊稿。

“心性之学”的显著偏移，肯定是发生在了有宋一代，学界对于这一点向无异议。——所以真正在这方面构成了问题的，就毋宁在于究竟出于什么样的乃至多少种的缘故，才造成了那种“内外之间”的基本失衡？

另外还需要澄清，即使尽量在“道义”与“事功”之间寻找平衡，也并不意味着每个人在具体实践中，都会找到完全相同的“居中点”。因此，人们原本也会有所偏重，只不过这样的偏重又只是相对而言的。——比如据黄宗羲《宋元学案》记载，宋神宗就曾这样问过刘彝：“胡瑗与王安石孰优？”而这位胡瑗的高足随口对曰：“臣师胡瑗以道德仁义教东南诸生，时王安石方在场屋中修进士业。臣闻圣人之道，有体有用有文。君臣父子、仁义礼乐历世不可变者，其体也；《诗》、《书》、史、传、《子》、《集》，垂法后世者，其文也；举世措之天下，能润泽斯民归于皇极者，其用也。国家累朝取士，不以体用为本，而尚声律浮华之词，是以风俗偷薄。……故今学者明夫圣人体用以为政教之本，皆臣师之功，非安石比也。”[1]这段话当然也有发言者的倾向性，它显然借着“体用之辨”左袒了胡瑗。不过，我们与此同时又可以看出，相对于后边的那些理学家，胡瑗起初还是在强调“明体达

1 黄宗羲：《宋元学案·安定学案》，载沈善洪主编《黄宗羲全集》，杭州：浙江古籍出版社，1992年，第57页。

用”的，由此刘彝才会把他的对手王安石，归咎到“不以体用为本，而尚声律浮华之词”的末流。

然而，又正因为已是越来越自觉地，要跟作为竞争对手的王党划清界限，而后者过于强调“事功”、完全不计“道义”的做法，也显然已是既造成了政治操作上的失策，又带来了文化氛围中的污浊；因此，也正是针对着王安石变法的流弊，同他的“实用主义”“效果导向”的倾向相左，理学家们又干脆转向了另一极，只去追问人们内心中的“道义”，不再打算在“明体达用”“经世致用”间保持平衡了。——对于这种思想上的“内倾化”，余英时给出的解释比较消极，或者说，是把它归结为一种被动的打击：“北宋王安石变法的失败是近世儒家外王一面的体用之学的一大挫折。南家以下，儒学的重点转到了内圣一面，一般地说‘经世致用’的观念慢慢地淡薄了，讲学论道代替了从政问俗。少数儒者虽留心于社会事业如朱子倡导社仓、乡约之类，但已远不能和王安石变法的规模相比了。所以，‘经世致用’这一方面可以说完全靠外缘来决定。”[1] 可相对而言，他老师钱穆的解释就比较积极，或者说，是把它归结为一种主动的选择：“辜较言之，北宋学术，不外经术、政事两端。大抵荆公新法以前，所

1 余英时：《历史与思想》，台北：联经出版公司，1976年，第138页。

重在政事；而新法以后，则所重尤在经术。明道尝言：‘熙宁初，王介甫行新法，并用君子小人。君子正直不合，介甫以为俗学不通世务斥去。小人苟容谄佞，介甫以为有才能知通变用之。君子既去，所用皆小人，争为刻薄，故害天下益深。’故洛学所辨，‘王霸’之外，尤重‘义利’，而会其归于‘天理人欲’。李延平所谓‘大抵前辈议论麄而大，今日议论细而小’，其间分别，盖以洛学为枢机也。迄乎南宋，心性之辨愈精，事功之味愈淡。”[1]

然则，不管把它视作消极还是积极，他们都认定了宋代思想的“内倾化”现象，并且对于导致这种现象的背后原因，也都给出了大同小异或异中有同的解释，也即都将其归咎于王安石的“变法失败”。正因为这样，我们至此也就可以更加方便地，以旅美宋史专家刘子健的概括——正是他提出了“中国转向内在”（China turning inward）的典型说法——来总结对于此种现象的历史分析：“南宋初期，不论是否出以公心，许多知识分子将帝国的衰亡归咎于1069—1085年间武断的变法，以及这场变法在1093—1125年的再版。中兴之主（宋高宗——引者注）赞同这种观点，并由此关闭了通向全面改革或任何机构变革的大门。富于怀旧色彩的王朝复兴观念引发了保守思潮，人们梦想回到太祖

1 钱穆：《中国近三百年学术史》，台北：商务印书馆，1951年，第21页。

皇帝的黄金时代或至少变法之前的美好旧时光。一些知识分子怀着对变法及其恶果的强烈反感，不仅支持保守主义，而且身体力行，在对儒家遗产的解读中极力强调道德，坚信道德的方法是惟一出路，主张国家和社会都必须遵守道德，本书因此将他们称为道德保守主义者（*moralistic conservatives*）。”[1]

此外，刘子健的这本书也曾从思想的层面，总结了此种“转向内在”的学理根由：“在悲哀和困惑中，许多知识分子不可自抑地转向内省和回顾。他们的著述清晰揭示，内省让他们将更多的注意力倾注在自我修养上，而较少关注国家大事。回顾则让他们相信儒家理论根源当中存在一定的缺陷，而这些缺陷应当通过强调儒家更好的方面来加以弥补。这些好的方面是作为基础的形而上学，学以致知以及非精英主义的公众教育。只有成功地建立了道德社会之后，他们才有可能给国家注入新的动力。从南宋中叶开始，这种观念成为最主要的文化和思想浪潮，并持续了几个世纪。”[2]

不过在我看来，尽管这种“中国转向内在”的现象，看起来是确凿无疑地发生了，然而对于此种现象的上述解释，细思之

1 ［美国］刘子健：《中国转向内在：两宋之际的文化转向》，赵冬梅译，柳立言校，南京：江苏人民出版社，2011 年，第 17 页。

2 同上书，第 126 页。

下却都是似是而非的。一方面，毕竟分立于北宋时期的“四学”，即所谓关学、洛学、蜀学和新学，大抵上是产生于同一时间段的，而张载、二程、苏轼和王安石，在年龄上也是基本属于同代人。因而，实际上周张二程的思想内核，应当是和王安石同时形成的，也正因此才能在成熟的日后，在思想上构成相争不下的局面。——既然如此，理学家们表现出的基本倾向，就应当是和“变法主张”同时形成的，换言之，它本身不可能再由“变法失败”来导致了；否则的话，对于任何创造性的思想家来说，其年龄都显得太老了，不再可能迸发足够的创意了。

另一方面，刘子健那本书虽亦不无所见，可在论述的层次上却不无脱节，甚至在学理层面上也有所犯规。这突出地表现在，不管他怎么去还原高宗一朝的史实，都无法单纯凭着南宋初年的事件，就从制度史、军事史、外交史，乃至具体而偶然的人际关系中，令人信服地归结出思想的基本动向来。事实上，既定历史主体的选择，因其主观世界的价值筛选，既是具有多种可能的，也是带有特定倾向的；所以，对于任何历史经验的总结，包括对于惨痛历史经验的总结，都先要通过历史主体的具体心灵，经由他们的“前理解”来进行认定和诠释。也正因为这样，凡属于思想史内部的微妙问题，又都只能通过思想史本身的逻辑，才能予以证据充分、理由充足的解释，而不能只靠铺叙一连串历史陈迹，就想归纳出当事人的微妙心理变因，那并不能反映出历史主体的特定意念，而无非是属于后世史家想当然的越俎代庖罢了。——我们由此也就足可以判明，实则历史上的“变法失败”和“走向内在”，充其量也只能构成空间意义上的“共变”，并不能构成时间意义上的“因果”。换句话说，如果不是因为周张二程早已“转向内在”了，那么“变法失败”这种在事功上的重大挫折，也完全可能促使人们越发地“走向外在”，以便用更有效验、更加正确的社会实践，来改正由“变法失败”所导致的失策与被动，借此拯救由此造成的国步艰危、生民涂炭。

这样一来，就自然地引出了本章的话题，也即“佛学如何影响了心学”。如果说，前一章已经大体地勾勒出，心学作为理学的最终完成者，已经走完了“中国转向内在”的过程，那么，这一章就需要进一步指出，这种“中国转向内在”的过程，还有一个不可忽视的基本诱因，那就是以佛教为代表的印度文化，在同中国文化的逐渐靠拢与化合中，也渗入、改造和重塑了中国文化。——这当然并不意味着，中国文化本身就没有内在的向度了；设若如此，印度文化也就无从在它的内部，激活出哪怕不无虚构成分的“思孟学派”了。可无论如何，如果跟中国文化的“内圣”“外王”之道相比，跟它在“为道日损”与“为学日益”间的平衡相比，西域文化却从未表现得这般“不偏不倚”，以致无论是它的身体态度，还是理论态度；也无论是它先前的印度教，还是后起的佛教，其最为典型或怪异的印度做派，从来都在号召人们去向内冥想。

事实上，大体同步于前边的叙述次第，这种由佛学所引起的“转向内在”，也同样是首先发生在理学家那里。——即使从刘子健本人的书中，我们也照样能看到相关的论述，因为事情原本就明摆在那里了，只可惜他并没有进一步就此深究，反而南辕北辙或缘木求鱼地，主要是求助于制度史的一些细节了：“问题涉及的领域曾经为佛教所独擅。而现在，儒家的哲学家开始发问并阐发出许多别开生面、令人耳目一新的概念，比如无极、太极、太和、性、心等等。即使对于非儒家来说，这些概念也是深刻和具有挑战性的。宋代的新儒家为儒家哲学筑造了一个强大的、新的形而上学基础，使它空前地博大精深。然而，他们对于眼下的社会重建却不感兴趣。”[1]

同样地，对于宋明儒的普遍佛学背景，后世学者也从各种角度论及过，尽管他们所持的立场又未必相同。比如，清代的江藩就从消极的一面，痛心疾首地指斥过儒佛之间的可怕合流：“儒生辟佛，其来久矣，至宋儒，辟之尤力。然禅门有《语录》，宋

---

1 ［美国］刘子健：《中国转向内在：两宋之际的文化转向》，赵冬梅译，柳立言校，南京：江苏人民出版社，2011 年，第 45 页。

儒亦有《语录》；禅门《语录》用委巷语，宋儒《语录》亦用委巷语。夫既辟之而又效之，何也？盖宋儒言心性，禅门亦言心性，其言相似，易于浑同，儒者亦不自知而流入彼法矣。”[1]再如，现代的梁漱溟又从积极的一面，认为由佛学带来的启发亦不无裨益：“宋明以来之儒者好言心性、性命、性天以至本心、本体……如是种种，以是有‘性理之学’之称。凡西洋之所谓哲学者只于此仿佛见之，而在当初孔门则未之见也。此一面是学术发展由具体事实而抽象概括之自然趋势；更一面是为反身存养之功者，其势固必将究问思考及此也。顷所云迷离混淆于两家之言者皆出在此时。不唯在思想上迷混己也，实际功夫上亦有相资为用之处。虽儒者排佛更多其人，而迷混者却不心服，盖以排佛者恒从其粗迹之故。”[2]

可无论如何，不管那属于“误导”还是“补足”，总归都说明了在宋代之前的中国舆论中，这样去跟从佛教而沉湎于心性，以致既荒废了外在的事功，也忘却了民间的疾苦，并不符合本土固有的“内外兼修”之道，也肯定会被认定为荒谬的走偏，从而亦极可能带来政治上的祸端——我们从司马光有关唐代的两则记

1 江藩、钟哲整理：《国朝汉学师承记（附〈国朝经师经义目录〉〈国朝宋学渊源记〉）》，北京：中华书局，1983 年，第 190 页。

2 梁漱溟：《儒佛异同论》，《梁漱溟全集》，第七卷，济南：山东人民出版社，2005 年，第 161—162 页。

载中，不仅可以看出一代明主的高瞻远瞩和一代名臣的苦苦忠告，也可以看出正统史学就此的基本取舍和价值判定：

上（李世民——引者注）尝谓张亮曰："卿既事佛，何不出家？"瑀因自请出家。上曰："亦知公雅好桑门，今不违公意。"瑀须臾复进曰："臣适思之，不能出家。"上以瑀对群臣发言反覆，尤不能平；会称足疾不朝，或至朝堂而不入见。上知瑀意终怏怏，冬，十月，手诏数其罪曰："朕于佛教，非意所遵。求其道者未验福于将来，修其教者翻受辜于既往。至若梁武穷心于释氏，简文锐意于法门，倾帑藏以给僧祇，殚人力以供塔庙。及乎三淮沸浪，五岭腾烟，假馀息于熊蹯，引残魂于雀鷇，子孙覆亡而不暇，社稷俄顷而为墟，报施之征，何其谬也！瑀践覆车之馀轨，袭亡国之遗风；弃公就私，未明隐显之际；身俗口道，莫辨邪正之心。修累叶之殃源，祈一躬之福本，上以违忤君主，下则扇习浮华。自请出家，寻复违异。一回一惑，在乎瞬息之间；自可自否，变于帷扆之所。乖栋梁之体，岂具瞻之量乎！朕隐忍至今，瑀全无悛改。可商州刺史，仍除其封。"[1]

1　司马光：《资治通鉴》，第十三册，卷一百九十八，（元）胡三省音注，北京：中华书局，2010年，第6240—6241页，着重号为引者所加。

庚申，太后（武则天——引者注）欲造大像，使天下僧尼日出一钱以助其功。狄仁杰上疏谏，其略曰："今之伽蓝，制过宫阙。功不使鬼，止在役人，物不天来，终须地出，不损百姓，将何以求！"又曰："游僧皆托佛法，诖误生人；里陌动有经坊，阛阓亦立精舍。化诱所急，切于官征；法事所须，严于制敕。"又曰："梁武、简文舍施无限，及三淮沸浪，五岭腾烟，列刹盈衢，无救危亡之祸，缁衣蔽路，岂有勤王之师！"又曰："虽敛僧钱，百未支一。尊容既广，不可露居，覆以百层，尚忧未遍，自馀廊宇，不得全无。如来设教，以慈悲为主。岂欲劳人，以存虚饰？"又曰："比来水旱不节，当今边境未宁，若费官财，又尽人力，一隅有难，将何以救之！"太后曰："公教朕为善，何得相违！"遂罢其役。[1]

由此可知，如果再把时间推回到宋代以前，那么，不管佛教如何在民间广泛地传播，至少在上层的或正统的士夫那里，正是鉴于它在日常实践中的危害，却原本只会表现出"儒佛之争"，而绝不会有什么"儒佛之合"。——不过说到了这里，问题的更

1 司马光：《资治通鉴》，第十四册，卷二百七，（元）胡三省音注，北京：中华书局，2010年，第6549—6550页，着重号为引者所加。

加吊诡之处却在于，一旦我们返回到周张二程那里，就会发现对于佛教的这种危害，如果在他们眼中不是看到的更多，那么至少也不会比别人看到的更少：

明道先生（程颢——引者注）曰：道之外无物，物之外无道，是天地之间无适而非道也。即父子而父子在所亲，即君臣而君臣在所严，以至为夫妇、为长幼、为朋友，无所为而非道，此道所以不可须臾离也；然则毁人伦、去四大者，其分于道也远矣。故“君子之于天下也，无适也，无莫也，义之与比”，若有适有莫，则于道为有间，非天地之全也。彼释氏之学，于“敬以直内”则有之矣，“义以方外”则未之有也。故滞固者入于枯槁，疏通者归于恣肆，此佛之教所以为隘也。吾道则不然，率性而已。斯理也，圣人于《易》备言之。[1]

（张载曰——引者注）自其说炽，传中国，儒者未容窥圣学门墙，已为引取，沦胥其间，指为大道。乃其俗达之天下，致善恶知愚、男女臧获，人人著信。使英才间气，生则

1 朱熹、吕祖谦撰：《朱子近思录》，卷十三，上海：上海古籍出版社，2000 年，第 123—124 页，着重号为引者所加。

溺耳目恬习之事，长则师世儒崇尚之言，遂冥然被驱，因谓圣人可不修而至，大道可不学而知。故未识圣人心，已谓不必求其迹；未见君子志，已谓不必事其文。此人伦所以不察，庶物所以不明，治所以忽，德所以乱。异言满耳，上无礼以防其伪，下无学以稽其弊，自古诐淫邪遁之辞，翕然并兴，一出于佛氏之门者千五百年。向非独立不惧，精一自信，有大过人之才，何以正立其间，与之较是非，计得失哉！[1]

正是在这个意义上，不管对理学家们提出多少批评，我们无论如何也不要忘记了，他们之所以要沿着韩愈早前的勾勒，去以此身承接那个一线单传的“道统”，即所谓“尧以是传之舜，舜以是传之禹，禹以是传之汤，汤以是传之文武周公，文武周公传之孔子，孔子传之孟轲”，[2]原本也正是要慷慨自许地挺身而出，去以儒学的“实有”来对抗佛教的“虚空”；而且，如果不是他们这次主动的文化选择，那么中国原本也很有可能，就像其他的文明古国如埃及、波斯一样，彻底丢弃了自家在轴心时代提出的“人生解决方案”，而完全归化和皈依成为一个“佛国”，这是他

---

1 朱熹、吕祖谦撰：《朱子近思录》，卷十三，上海：上海古籍出版社，2000 年，第 126 页，着重号为引者所加。

2 韩愈：《韩愈集 · 原道》，严昌校点，长沙：岳麓书社，2000 年，第 147 页。

们重大的、不可磨灭的历史功绩。

不过与此同时，又值得仔细玩味的是，那样一种在对比中产生的、高度的文化自觉，对于当时的（广义）理学家来说，毕竟只会发生在“教育完成”以后。这也就意味着，经过了长达千年的跨境传播，佛教早已具备了相当的弥散性，使他们又会在“完成教育”以前，就已经不自觉地从一般大众那里，耳濡目染了相关的文化惯习。——比如，正如前文中已经提到过的，“伊川（程颐——引者注）每见学者能静坐，便叹其善学”，[1] 而朱熹也同样教诲弟子说：“用半日静坐，半日读书，如此一二年，何患不进！”[2] 所以，我们即使只通过“静坐”的例子，亦足可看出佛教式的文化惯习，或者说下意识的身体态度，早已在理学家那里“习惯成自然”了。

因此，只是在完成了“文化自觉”之后，这些理学家才会再转过头来，重新解释自己既有的文化惯习，尽量在“静坐”与“禅定”或“主静”与“主敬”之间，划出一条若有若无、似是而非的界限来，以说明在自家的“静坐”或“主静”中，并不像在佛家那里是等同于“虚空”。——正因为这样，朱熹才会这样回答有关“静坐”的疑问：“这事难说。静坐便理会道理自不妨，

1 罗大经：《丙编 · 卷三 · 静坐》，《鹤林玉露》，上海：上海古籍出版社，2012 年，第 177 页。

2 朱熹：《朱子语类》，第七册，卷一百一十六，黎靖德编，王星贤点校，北京：中华书局，1986 年，第 2806 页。

只是讨要静坐，则不可。理会得道理明透，自然是静。今人都是讨静坐以省事，则不可。（中略）盖心下热闹，如何看得道理出！须是静，方看得出。所谓静坐，只是打叠得心下无事耳。”[1]也正因为这样，王阳明也才会这样告诫自己的学生：“所云静坐事，非欲坐禅入定。盖因吾辈平日为事物纷拏，未知为己，欲以此补小学收放心一段功夫耳。”[2]

进一步说，佛教这种无所不在的分布，还不仅表现于社会的层面上，甚至也会表现在自然的空间中，以致在“天下名山僧占多”之后，即使人们并未想到禅机和佛理，而只打算“浮生偷得半日闲”，也很难仅仅见到本真的自然，乃至像孔子那样触景生情地发出“逝者如斯夫，不舍昼夜”[3]的浩叹，或者“知者乐水，仁者乐山；知者动，仁者静；知者乐，仁者寿”[4]的联想，而只能在行为上表现为“参禅问佛”了。——也正因为这样，只要我们打开王阳明的诗集，他就总要去抒写这样的经历：

春宵卧无相，月照五溪花。掬水洗双眼，披云看九华。

1 朱熹：《朱子语类》，第七册，卷一百三，黎靖德编，王星贤点校，北京：中华书局，1986年，第2602页。

2 王阳明：《与辰中诸生》，《王阳明全集》，卷四，上海：上海古籍出版社，2006年，第144页。

3 《论语·子罕》，《十三经注疏》，北京：中华书局，2009年，第5410页。

4 《论语·雍也》，《十三经注疏》，北京：中华书局，2009年，第5384页。

岩头金佛国，树杪谪仙家。仿佛闻笙鹤，青天落绛霞。[1]

渌水西头泗洲寺，经过转眼又三年。老僧熟认直呼姓，笑我情癯只似前。每有客来看宿处，诗留佛壁作灯传。开轩扫榻还相慰，惭愧维摩世外缘。[2]

修程动百里，往往饷僧居。佛鼓迎官急，禅床为客虚。桃花成井落，云水接郊墟。不觉泥尘涩，看山兴有余。[3]

但过金山便一登，鸣钟出迓每劳僧。云涛石壁深龙窟，风雨楼台迥佛灯。难后诗怀全欲减，酒边孤兴尚堪凭。岩梯未用妨苔滑，曾踏天峰雪栈冰。[4]

在这个意义上，如果说理学那种外在的宇宙论，虽则看似自家的向壁虚构，却只是经由北宋的周敦颐，而承袭了五代道士

1 王阳明：《夜宿无相寺》，《王阳明全集》，卷十九，上海：上海古籍出版社，2006年，第666页。

2 王阳明：《泗州寺》，《王阳明全集》，卷十九，上海：上海古籍出版社，2006年，第718页。

3 王阳明：《午憩香社寺》，《王阳明全集》，卷二十，上海：上海古籍出版社，2006年，第721页。

4 王阳明：《泊金山寺二首・之一》，《王阳明全集》，卷二十，上海：上海古籍出版社，2006年，第756页。

的《先天图》，也即“陈抟以《先天图》传种放，放传穆修，穆修传李之才，之才传邵雍。放以《河图》《洛书》传李溉，溉传许坚，许坚传范谔昌，谔昌传刘牧。穆修以《太极图》传周敦颐，敦颐传程颢、程颐”；[1]那么，心学这种内向的工夫论，则是又到了明代的王阳明，才把这种来自佛教的文化影响，最为自觉地，也最显自如地化合到了儒家内部。——当然，也正因为这样，就使得如何厘清儒佛之间的关系，对他而言构成了艰难的课题或重大的困扰，以至于他既要讲彼此间的差距极小，否则便无从解释它们的相似性，又要说两者之间虽然差之毫厘，可领会起来却往往会谬以千里，否则便无从凸显出自家的“文化自觉”：

> 张元冲在舟中问：“二氏与圣人之学所差毫厘，谓其皆有得于性命也。但二氏于性命中著些私利，便谬千里矣。今观二氏作用，亦有功于吾身者，不知亦须兼取否？”先生曰：“说兼取，便不是。圣人尽性至命，何物不具，何待兼取？二氏之用，皆我之用：即吾尽性至命中完养此身谓之仙；即吾尽性至命中不染世累谓之佛。但后世儒者不见圣学之全，

1 《朱震传》,《宋史》，卷四百三十五，北京：中华书局，1977 年，第 12908 页。

故与二氏成二见耳。譬之厅堂三间共为一厅，儒者不知皆吾所用，见佛氏，则割左边一间与之；见老氏，则割右边一间与之；而己则自处中间，皆举一而废百也。圣人与天地民物同体，儒、佛、老、庄皆吾之用，是之谓大道。二氏自私其身，是之谓小道。”[1]

这样一来，我们沿着来自佛道二氏的影响，就又说到了一个深层的问题，即恰是理学同它们的竞争，反而往往逼迫得自己更像对手了。

还是要回顾一下前文中的引证：“由于即使是从整个世界的范围看，由孔子所继承和光大的先秦理性主义，也是‘祛除巫魅’得极其早熟的，因此他的思想在一片巫魅的蛮荒中，难免像是一支时隐时现的爝火，而围绕在其周围并随处可见的，则仍是过往黝黯时代的、顽强习惯势力的幽灵。——也正因为这样，孔子的思想在逐渐照亮了中华世界的同时，也难免要遭遇到种种的误解和曲解，或者至少是对于其精义的不解。而由此才令人遗憾地导致了，总是有人要动用属于其他学派的、远没有如此思想力度的学说，去包裹它、中和它、钝化它，使之失去了原有的挑战

1 王阳明：《年谱三》，《王阳明全集》，卷三十五，上海：上海古籍出版社，2006 年，第 1289 页，着重号为引者所加。

性、先锋性和尖锐性。”[1]

正因为这样，无论将此描绘成儒学的优点，还是将此说成儒学的缺点，这总归是它在传播和落实方面，所必然遭遇到的某种障碍或尴尬。事实上，正如在逻辑上内涵越是深奥，外延也就越是狭小一样，真正堪称不走样的先秦儒学，需要非常高明的心智来承接，远不是一般心灵就可企及的，因而鉴于当年的教育普及程度，也可以说是仅限于少数精英的。——由此也就反过来导致了，先秦儒学在哲理上的巨大优势，又难免表现为在传播上的劣势，而芸芸众生又势必要另寻寄托，尽管这种出于无奈的寻找，也同样逃脱不了逻辑的规律，那便是外延越是宽泛，内涵就越是肤浅。也正是在这样的困境中，大多数人限于自身的文化水准，以及由此导致的精神力量，就只能要么就把儒学给通俗化，要么就转而相信同样是被通俗化了的佛教，要么干脆把这两者给掺和起来。

这就给话语竞争场中的理学，带来了难以逾越的论说困境。真正令人困扰的是：一方面，理学当然要去努力争夺话语权，否则就会在对手的强势中，逐渐被压制下来和销声匿迹；可另一方面，又正因为彼此间存在激烈竞争，而且争夺的还是相似的受

1 刘东：《天边有一块乌云：儒学与存在主义》，南京：江苏人民出版社，2018 年，第 119 页。

众，理学就只能去跟作为对手的佛家，逐渐共享了相似的问题域，而话语的关切也逐渐叠合起来，竞争的区域也逐渐变得狭小。因而看得透彻一些，实则反对和赞成、敌意和趋同、背离与共情，在这里往往是同时发生而且相互嵌入的。——由此，就正像那句“肝胆楚越”的成语所示，虽则从小处着眼难免是“不共戴天”，可再从大处着眼却属于“你中有我”“家族相似”。换句话说，它们之间就这么频频争来争去的，反而有时候弄得就像是“教派之争”了；也正因为这样，便在后世的民间或世俗层面，给所谓“三教合一”的合流留下了伏笔。

这也就说到了在思想史中，既极其微妙又相当常见的一个场景。事实上，如果从更加宏观的框架来看，那么在几千年的思想进程中，这种“越争越像”又“越像越争”的混乱而吊诡局面，并不是只发生在宋明时代的，倒可说是屡试不爽、比比皆是的。正因此，就像先前的道教曾经影响过汉代儒家，此后的基督教也曾影响过港台新儒家一样，佛教对于宋明理学，特别是其中心学一派的影响，充其量也只属于“并不例外”的情况而已。我们由此才更容易理解，何以汉代儒家会跟着道教去大讲“天人感应”，何以港台新儒家会跟着基督教去大讲“超越性”，尽管又把它变通地讲成了“内在超越”；而我们眼下正讨论的宋明理学，何以才会既从道教那里抄来了《太极图说》，又借着这种“天人合一”的宇宙论的护佑，跟从佛教走向了“心外无理”的“心性之学”。——不客气地说，这其实已经属于“三教合一”了！

毫无疑问，也正是在这般的纠缠与吸引中，儒学与佛教都打上了“你中有我”的印迹。就此而言，许理和的那本《佛教征服中国》，虽说也只是凸显了其中一个侧面；然而，鉴于中国人一般更愿意看到的，往往只是那个与之相反的侧面，也即更让他们感到惬意的“佛教的中国化”，所以这本书还是对我们不无刺激或不无启发的。无论如何，即使不用许理和的那种刺激说法，只把这种文明间的双向化合，简单或单向地描绘为“征服”，在中国与印度的彼此靠拢与渗透中，也应是既存在着“佛教的中国化”，又存在着“儒学的佛教化”。——再进一步说，又恰是在这种“儒学的佛教化”中，理学家们在来自印度的吸引与示范下，也就不约而同地跳下了原先的平衡木。在这个意义上，如果我们在前一章已经认识到，说到底心学的真正问题，“不在于它竟然如此突出了伦理维度，而在于它居然仅仅突出了伦理维度”，那么，我们在这一章就进一步认识到了，说到底心学的真正问题，也不在于它竟然如此地深耕了心性，而在于它居然仅仅深耕了心性，由此也就把发生在天底下的“一应事变”，统统都归结为自己的“内心体验”了。

回头来看，要是在儒家伦理中确实只剩下了这些，那么，它倒真的有点像是前文中述及的，曾经被梁启超号召去超越的“私德”了；或者不妨再反过来说，原本就谙熟宋明理学的梁启超，当初也正是基于后世的这种理解，来把握儒家伦理的概貌与功能的。——当然所幸的是，再到他基本放弃了这种看法，要来动手编选《德育鉴》的时候，梁启超对于儒学的总体看法，也就不再如此狭隘和偏颇了。作为一个突出的例证，他也就不再沿着宋明儒的基本家法，而对所谓“孙氏之学”一概地予以排斥了；相反倒是平心地收入了荀子的论说，并且仔细地为之加上了一些案语：

治之要在于知道。人何以知道？曰：心。心何以知？曰：虚一而静。心未尝不臧（案：古藏字）也，然而有所谓虚；心未尝不满也，然而有所谓一；心未尝不动也，然而有所谓静。人生而有知，知而有志，志也者，臧也，然而有所谓虚，不以所已臧害所将受谓之虚。心生而有知，知而有异，异也者，同时兼知之。同时兼知之，两也，然而有所谓一，不以夫（案：义同彼）一害此一谓之一。心，卧则梦，偷则自行（案：此言偷惰之时则心驰骛也，即孟子所谓放心），使之则谋（案：此言用之则能思虑也）。故心未尝不动也，然而有所谓静，不以梦剧乱知（案：此言梦寐时及事物繁剧接构时，不以乱其智慧也）谓之静。虚一而静，谓之大清明。[1]

不仅如此，梁启超还在这段文字下边，特别追加上了一段自己的澄清："宋明儒不喜称道荀子，然荀子固孔学正传也。即如此文，言心理之现象及养心之不可以已，宋明儒千言万语未或能外之，故今具录以冠本章之端。"[2]

由此也就带来了一个问题：要是儒家原本就擅长养心，而且还不光是孔子善于这么做，孟子善于这么做，就连荀子也善于这么做，那又何必如此亦步亦趋于佛教呢？当然，也许仅限于这么去问，会在立场上显得过于狭隘，既然佛教显然更擅长此道，对它的借鉴原也可不无裨益，或能促动人们以更专门的技术，来深耕自家想要专注的心田。——可反过来说，既然儒家思想原是"内外兼修"的，而要平衡地讲究"内圣外王"之道，那么，无论它再怎么诚心地向外学习，其前提都是不能丢掉自家的中道，否则那就不是文化借鉴和文化利用，而干脆成为文化基因的突变和文化类型的转型了。

这么一看，印度文化当年给中国文化带来的影响，就很难

1 《荀子·解蔽》，北京：中华书局，2011 年，第 343—344 页。

2 梁启超：《德育鉴·存养第四》，南京：译林出版社，2022 年，第 87 页，着重号为引者所加。

从总体上被看成是积极的了。既然中国原不缺乏内在的维度，却又从未如此地偏于内部，那么由此导致的历史后效就在于：一方面，心学肯定在心田里更加精耕细作了；可另一方面，由于这种佛教式的、“心外无理”的内在世界，又受到了道教式的、“天人合一”的外部世界的保护，人们也就在“精耕内心”的同时，越来越醉心于那个“至大无外”的童话境界。——正因为这样，所谓“为道日损”和“为学日益”的分野和冲突，以及由于外部世界“别有一理”而导致的警觉，也就在这种内向的关注中逐渐化为乌有了。正因为这样，也便致使心学越是发展到后来，就越是难免脱离实学、空谈性命之讥；也就是说，既然来自外部世界的冲突与忧患，已被它在专注于内部的学理中消弭，那么它所执的这种学理本身，也就反过来丧失了来自社会的动源。

也是出于这个缘故，心学的这种“流于空谈”的弊端——或者不妨干脆说是它的“印度血统”——也就难免要在实践中日益暴露出来。实际上，即使王阳明的同时代人——比如在黄绾那里——就已暴露出了流于“空虚”之弊，正因此他才会发出这样的警告：“予始未之信，既而信之，又久而验之，方知空虚之弊，误人非细。信乎差之毫厘，谬以千里，可不慎哉！”[1] 再到了天崩

1　转引自［日本］冈田武彦：《王阳明大传：知行合一的心学智慧》，中册，杨田等译，重庆：重庆出版社，2014 年，第 66 页。

地坼的明末清初，顾炎武更是极度痛心地指斥道：“五胡乱华，本于清谈之流祸，人人知之。孰知今日之清谈，有甚于前代者。昔之清谈谈老庄，今之清谈谈孔孟”；[1] 他还更极而言之地就此概括道：“古之所谓理学，经学也；（中略）今之所谓理学，禅学也。”[2] 而颜元更在他的《四书正误》中，尖锐地斥责“今一切抹杀，而心头玩弄，曰‘孔、颜乐处’，曰‘义理悦心’，使前后贤豪皆笼盖于释氏极乐世界中”；[3] 并且，“秦火之后，汉儒掇拾遗文，遂误为训诂之学。晋人又诬为清谈，汉、唐又流为佛老，至宋人而加甚矣。仆尝有言，训诂、清谈、禅宗、乡愿，有一皆足以惑世诬民，而宋人兼之，乌得不晦圣道误苍生至此也！仆窃谓其祸甚于杨、墨，烈于嬴秦。每一念及，辄为太息流涕，甚则痛哭！”[4]

所以，当宋人苏轼写诗嗟叹“文非经国武非英，终日虚谈取盛名。至竟开门延羯寇，始知清论误苍生”[5] 时，显然是大有借古讽今之意的。事实上，应当在很大的程度上，正是源于印度文化

1 顾炎武：《夫子之言性与天道》，黄汝成集释，《日知录集释》（全校本·上），上海：上海古籍出版社，2006 年，第 402 页。

2 顾炎武：《与施愚山书》，《亭林文集》，卷三，载自《顾炎武集·二曲集·唱经堂才子书》，天津：天津古籍出版社，2016 年，第 50 页。

3 颜元：《四书正误·卷六·孟子下》，《颜元文集》（上册），石家庄：河北教育出版社，2009 年，第 211 页。

4 颜元：《习斋记余·卷三·寄桐乡钱生晓城》，《颜元文集》（下册），石家庄：河北教育出版社，2009 年，第 379 页。

5 苏轼：《读〈王衍传〉》，《苏轼诗集合注》下册，冯应榴辑注，黄任轲、朱怀春校点，上海：上海古籍出版社，2001 年，第 2426—2427 页。

的这种误导，恰是从中国“转向内在”之时开始，才造成了原本“明体达用”“经世致用”的士大夫，一方面在令人神往的天水一朝，享有了中国历史上最宽阔的言路。可另一方面，不料这种空前宽松的发言场域，反而造成了无休止的“清谈”和“空谈”，并酿成了“议论未定，而兵马过河”的危局。正因为这样，如果前引的余英时、钱穆和刘子健，都还是把这种“转向内在”的变因，归咎于“变法失败”对于道学家的打击，那么，我们接着要援引的两位台湾史家，则干脆把罪责归咎于道学家本身了。——比如李震就曾毫不含糊地写道：“中国历史中，文风最盛者莫如宋代，硕学之士最众者亦莫如宋代，此皆赖宋祖太宗的倡导与奖掖所获致的成就……盖‘重文轻武’虽使一代文风盛炽，学术甚多发扬；‘苟安’的政治环境，及法网严密，致使‘与人稍谈及度外之事，辄摇手而不敢为’的思想钳制之下，只有‘道学家’的学术思想与日俱盛。而这些‘道学家’与魏晋时‘清淡家’又可前后媲美，直至外寇深入国家危如累卵的时候，犹‘谈道德性命，偷安苟幸’以待亡。”[1] 再如，林天蔚也曾一针见血地写道：“（道学——引者注）这种风气之养成，知识分子之徒事空言，不切实用，更为宋代积弱不振之另一原因。据谢肇淛之《五杂俎》

1 李震：《论北宋国防及其国运的兴废》，载《宋史研究集》第 4 辑，台湾中华丛书编审委员会 1969 年版，第 496—497 页。

卷十三：‘事功之离学术，自秦始也，急功利而焚诗书。学术之离事功，自宋始也，务虚言而废实用。故秦虽霸而速亡，功利之害也；宋虽治而不振，虚言之害也。’‘所谓学术之离事功’，此‘学术’显然是指‘理学’，理学之侈言‘心’‘性理’，当然于国事无补，南宋时之浙东学派，提倡事功以补救之，惜为时已晚。”[1]

也许，这两位台湾学者的痛切论断，同样不无借古讽今的影射之意。可即使如此，我们如果验之于历史本身，仍可看出他们也是确有实据的。——比如，根据宋人周密的当时记载，就可看出那些迂腐的道学家，往往暴露出确实是于事无补的：“真文忠负一时重望，端平更化，人徯其来，若元祐之涑水翁也。是时楮轻物贵，民生颇艰，意谓真儒一用，必有建明，转移之间，立可致治。于是民间为之语曰：‘若欲百物贱，直待真直院。’及童马入朝，敷陈之际，首以尊崇道学，正心诚意为第一义，继而复以《大学衍义》进。愚民无知，乃以其所言为不切于时务，复以俚语足前句云：‘吃了西湖水，打了一锅面。’市井小儿，嚣然诵之。（中略）公居文昌几一岁，洎除政府，不及拜而薨。”[2]

再如，根据牟宗三的事后描述——即使这位“新心学”的

1　林天蔚：《北宋积弱的三种新分析》，载《宋史研究集》第9辑，台湾中华丛书编审委员会1977年版，第169页。

2　周密：《癸辛杂识前集·真西山入朝诗》，杨瑞点校，杭州：浙江古籍出版社，2015年，第40—41页。

代表人物，还在想方设法地为其回护，仍掩不住心学家的迂腐之气——“有明崇祯末年，天下大乱，内有闯王，外有满州，举国如焚，正如《桃花扇》中所谓：‘十七年忧国如病，呼不应天灵祖灵，调不来亲兵救兵。白练无情，送君一命。伤心煞煤山私幸，独殉了社稷苍生。’结果是崇祯皇帝于杀宫后跑到煤山自缢身死。当那时局正紧，皇帝临朝与百官谋策时，理学家刘蕺山上奏说：‘陛下心安，则天下安矣。’这句话当然有其至理，我们不能说刘蕺山说错话，就如讲逻辑有所谓分析命题，分析命题绝不会错，但因为它不是综合命题，所以对经验知识无所帮助。在当时，‘陛下心安’当然是‘天下安’的必要条件，但并非充分条件。在国难当头，正须拿出办法来时，‘知识’‘学养’，是不可缺少的要件，这时光讲大学正心修身即可进而治国平天下是不够的。所以以‘陛下心安’来作为安邦之策，可以说是讲了一句废话，难怪崇祯皇帝一听，就叹息道：‘迂哉！刘宗周。’就叫刘蕺山归乡养老去了。”[1]

无论如何，在人生原本就“别有一理”的情况下，要是只从自家内部去体味“心中之理”，那么，即使真的由此达成了“道德自觉”，这个主体也会跟生存环境大大地脱节。换句话说，在

1　牟宗三讲演：《客观的了解与中国文化之再造——“当代新儒学国际研讨会”主题演讲》，王财贵整理，《鹅湖月刊》，1991年第191期，第2—3页。

这个世界本身就“并不完满”的情况下，要是一心只图把本身修炼、装填得“自在充满”，那么，就反而要加剧乃至助长外部世界的“并不完满”了。由此可知，正因为王学既属于朱门叛逆，又来自理学统续，理学的那种总体上类似斯多葛主义的特征，一旦到了王阳明及其后学那里，就只能发展和演变得更加极端了。——这是因为，反正已是在接受了“理学之理”的前提下，又进而认定“心外无物”“心外无理”了，那么，从此也就不再需要简陋地“格竹子”，而只需要精致地“格自家内心”了；由此一来，当然就更不能再发现任何外在的“不合理”了。

正因为这样，我们才可以心领神会地理解，为什么梁启超既在《德育鉴》中，最大比例地选入了心学家的语录，而且他为此拟定的这些篇目，即所谓“辨术”、“立志”、“知本”、“存养”、“省克”和“应用”，也确实充溢着一派心学家的气息，然而，他与此同时却也没有忘记，要写出案语来提示心学之流弊。——再进一步说，按照梁启超本人的说法，它的这种流弊还恰恰表现在，一旦走到了心学的末流时，就简直是雷同于佛教的禅宗了：“如近溪（罗汝芳——引者注）所谓‘以不屑凑泊为工夫’‘以不依畔岸为胸次’，是可谓禅宗之尽头语矣。上等根器人，得此把柄入手，真能无挂碍、无恐怖，任天下之大，若行所无事。吾师南海康先生最崇拜心斋（王艮——引者注）、近溪者以此。虽然，非诚自得于己，或窃其口头语作光景玩弄，亦最易导入人伪。故刘蕺山以王门有龙溪（王畿——引者注）为斯文之厄，黄梨洲亦谓王学有龙溪、泰州（王艮——引者注）而失其真也。”[1]

当然，我们如果从“文明对话”的高处着眼，也可以从“文化传播”的角度认识到，这样的佛教色彩原是在所难免的，毕竟印度跟中国的距离相对较近。也正因为这样，恰如前文中已经叙述的，不光是在心学那里，而且在广义理学的内部，全都影影绰绰地晃动着西来的佛印。事实上，从鸠摩罗什到王阳明的这千余年，也正是中国的儒学与印度的佛学，从相互吸引到相互排斥，再到相互嵌入、相互化合的过程。——所以，如果由理学家肇始的“中国转向内在”，代表了这个过程的一个崭新阶段，那么，再由心学家认定的“心外无物”“心外无理”，则是代表了该阶段的完成与终结。既是这样，那么阳明心学的创发与奠立，也就代表了中印文化在中国一侧的最终化合，由此这种儒学话语也就难免要呈显几分西域色彩。

在这个意义上，如果从人类文明的发展大势着眼，那么这种

1　梁启超：《德育鉴·知本第三》，南京：译林出版社，2022 年，第 59—60 页。

化合无论具体得失如何，总还不失为一种“文化嫁接”的实验，让人们去试探一下在中印思想的交界处，到底能支撑起什么样的“文化高度”吧？无论如何，跟晚近以偏概全、呵佛骂祖的诬陷相反，中华民族向外部去索求与印证的渴望，从来都是相当迫切的、难以遏止的；而受限于当年的地理条件，除了在空间上勉强接壤的印度，毕竟无法再接触到其他“轴心文明”了。于是，还是在这个意义上，我也首肯过梁启超宏观“求同”的说法，尽管它们往往都大而化之、语焉不详。比如，“阳明先生之心，犹孔子、释迦、基督之心也，其言犹孔子、释迦、基督之言也，以为非以此易天下之人心，则天下终不得而理也，其一片恳切诚意溢于言表，不啻提我辈之耳而命之也。我辈虽听之藐藐，或腹诽而面诋之，先生惟有哀矜而无愤怒也”。[1] 再如，“以康德比诸东方古哲，则其言空理也，似释迦；言实行也，似孔子；以空理贯诸实行也，似王阳明”。[2]——当然与此同时，我也没忘了追加上自己的说明：“梁启超想要伸张的佛学，已不属于一般意义上的佛学，而是从儒学的人间、现世和大同的立场，可以去理解吸纳的印度智慧；同样，他想要发扬的国学，也已不属于一般意义上的国

1　梁启超：《德育鉴·知本第三》，南京：译林出版社，2022年，第74页。

2　梁启超：《近世第一大哲康德之学说》，《梁启超哲学思想论文选》，北京，北京大学出版社，1984年，第153页。

学，而是通过康德的‘哥白尼式的革命’，而可以进行现代理解的儒家思想。”[1]

可话又说回来，那虽亦不妨视作一次“文化实验”，不过，也正因为在这次实验中，已然耗尽了来自双方的文化潜能，也就使我们比在任何别的问题上，都更足以一目了然地看到，在这两种文化的互嵌与互渗中，到底会释放出什么样的可能性。——事实上，正如我在以往的著作中指出的，恰恰是宋明时代的文化实验室，才让我们得以从比较的角度去解析：“一方面还是应当平心地承认，宋明理学仍然无愧于一波思想的高峰，还是试探了儒学发展的某种可能性；可另一方面，我们也要充满警觉地意识到，如从儒学思想的自身发展趋向来看，宋明理学却并不属于先秦儒学的逻辑方向，至少也不会是它水到渠成的归宿。——相反，如果从更加宏观的跨文化光谱来分析，它毋宁属于中印文化相接触的产物，而正因为这样，虽然在人生态度和价值取向上，它仍同那种外来文化保持了本质的区别，并且正由此才同它爆发了激烈的争辩，然而，作为同一种‘文化间性’的两个侧面，它却同佛教‘中国化’的产物相对应，也同样属于儒学‘印度化’的产物。”[2]

---

1 刘东：《意识重叠处，即是智慧生长处：〈德育鉴〉弁言》，载梁启超《德育鉴》，南京：译林出版社，2022 年，第 17 页。

2 刘东：《天边有一块乌云：儒学与存在主义》，南京：江苏人民出版社，2018 年，第 386 页。

于是，从这个角度也就更好去理解，迄今为止的全部人类思想，到底在多大程度上具有“空间性”了。一方面，如果没有欧亚大陆的特定地理分布，那么我们原本就不可能想象，何以会在雅斯贝尔斯的“轴心时代”，分别在印度、中国、希腊和希伯来，以释迦牟尼、孔子、苏格拉底和犹太先知为代表，产生出四种借以收束人心的“价值观念”和四种不可完全通约的“轴心文明”。而另一方面，如果不是因为在地理条件上，印度完全是偶然地靠近中国，而希腊也完全是偶然地靠近希伯来，那么，此后所必然开展的文明对话，特别是最为重要的“轴心对话”，也就不会产生出它的第一波成果，也就是在西方碰撞出了“两希文明”，又在中国碰撞出了“宋明理学”。——当然说到这里，还有必要再补充一句，由于宋明理学兴起于中国的时候，大体上也正是佛教于印度衰落之际，所以在“中国和印度”之间的这种文化互动，在很大程度上也就只表现为单方面的了；也就是说，此后无论出现了“中国的佛教化”，还是出现了“佛教的中国化”，都基本已跟那个佛教的原产地无干了。

毫无疑问，人类思想史的这种“空间性”，到现在也并未被我们完全克服。可无论如何，由于交通的便利和交流的频繁，眼下即使仅仅着眼于欧亚大陆，仅仅着眼于“轴心文明”间的对话，也不会只让“两希”或“中印”之间，去进行两两捉对的

“文明对话”了。事实上，当梁启超在孔子、释迦、基督，乃至阳明、康德之间，划出前述那类“文化通分”的等号时，他就已经在畅想这样的可能性了。这也便意味着，不仅有可能在“中国与印度”之间，而且有可能在“中国与希伯来”之间，乃至于——最为重要的——在“中国与希腊”之间，去展开更自如、更投缘，也更多地克服了地理偶然的对话。

既然如此，鉴于前文中做出的基本分析，作为一种具体的文化策略，到了这一节的最后，就轮到提出如何去解析宋明理学，以便从那中间“剥离”掉印度的色彩，从而以“未被修正”的、原汁原味的儒学，来进行“中国与希腊”之间对话的问题了。

在一方面，当然还是应该平心承认，宋明理学仍属于一次伟大的实验，而且在这种创造性的实验中，不管儒家思想受到了多少“修正”，毕竟还是在很多具体的纲常伦理方面，保持住了自己的主要价值指向。可在另一方面，又不得不同样平心地指出，正是在同当年的“西域之学”的对话中，这些道学家受到了印度文化的无形吸引，从而脱离了由先儒设定的基本方向。——正因为这样，我才曾不无抱憾地指出：“如果我们已从比较哲学的角度看到，宋明理学乃是作为中土主导价值的儒学，同当年的西学，即印度佛学之间的交流产物，那么，我们也就可以再从比较哲学的角度想到，要是为此吃尽了千辛万苦的玄奘，当年走到的那个西天竟不是印度，而是更远处的希腊，则此后作为文化间性的发展，也就会显出完全不同的景象，甚至超出了后人的理解和想象。”[1]

于是，为了更好地投入到“全球对话”中，我紧接着又在上述论著中提出，如果在过往信息有限的条件下，宋明理学家的主要工作重心，看来都落在了“思想化合”上，那么，在当今四通八达的“地球村”，我们正是为了重启这类“文化化合”，以确保“中国与希腊”之间的对话，或者“孔子与苏格拉底”之间的对话，反而有必要先来进行“文化分解”：“既然地理原因只属于偶然的诱因，而当今的全球化又足以克服这种偶因，我们这些现代‘高僧’在当下需要做的，说到底也正是这样的一件事。——而不待言，果然想要把这件事做好，也就必须对于先秦儒学与宋明理学的关系，先从思想上进行相应的分梳与厘定；否则，如果还是拖泥带水地、不自觉地夹杂着宋明理学，或曰夹杂着佛学对于中国的影响，那么，发生中国与希腊之间的未来的对话，就会显得太过噪杂、纷乱和滞重了。”[2]——这就是我以往常在北大讲的，想在当代中国搞好比较文学，就必须先在思想上“退一步”，再在思想上“进两步”！

1　刘东：《天边有一块乌云：儒学与存在主义》，南京：江苏人民出版社，2018 年，第 389 页。

2　同上。

这种在希腊和印度之间的断然取舍，首先是出于下述的学理考虑：从“比较文化”的最基本原则来看，任何一种言之有物而非想入非非的“跨越”，都必须建基在扎实的“可比性”之上。而正是从这样的立场出发，我们看到，不管后世怎么去修正和钝化，都无法抹杀中国儒学与印度佛学，在如何对待人类的现世生活方面，从一开始就拿出了一实存一虚空、一存疑一独断、一理性一非理、一有情一无情、一肯定一否定、一享受一厌倦、一留恋一舍弃、一入世一出家的不同态度。正因为这样，这两者根本就是缺乏必要“可比性”的，也是根本就无从展开“文明对话”的。钱穆曾经就此写过一段话，也很能说明此间的不可调和：“佛教来中国，乃于中国传统文化有其近似处，但亦有一大不同处。佛教与耶、回二教同对人生抱‘悲观’，而中国人对人生则抱‘乐观’。佛教在中国已极盛行，宋代理学家起，周濂溪教二程寻孔颜乐处，而生老病死不为苦，此即对佛教一反证。苟使反之吾心，信孔颜儒道，亦在救世救苦救难，而吾心则乐，则何必效释迦之逃避出世。”[1]——而更加耐人寻味的是，正因为原则区别在于“实”与“空”，致使佛教那种彻底悲观的人生判断，原本就跟中国的人生态度格格不入，就不光导致了即使那些赞成佛

1 钱穆：《现代中国学术论衡》，《钱宾四先生全集》，第 25 册，台北：联经出版公司，1998 年，第 6 页。

教的，也往往只是在赞成“中国化佛教”，还更导致了即使那些赞成“中国化佛教”的，又往往只在赞成它那些“中国化”的侧面。打个比方，这种纯粹出于“现世立场”的信仰，说穿了不过是自恋的水仙花，它看似在紧盯着身下的水面，实则却只在欣赏自己的倒影。

让我再把这层意思讲得更明白些。无论如何，中国文化与印度文化的差别，并不可以被概括为“有”和“无”，而只能被概括为“实”与“虚”，或者概括为“实存”与“空虚”。由此可知，中印之间如此漫长的文化互动，之所以到头来竟这般“无果而终”，或者借用列宁的一个比喻，只长出了“一朵不结果实的花朵”，自然还是因为在“实存”与“空虚”的判断之间，或者在对于现世的“肯定”与“否定”之间，从原则上就并没有任何通融的余地。——当然，后来也有些想要“滑过去”的学者，又悄悄把印度佛学所主的“空”，偷换成了本土道家所主的“无”，以便再用原本就含混的“儒道互补”，来替代或充填后世出现的“儒佛互补”，从而掩饰住宋明理学的内在裂缝。可无论如何，任何这类打着辩证法名义的诡辩，却都无法掩盖下述的基本事实，即印度佛学原本所主的“空”，毕竟属于对于宇宙本体的理解，并不能被含混地翻译成“无”，以便再对之进行“心境化”的处理，就好比在孔子与释迦之间的区别，也只类似于他跟庄子的那种区别。

换句话说，如果中国与印度的文化区别，可以从古汉语的固有语境中，仅仅被理解成“有”和“无”，那么这或许在心境或体验上，还是可以彼此成为“对待”的，而且由此导致的心理效应，还是会表现为悲喜交替或苦乐交集的；然而，一旦揭掉了这一层“障眼法”，再把这种区别还原成“实”与“空”，那么，这在本体的意义上就根本不成“对待”了。——为了证明现世根本不值得留恋，只把它说成是道家那样的“无常”，对于彻底悲观的佛教是远不够的，因为在那“无常”背后仍然留有“实在”；所以，必须进一步走向极端地证明，就连这种“无常”的幻象本身也属于“非实在”，而且，不光外部世界本身属于“非实在”，就连用来感知外部世界的“我”本身，也同样在所难免地属于“非实在”，唯其如此，才能破除掉人们在心灵上的“我执”，从而破除掉他们对现世的一切留恋。

接下来，既然在“有”和“无”之间的互动，原本就属于有意无意的曲解或误解，而在“实”与“空”之间的对话，原本又属于“不结果实的花朵”，那么，我们就自然走回颜元当年的立场了：“予未南游时，尚有将就程朱，附之圣门支派之意。自一南游，见人人禅子，家家虚文，直与孔门敌对，必破一分程朱，始入一分孔孟，乃定以为孔孟程朱，判然两途，不愿作道统中乡愿矣。”[1]而跟颜元在这里讲的“必破一分程朱，始入一分孔孟”相通，就我本人一贯心仪的先秦儒学而言，相对于宋明时代在佛学影响下所出现的折中主义或修正主义，这种要从中去除“佛光禅影”的努力方向，也的确可被描述为儒学的“原教旨主义”。

为了充分理解这一点，还需要在思想史研究方面，进一步去澄清对于“历史主义”和“多元主义”的迷信。一方面，所谓在时间维度中的“必然上升”，从而所谓在历史进程中的“必然进步”，在认识论上都属于一种无妄的僭越，因此，误以为在思想史中必然会“后出转精”，那仅仅是出于一种“历史主义”的迷信。——正如我以往曾经撰文指出过的，“无论如何，历史并不是上帝，时间先后也绝不意味着优劣高下，没有任何东西可以决定性地保障我们乐观地相信人类的事业在不可逆转地‘进步’，不仅在中国文化史的自身范围内是如此，而且在中国文化史为外力断裂后也是如此”。[2]而另一方面，“多元”一词本身也只属于“中性”的，它当然可能形成丰饶的“文化间性”，这一点我从来都在不遗余力地强调，可与此同时，一旦不存在最起码的对话基础，它又同样可能只是裂缝巨大、混乱不堪。正因为这样，尽

1 李塨：《颜习斋先生年谱·下》，载颜元：《颜元文集》（下册），石家庄：河北教育出版社，2009 年，第 676 页。

2 刘东：《多元标准下的“进步”概念》，《近思与远虑》，杭州：浙江大学出版社，2014 年，第 27 页。

管“多元主义”成了时髦的用语，可严格计较起来，“多元”本身却不能撑起“主义”来，因为它除了来源的多样性之外，并没有指称任何实质性的内容。由此可知，至少“多元混杂”这件事本身，并不能确保思想上的正当性，它既可能构成人类向上的阶梯，就像我们一直对此寄予厚望的那样，也可能意味着人们走错了的路，就像前边分析过的两希文明和宋明理学。

正因为这样，就像化学中有“合成”也有“分解”一样，为了确保中国思想的本真性，以便更好地拥抱其他“轴心文明”，我们就需要从自己对儒学的认知上，回到未被佛教污损的原始语境。无论如何，正由于宋明以来的新儒学，已经因为印度文化的强烈吸引，而偏离了先秦以来的“内圣外王”之道，使人们抑制不住来自内心的诱惑，甚而忘记了原本并不是“心外无理”，而是在自己心外还“别有一理”，而且“这两种来自内外又同时并存的学理，也正是在一方面的‘伦理道理’，和在另一方面的‘知识道理’”，[1]我们就更应在这个全球化的时代，迅速和决绝地去除打在中国儒学上的印度印迹，以便以“为学日益”而“朝闻夕死”的精神，从那个同样主张“实存”而非“虚空”的“轴心文明”中，去寻找足以补充与纠正自己的“别有一理”。——这

1 本书，“心学比理学强在哪里？”。

也就是我在以往的书中所讲的："至少我个人是越来越倾向于认为，也许更应当在'中国与希腊'之间，而不是在曾经的'中国与印度'之间，或者在后来'中国与希伯来'之间，才潜伏着当代问题的真实的解决可能。而如此柳暗花明的文化展望，也就足以推动我们去满怀惊喜地，在思想的充满偶然的曲折进程中，跳跃过它的宋明阶段与近代阶段，而直接抵达并勉力展开它的当代阶段。"[1]

无论如何，还是从最基本的"可比性"来看，尽管无论是来自中国的还是来自希腊的方案，都未必就是全然正确的"人生解决方案"，可它们至少属于建立在现世生活中的、想要真正解决人生问题的方案；而相形之下，无论是来自印度的还是来自希伯来的方案，根本就未能建基于现世的生活，所以也根本称不上是"人生的"解决方案。正因为这样，至少是从中国的角度来看，真正足以构成"对话两极"的，也是真正有可能"结出果实"的，也就只有"中国与希腊"这两大文明了。——正如我在以往的论著中指出的："因而，足以让我们'悲极生乐'的是，恰在这场文化的冲突或倾轧背后，或者说，恰是因为有了如此激烈的化合反应，我们反而更应当求同存异地看到，其实在这两大世界

1 刘东：《悲剧的文化解析·自序》（上卷），上海：上海人民出版社，2017 年，第 6—7 页。

性文明之间，倒是罕见地共享着一连串的文化要素，包括多元、人间、现世、经商、感性、审美、乐观、怀疑、有限、中庸、理性、争鸣、论理、伦理、学术、讲学等等。而说到底，也正是鉴于这两者间的‘亲和性’，我在晚近以来才越来越倾向于认定，正被自己孜孜以求的‘中国文化的现代形态’，绝不会只存在于本土的文化潜能中，而会更加广大而宽阔地，存在于文明与文明之间，特别是‘中国与希腊’的‘文化间性’中。”[1]

1　刘东：《悲剧的文化解析·自序》（上卷），上海：上海人民出版社，2017年，第6页。

题解十（存养第四）

有无属于自己的时间？

经由前文中的反复论述，我们至此都已经认清了，讲究“内外兼修”“内圣外王”的儒学，只有小心地规避同时来自两边的风险，才能把持住大中至正、不偏不倚的“中道”。然则，又正如孔子油然兴叹的那样，“中庸之为德也，其至矣乎！民鲜久矣”，[1] 这种“中庸之道”看似不难做到，甚至会显得有些“庸常”或“平庸”，可真想长此以往地保持住，却总会遇到各种意外风险。——这就导致了如就实际操作而言，“那绝不会比站在一块有限的浮冰上，无时无刻不在脚下的激流中摇来晃去，能让你更多出一分安全感……即使在大天白日，也往往会恍然感觉到，简直像是进入了哪个危险的北极镜头，战战兢兢地站在日渐消融、越缩越小的冰面上，惊惧地听到四面传来的崩塌声，而随时都有彻底掉入海底的危险……”[2]

1 《论语·雍也》，《十三经注疏》，北京：中华书局，2009 年，第 5385 页。

2 刘东：《如临如履地“叩其两端”》，《思想的浮冰》，上海：上海人民出版社，2014 年，第 2 页。

正因为这样，又正像前文中已讲过的，即使只沿着孔子的一句话，即“礼云礼云，玉帛云乎哉？乐云乐云，钟鼓云乎哉”，[1]就已经出现了朝着不同方向的失足，以致都脱离了儒家“礼乐并重”的“中道”，——“无论是沿着孔子的这句反诘，而在后世走向了‘心性之学’，误以为作为行为外表的‘礼’，就不再具备什么重要意义了，还是沿着他的这句反诘，而在后世走向了‘魏晋玄学’，大胆地放言‘礼岂为我辈设也’，全都属于对这种平衡感的偏离，从而也都理所当然地意味着，干脆就从那根思想的‘平衡木’上掉下去了。”[2]

更有甚者，最为戏剧性的转折竟是，如果宋明时代的读书人，是在来自佛教的无形吸引下，不觉偏转到“心外无理”的方向去了，那么，近现代的读书人则又沿着截然的中西“二分法”，干脆偏到心外的“别有一理”去了。——我们再重温一下严复的相关说法，便不难从另一个角度恍然大悟，也恰是由于宋明理学的这种误读，就更容易再误导出后世有关“西方主外”“中国主内”的判定：“其于财用也，中国重节流，而西人重开源；中国追淳朴，而西人求欢虞。其接物也，中国美谦屈，而西人务发舒；中国尚节文，而西人乐简易。其于为学也，中国夸多识，而

1 《论语·阳货》,《十三经注疏》，北京：中华书局，2009 年，第 5486 页。

2 刘东：《有汉一代的文化贡献：从儒学传播的角度看》，未刊稿。

西人尊新知。其于祸灾也，中国委天数，而西人恃人力……”[1] 不待多言，也正是沿着诸如此类的“二分法”，李大钊此后才会将东西文明的差异，又概括成了“东洋文明主静，西洋文明主动”。[2]

于是，正因为钟摆又偏向了另一极，我们也就只有再转回头来，重温前两节得出的那个判断：“如果我们在前一节已经认识到，说到底心学的真正问题，‘不在于它竟然如此突出了伦理维度，而在于它居然仅仅突出了伦理维度’，那么，我们在这一节就进一步认识到了，说到底心学的真正问题，也不在于它竟然如此地深耕了心性，而在于它居然仅仅深耕了心性，由此也就把发生在天底下的‘一应事变’，统统都归结为自己的‘内心体验’了。”[3]——只不过，一旦来到了这一章的语境中，这个判断就要再反过来理解了：一方面，人生原不是只有“这一件事”，而只需去关注自己的“内心存养”，那无非是在“中国转向内在”以后，由宋明理学所代表的一次走偏；可另一方面，一旦人们在“内外兼修”的平衡中，又从只去强调“为道日损”的这一偏，转向了只去强调“为学日益”的另一偏，那么，为了再来矫正这种“矫

1 严复：《论世变之亟》，《严复集》（第一册），王栻主编，北京：中华书局，1986 年，第 3 页。

2 李大钊：《东西文明根本之异点》，载自郑师渠、史革新主编：《近代中国民族精神研究读本》，北京：北京师范大学出版社，2006 年，第 78 页。

3 本书，“佛学如何影响了心学？”。

枉过正”的偏颇，从而努力去恢复“允执厥中”的应有正态，也就必须在当下重提“内心建设”的任务。

考虑到近代倾向的又一次走偏，以及由此导致的各种恶果，这种“恢复”和“重提”对于当代中国，显然就是迫在眉睫，甚至是火烧眉毛的了。当然，我在前文中也已讲到过了，当今北欧的那几个典范国家，就好比伏尔泰时代的中国一样，都曾以“无宗教而有道德”的世俗社会，证明了孔子提出的“人生解决方案”，远非只是一种思想的可能性。不过，我们与此同时也曾经讲到过，这种“没有上帝”的世俗社会，却是既有可能表现为自足的，也有可能表现为不自足的，既有可能表现为幸福的，也有可能表现为不幸的，既有可能属于良善和谐的，也有可能属于腐恶衰败的，或者更具体地说，是既有可能如中国古人所想象的，表现为“仓廪实而知礼节，衣食足而知荣辱”的，也有可能如西方哲人所想象的，表现为完全停留在弱肉强食、胜者通吃的“霍布斯丛林”中。——因此，“无宗教而有道德”的人生解决方案，如果真想切实有效地落实下来，其关键还在于落实它的“有道德”；否则的话，此语便只剩下前半句的“无宗教”了，就可能掉入陀思妥耶夫斯基的判定中了：“既然连上帝都没有了，就可以想怎么胡来，便怎么胡来？”

当然，“上帝”这样一个虚拟的选项，既不符合孔子“不语怪、力、乱、神”的认识论前提，也不符合当今“祛除巫魅”的世界潮流，是我们绝对无法再去中断历史、回过头去领受和皈依的。不过既然如此，也就反过来凸显出内心中的“道德法则”在我们的生活中具有何其吃重的分量了。——应当再来强调一遍，这里的学理微妙之处在于，正如前文中已经分析过的，看似不无吊诡或缠绕的是，在一方面，“正因为儒学的根基或起始处，乃是‘认识本位’，而非‘伦理本位’的，它才从来都只是一种‘学’而非一种‘教’；否则的话，就像当代西方神学日益显露的那样，便会自以为已经从‘伦理本位’获得了理由，哪怕只是假着‘道德之名’，就去编造出既超出认识界限又拒绝理性解释的，只需要去闭着眼睛盲从的‘超越性存在’”；[1]可在另一方面，“又正因为其他‘人生解决方案’，只需要假托或虚妄地告诉你，还有个‘超越性存在’正高居其上，要求你去严守‘摩西十诫’之类的道德，所以，在其他文明类型中真正吃紧的，就从来都不是道德，而只会是宗教。由此也就反证出，反而是一种从‘认识本位’出发的文明，必须以理性去开展道德的教化，否则就无法落实价值的规范，由此就凸显出‘德教’的重要性来了”。[2]

由此可见，我们的人生究竟能否幸福，在很大程度上还要取

1 本书，“儒家德教有何重要性？”。

2 同上。

决于，能否有效地对人们施以“德教”，以便在存养出“道德心性”、培育起“强大人格”的基础上，向整个社会进行“法由己出”的规范与导引。甚至于，正是在这个意义上，即使心学以往曾在“中道”的天平上失衡过，眼下仍不失自有“一定的道理”，而这也就为它在当代民间的复苏，留下了具有积极意义的伏笔；这个“一定的道理”恰恰在于，既然早从先秦时代或轴心时代开始，便毅然地摈弃了“不可知”的宗教，那么中国的文明模式也就无可选择地，只能去更加倚重人们内心的道德了。——当然，我们经由前文中的澄清，也要对这样的发展预存警觉，知道不可再走到“心外无理”的另一偏去。

正是在这样的前提下，我们才足以站在当代的立场上，理解和接受梁启超对于“德教”的提倡。——他当年正是从阳明学的角度，借助于“致良知”这样的心学命题，劈头就这样来为“存养”一章破题的：“良知之教简易直捷，一提便醒，固是不二法门，然曰‘吾有是良知而已具足矣，无待修证’，是又与于自欺之甚者也。阳明以良知喻舟之有柁，最为确切，顾柁虽具而不持，则舟亦漂泊不知所届耳。修证之功有三：曰存养，曰省察，曰克治，三者一贯，而存养为之原。述存养第四。”[1]此外，随着

1 梁启超：《德育鉴·存养第四》，南京：译林出版社，2022 年，第 84 页。

这一节正文的展开，他还在种种鲜明的对比中，依次发挥了“存养”的五种好处，即所谓（一）有存养之功则常莹明，无之则昏暗。（二）有存养之功则常强立，无之则软倒。（三）有存养之功则常整暇，无之则纷扰。（四）有存养之功则能虚受，无之则闭塞。（五）有存养之功则常坚定，无之则动摇。

那么，一到落实到我们当今的生活，又该如何进行对于心性的“存养”呢？由此便自然说回了理学家的所谓“工夫”，而我们在前文中也已经讲过了，这种“工夫”跟佛教打坐的无形示范，无论如何也是切割不开的，因而呈显出了“剪不断、理还乱”的关系；也是正因为如此，当年的那些理学家，才会“尽量在‘静坐’与‘禅定’或‘主静’与‘主敬’之间，划出一条若有若无、似是而非的界限来，以说明在自家的‘静坐’或‘主静’中，并不像在佛家那里是等同于‘虚空’”。[1]

当然，尽管这种“绕口令”式的区分，就算没有完全流于唇齿游戏，也反而更显出其间的影响或渊源，可即使如此，并且相对而言，“主敬”一语还是更有古风的。我们只需打开《论语》就能看到，这个“敬”字简直是无处不在的。所以它至少确切地表达出了，按照孔子对于文明标准的理解，一种正常有序的礼乐

1 本书，“佛学如何影响了心学？”。

文化，自当对文明秩序中的文明人，从其做派和风度，到其谈吐和仪容，都给予相应的约束与规范。比如，孔子表述自己就曾说过："居上不宽，为礼不敬，临丧不哀，吾何以观之哉？"[1]"君子不重，则不威。学则不固。"[2]又如，孔子在评价别人时也曾说过："子曰：'晏平仲善与人交，久而敬之。'"[3]"子谓子产：'有君子之道四焉：其行己也恭，其事上也敬，其养民也惠，其使民也义。'"[4]再如，孔子在交谈中还曾说过："季康子问：'使民敬忠以劝，如之何？'子曰：'临之以庄，则敬；孝慈，则忠；举善而教不能，则劝。'"[5]"仲弓曰：'居敬而行简，以临其民，不亦可乎？居简而行简，无乃大简乎？'子曰：'雍之言然！'"[6]——甚至于，从孔子所讲的种种"交互性"中，我们还可进一步理解到，为什么与此相反的"不敬"与"不重"，由于它在社会的日常交往中，明显带有对于别人的"侵犯性"，也同样并非只属于外表之事，而在道德上具有绝对的负面价值。

---

1 《论语·八佾》,《十三经注疏》，北京：中华书局，2009年，第5362页，着重号为引者所加。

2 《论语·学而》,《十三经注疏》，北京：中华书局，2009年，第5337页，着重号为引者所加。

3 《论语·公冶长》,《十三经注疏》，北京：中华书局，2009年，第5374页，着重号为引者所加。

4 《论语·公冶长》,《十三经注疏》，北京：中华书局，2009年，第5374页，着重号为引者所加。

5 《论语·为政》,《十三经注疏》，北京：中华书局，2009年，第5348—5349页，着重号为引者所加。

6 《论语·雍也》,《十三经注疏》，北京：中华书局，2009年，第5381页，着重号为引者所加。

只不过，这样的“博学于文，约之以礼”，[1]不光在孔子本人的生平履践中，仍然属于内外平衡的“中道”，我们还可以再由此发挥说，正因为如此地追求“内外兼修”，实则“主敬”这样的做派，不光是没有流于“主静”，反倒是只有在“行动”中才能完成，所以反而应被描述为“主动”（重音应落在“动”字上），否则的话，也就无从凭借外在的操演，来磨炼和体现出自己的人格了。——然而，又正如上一章中已讲到的，一旦到了“佛教征服中国”之后，等到“静坐”已然成了固有的惯习，当理学家们再来提出“主敬说”时，所针对的也就只能是这种惯习了。由此在一方面，这种“主敬说”相对于“主静说”，当然意味着有的放矢的修正或矫正，说明在“静坐”背后并不是“无思无虑”，否则就完全流于佛家之说了。如程颐所讲的“才说静，便入于释氏之说也。不用静字，只用敬字。才说著静字，便是忘也”，[2]或者如朱熹所讲的“濂溪言主静，静字只好作敬字看，故又言无欲故静。若以为虚静，则恐入释老去”，[3]也都说明了这样的竞争意识，或曰文化自觉。

1 《论语·雍也》，《十三经注疏》，北京：中华书局，2009年，第5385页。

2 程颢、程颐：《河南程氏遗书·卷十八》，《二程集》，王孝鱼点校，北京：中华书局，1981年，第189页。

3 朱熹：《朱子语类》，第六册，卷九十四，黎靖德编，王星贤点校，北京：中华书局，1986年，第2385页。

可在另一方面，这种“主敬说”毕竟是针对“主静说”的，由此也就很难摆脱“不是冤家不碰头”的纠缠局面，也就是既会表现为“越争越像”，也会表现为“越像越争”。——对于由此所导致的话语共享以及思想窘境，我们在前文中也已进行过分析了：“一方面，理学当然要去努力争夺话语权，否则就会在对手的强势中，逐渐被压制下来和销声匿迹；可另一方面，又正因为彼此间存在激烈竞争，而且争夺的还是相似的受众，理学就只能去跟作为对手的佛家，逐渐共享了相似的问题域，而话语的关切也逐渐叠合起来，竞争的区域也逐渐变得狭小了。因而看得透彻一些，实则反对和赞成、敌意和趋同、背离与共情，在这里往往是同时发生，而且相互嵌入的。”[1]

由此说来说去，既然就算要“主敬”也仍要去“静坐”，就使得不管是“主敬派”还是“主静派”，到头来终只是理学家的家务事了。实则我们在这个意义上，再来回顾前引过的那段轶事，也便很难弄清楚此间的区别了，而且那位“老父”最后的一句“不若无心”，也就沿着这样的做派和逻辑，反而显得比程颐更加透辟，或曰“高出一筹”了：“（伊川——引者注）过汉江，中流遇风，船几覆。同舟人皆号泣，伊川但正襟安坐。已而船及

1　本书，“佛学如何影响了心学？”。

岸，众人中有老父问伊川曰：'船当危时，君正坐甚严何以？'伊川曰：'心存诚敬耳。'老父曰：'心存诚敬，不若无心。'伊川尚欲与之言，因忽不见。"[1]——无论如何，不管这故事是否真实发生过，那位道出了"不若无心"的"世外高人"，都是在沿着理学家本身的行为逻辑，直接道出了佛学家对此的基本判断。

所以，不管碰到怎样的障眼法，我们都应在思想上明确下来，倘若没有"打坐"和"禅定"的先行传入，那么"入定"或"求静"之类的佛教问题，原本并不是中国思想的主流问题，也就不会造成相应的偏离和紊乱，又需要理学家们再这般连篇累牍地，有时也难免词不达意、心劳日拙地，来澄清自己跟印度做派之间的毫厘之差。——比如程颢就此所议论的"所谓定者，动亦定，静亦定，无将迎，无内外。（中略）夫天地之常，以其心普万物而无心；圣人之常，以其情顺万事而无情。故君子之学，莫若廓然而大公，物来而顺应"。[2]——再如朱熹就此所议论的"今虽说主静，然亦非弃事物以求静。既为人，自然用事君亲，交朋友，抚妻子，御僮仆，不成捐弃了，只闭门静坐，事物之来，且曰：'候我存养！'又不可只茫茫随他事物中走，二者须有个思

1 余怀：《东山谈苑》，《余怀全集》（下册），李金堂编校，上海：上海古籍出版社，2011年，第550页。

2 程颢、程颐：《河南程氏文集·卷二·答横渠张子厚先生书》，《二程集》，王孝鱼点校，北京：中华书局，1981年，第460页。

量倒断始得。动时也有静，顺理而应，则虽动亦静也，故曰‘知止而后有定，定而后能静’。事物之来，若不顺理而应，则虽块然不交于物以求静，心亦不能得静。惟动时能顺理，则无事时能静；静时能存，则动时得力。须是动时也做工夫，静时也做工夫，两莫相靠，使工夫无间断始得”。[1]

甚至于，由于同样介身于这段历史中，我们还并不意外地，或曰可以理解地看到，梁启超本人也养成过这样的惯习，也曾把“静坐”当成了“存养”的手段。他在《德育鉴》的案语中，还曾经妙有所悟地自述道：“吾每自验，苟一日缺静坐，则神气便昏浊许多。吾昔在美，人事繁杂，无士大夫之相与讲学，又无余晷以亲典籍，则惟于每来复日一诣景教之礼拜堂。吾志不在听其说法，而此一两点钟内，翛然若得安心立命之地，因益叹此境之万不可以无也。”[2]——而基于这样的个人体验，他又殷切地劝告此书读者说：“窃以为中年之人，已入世者，镇日憧扰于尘网中，则每日必割出一点钟或两点钟，为静坐之时刻，以养其元神。若夫青年正在学校者，每日讲堂上端坐之时刻既多，于卫生上不宜复久坐以滞血脉，则每日必当有一点钟或两点钟，不携伴侣，独

1 朱熹：《朱子语类》，第一册，卷十二，黎靖德编，王星贤点校，北京：中华书局，1986 年，第 218 页。

2 梁启超：《德育鉴・存养第四》，南京：译林出版社，2022 年，第 108 页。

自一人，散步公园，或其他空旷之地，而此散步时，必宁静其思虑，与静坐同一用功夫。如是，然后身心乃有所安顿也。”[1]

可无论如何，如今既已时过境迁、斗转星移了，我们就不必再去拘泥于外在的具体形式了。实在说来，无论对于朱熹，还是对于梁启超，“静坐”都无非是一种习用的手段，借此摒除外来的纷扰，返回到自己的方寸之间。既然如此，就唯有已然养成了此等惯习的人，才会觉得这种手段是立竿见影、卓有成效的，可以使呼吸变得更加平缓均匀，让变幻的意识流停驻于自己一身。既然如此，生活在当今世界的我们，即使想要去存养自家的人格，也完全可以不再教条主义地非要模仿佛家的外在静坐姿态，既然并未自幼养成这样的惯习。真正重要的只在于，不管我们能去习用哪种手段，却总要养成一种必要的惯习，借此留出一段“属于自己的时间”，以便让心情安顿、沉稳、澄明下来。——正如梁启超在前文之末又讲过的，无论你把“属于自己”的这段时间，用于出门散步还是居家静坐，用于窗前伫立还是榻上斜躺，用于观赏风景还是聆听音乐，哪怕就是暗自无语地，默默地泡一壶好茶，悠悠地点一根雪茄，都无不可收到同样的心理功效。

1 梁启超：《德育鉴 · 存养第四》，南京：译林出版社，2022 年，第 109 页。

而至关重要的唯在于，你是否找到了“属于自己的时间”，并想借这段时间达成什么目的？梁启超曾在此书的案语中，接续着陆象山的话头写道：“陆子曰：‘人心只爱去泊著事，教他弃事时，如猢狲失了树，便无住处。’此语真能道着人类普通性质。”[1] 由此再不堪回首地联想起，如果早在陆九渊的时代，乃至早在梁启超的时代，人们就已被各种事务催逼着，忙碌到了心如飘蓬、无所住处的地步，那么，到了这个既激烈竞争又娱乐到死的时代，这群终生都在“无事忙”的人们，还能把多少时间真正留给自己？所以无可讳言的是，如今即使不是所有的人，至少相当多数的人，都已被消费主义的牛鼻绳，牵引进了茫茫的人际关系中，——那张无边无际的人际网络，恰如无休无止的因果链条，能把人们一直拖拽到生命终点，根本无暇哪怕暂时抽身出来，从“无事忙”的打拼中后退一步，像从远处观察某个客观对象一样，来审视一下自己迁延至今的生命，以回味自己曾经企望过什么，反思自己已然得到了什么，规划自己还愿获得什么……

正因为这样，无论我们借助什么样的手段，去寻找这段“属于自己的时间”，可毕竟九九归一，只有为自己留出了这样的时间，才能让生命有个留守的支点，让人生有个舒展的空间，让德

1 梁启超：《德育鉴·存养第四》，南京：译林出版社，2022 年，第 112 页。

性有个滋养的余地，从而让生命有可能及时地调整船头。这也就是“每逢大事有静气”的好处，——唯其如此，你才可能既去还复自己的理想，又去谋划再次出发的大方向，从而超出芸芸众生的无形羁绊；也唯其如此，你才可能重新调整生命的矢量，让它志存高远地超出世俗功利，不再用一句“没辙”来无奈地原谅自己。

说到这里，又涉及了另一种人生平衡。一方面，正如前文中已经讲过的，在具体而微的人生旅程中，原本就没有“自幼便如何”这回事。——恰恰相反，“人生就是这样一个不断谋划和重新设计的过程，并且正因为如此，它才会体现为向着可能世界不断敞开的过程。——而在这种不断重赋生命以意义的开放过程中，作为历史主体的发展中的个人，又主要是受到了两种因素的制约：其一是跟外来环境与社会条件的牵连与互动，由此而决定了个人生命中的偶然和经验内容，其二则是受到了先天禀赋与价值理想的驱动，由此而显示出这个小小的‘块肉’对于历史决定论的抵抗，否则人生就完全是一场随波逐流了。从这个意义上讲，无论是太过固执还是太过善变……当然都是不合乎中庸之道的，或者说，都是把持不住自己和缺乏人生智慧的表现”。[1]

1　刘东：《未竟的后期：〈欧游心影录〉之后的梁启超》，《中国学术》第三十辑，北京：商务印书馆，2011 年，第 65—66 页。

不过，这种生命船头的不断调整，如果不甘心彻底随波逐流，就仍需掌握住一个大的方向，那便是在不断地重新企划之后，仍自不少松懈地争取向上与向前。我们在前文中也曾说过，梁启超终其一生的最大特点，就是在生命不断打开的同时，又不断地保持着“善变”与“能悔”，使自己的思想立场和文化视野，也变得日益稳固、日益开阔。看起来，这大概也跟他在案语中自述的，每天都要“静其思虑”“养其元神”有关。——的确，也只有每天为自己留下一点时间，从人世的纷扰嘈杂中后退一步，虚静地反观自身的成败利钝、是非功过，甚至暗地里向自己发出一声断喝，乃至心惊肉跳地冒出一身冷汗，才能保持自己心灵的这种开放性，也才能成为他所讲的“善变之豪杰”：

> 《语》曰：君子之过也，如日月之食焉，人皆见之。及其更也，人皆仰之。大丈夫行事磊磊落落，行吾心之所志，必求至而后已焉。若夫其方法随时与境而变，又随吾脑识之发达而变，百变不离其宗。[1]

可另一方面，尽管在具体而微的人生履历中，并不存在“自

1　梁启超：《自由书·善变之豪杰》，《饮冰室合集·专集之二》，北京：中华书局，1989年，第28页。

幼便如何”那回事，我们在第五章中已经论述过，这并不意味着在生命的起步处，就不需要从道义或志向方面，进行“先立其大”的人格铺垫了。——梁启超到了此书的这一章中，则又选录了王夫之的下述话语，它以大跨度的时空“穿越性”，去设想假如自己变身于各个朝代，并且经历了各种极限的遭遇，又将如何凸显人生中的“变与不变”，或者说，如何砥砺自己至死不变的德性：“使我而生乎三代，将何如？使我而生乎汉、唐、宋之盛，将何如？使我而生乎秦、隋，将何如？使我而生乎南北朝、五代，将何如？使我而生乎契丹、金、元之世，将何如？则我生乎今日而将何如？岂在彼在此，遂可沉与俱沉、浮与俱浮耶？参之而成纯之一审矣。极吾一生数十年之内，使我而为王侯卿相，将何如？使我而饥寒不能免，将何如？使我而蹈乎刀锯鼎镬之下，将何如？使我而名满天下，功盖当世，将何如？使我而槁项黄馘，没没以死于绳枢甕牖之中，将何如？使我不荣不辱，终天年于闾巷田畴，将何如？岂如此如此，遂可骄、可移、可屈耶？参之而成纯之一又审矣。”[1]

这使我们不禁想起孟子的名言，也即“富贵不能淫，贫贱不能移，威武不能屈，此之谓大丈夫”。[2] 所以，我们从王夫之的

1 梁启超：《德育鉴 · 存养第四》，南京：译林出版社，2022 年，第 124 页。

2 《孟子 · 滕文公下》，《十三经注疏》，北京：中华书局，2009 年，第 5894 页。

上述话语中，就更可看出儒者们的“一贯之道”了，或者说，是从道义或人格方面，看出什么才属于“为道日损”了。——也正因为这样，王夫之才紧接着前引的文字，又继续抒发了他的充沛激情：“变者岁也，不变者一也。变者用也，不变者体也。岁之寒暄晴雨异，而天之左旋、七曜之右转也一。手所持之物、足所履之地，或动或止异，而手之可以持、足之可以行也一。唯其一也，是以可参于万世。无恒之人，富而骄，贫而谄，旦而秦，暮而楚，缁衣而出，素衣而入，蝇飞蝶惊，如飘风之不终日，暴雨之不终晨，有识者哀其心之死，能勿以自警乎！”[1]

在个性与环境的相互调适中，“先立其大”之所以如此重要，是因为也只有依仗着它，才能拓展出丰富的，或立体的“自我概念”；否则的话，一旦对于“自我”的理解过于逼仄狭小，则人生的地平线也会变得过于扁平。由此一来，尤其在这个极度夸大物欲的时代，就很难在消费狂潮中把握住自己，而终究会不由自主地沦为混世主义。梁启超在写给此书的案语中，曾不断利用各种诗句或事例，来说明“个人境界”的这种范导作用。比如，“吾同学狄平子有句云：‘繁星如豆人如蚁，独倚危楼望月明。’梁伯隽有句云：‘甚情绪，向百尺高楼觑看行人路。’吾

1 王夫之：《俟解》，《船山全书》，第12册，长沙：岳麓出版社，1996年，第486页。

昔亦有句云：‘世界无穷愿无尽，海天寥廓立多时。’皆自写其心境也。观之为用，一曰扩其心境使广大，二曰濬其智慧使明细，故用之往往有奇效”。[1]再如，“曲巷妇妪，可以争一钱之故相勃溪，拥巨万者即不尔尔，何也？此戋戋者诚不足以芥其胸也。学道之士，其视人世间一切动心之具，亦拥巨万者之视一钱已耳”。[2]——所以相形之下，只要是没有能去“先立其大”，从而以更加开阔的“自我概念”，从内心中准备好充沛的动源，那么，即使人生旅程不是全然失败的，也注定会是低矮、平庸和流俗的。

由此可见，也只有时时享有“属于自己的时间”，从而常常还复到“先立其大”的初衷，一个人才可能终究不负此生。有时候，虽说任何既定的现行制度，都是难免具有历史性的，也即难免会是不够完善的，可只要同样作为历史主体的我们，可以充分利用它而扬长避短，就并非不能从中找出相应的空间，来容纳相对辉煌的人生轨迹。比如，现行的高等教育尽管弊端多多，可毕竟对于以研讨学问、追求真知为志业的人，仍不失为一种“有机可乘”的制度。只要是人们来到这里，具有足够的智慧，也有足够的定力，就既不会因为收入不稳定，而在物质生活

1 《德育鉴·存养第四》，南京：译林出版社，2022年，第121页。

2 同上书，第117页。

上捉襟见肘，也不会因为缺乏道义感，而自叹只是在“为稻粱谋”。因此，至少在相对而言的意义上，大学的教职是如此高雅和丰足，使人们只要一门心思做学问，便终其一生都可无忧无虑，——那不光指稳定发放的薪金，使你不必“安贫”便可“乐道”，还更指你个人所选定的事业，能直接归并到人类的总体事业中。

只可惜就算如此，身边数不清的那些教训，还是再三再四地告诉我们，一个人如果不能“先立其大”，或者即便当初有过此等抱负，却未能在“属于自己的时间”中，时时地去回顾和澡雪它、修复和织补它，那么，便完全可能只因为身不由己，就迷失在校园的那些丛林小道中，或者异化在各种僵硬的规定乃至各种野蛮的潜规则中。更令人嗟叹的是，在当今这种别无选择的体制下，我们的孩子即使刚进幼儿园，就已在为进入大学做准备了，因而各种各样的学前教育，乃至各种各样的课程设置，几乎无一不是冲着这个目标，几乎把孩子的生命都榨干了。然而，即使不算这个幼儿园阶段，等完成了漫长的中小学教育，而千辛万苦地闯进了名牌大学，乃至万里挑一地留在了这所大学，人们仍可能如“过江之鲫”一般地，只是在有样学样地尾随和盲从着，根本没心思静下来想一想：自己来到这里究竟想做什么，乃至自己这一生到底想成为什么？——基本上也只是浑浑噩噩地，就把这一辈子给糊弄过去了；而且更糟糕的是，这些人肯定还要如法炮制，再向自己面临升学的下一代，传递出这种“无可选择”的选择，并要求他们轮回地传递下去……

既然这样，不管那所校园有多么美丽高雅，人们都仍可能只是来这里焚琴煮鹤的。即使也需要谈论一些学理，哪怕那正是古人谈论的义理，其中强烈地凸显了“义利之辨”，可惜这种谈论对于他们，也只意味着扬名立万、谋求私利。既然如此，虽说只要是来到了校园里，就会发现此处远不是“理想国”，肯定还有哪些规章不尽合理，甚至还有哪些潜规则令人厌恶；不过，他们就算是看到了这些，也绝没想到去呼吁改变它，或至少在私下默默地抵抗它。恰恰相反，对于利欲熏心的市侩们来说，反而是制度越有漏洞就越好，要是它千疮百孔地烂透了，那就更让自己有机可乘、有利可图了。久而久之，由于只跟这些弊端搅在一起，乃至构成了弊端的组成部分，成为学院里的恶势力，他们就再也难以顾及学术本身了。——恐怕这样的人，也只有等受到“自然规律”的淘汰，彻底从那份教职上退了下来，甚至躺到了抢救的病床上，才有可能真正安静下来。只可惜既已到了这光景，就算是有了“属于自己的时间”，也顶多只够用来追悔了。

当然在世俗的意义上，这些人也会沾沾自喜，甚至还会公开地炫耀，自诩获得了怎样的“成功”，虽说他们获得了多少这类的“成功”，别人也就要破费多少不齿的“引号”。——有位在清华园里的昔日同事，曾经快人快语地戳破过这一点：

一些发达国家科学的发展中也有荣誉系统的存在，但它是科学共同体自发组织起来的……而中国的奖项基本都要事先申报，是求出来的，在我看来这就是一种人格侮辱，因为申报本身就把一个科学家变成了功名利禄之徒。

而且申报往往还会造成浮夸的风气，就是自己吹自己，科技界和学术界也有很多例子，一些造假的事件不就是这么来的吗?

明知是假的也要吹，吹着吹着自己就当真了，最后造成了很恶劣的影响。

另外，我们在评奖的时候还要讲究地区平衡、行业平衡以及人际关系平衡，长此以往，你获了奖大家也不会认为你真的达到某个水平，而是归为平衡的结果。

这里面往往还存在一些诀窍，以至于有些人就专门玩起了这种奖，比如相互串通，这次你评我，下次我评你……如果这个奖不是超功利之心颁发出来的，而是平衡出来的，不是你凭真才实学得来的，而是单位帮你跑来的，那这个奖还有什么意思，它只能代表功利意义，而非荣誉意义。[1]

也正是针对这类的荒唐事，我还在晚近的一本著作中，特地发明了“学术经济”的概念，来描述校园的这类投机行径。——也就是说，受经济学最基本规律的制约，他们几乎来此第一天就想定了，要以尽量节省的精力投入，乃至尽量偷懒的学术论述和尽量单薄的术业准备，来博取承认、功名与利禄：

> 如果只遵循这样的“经济”原则，我们就可以干净利落地推导出来：要是能有这么一位聪明人，以自己最微不足道的，简直是“能不读就不读”的阅读量，和最无须伤脑筋的，也根本“不追求什么创见”的写作方式，便已然获得了社会的广泛承认，乃至业已被公认为“学术名家”，那么，这才算得上是最经济的从而最合理的成功方式。因为只有如此去省力和讨巧，而不是以往提倡的“衣带渐宽”和“皓首穷经”，才能够贴合经济学的“第一原则”，即以“最少的投入”来获得“最多的产出”。当然，这样的推导听起来似有“荒诞”之处，甚至仿佛像是一种“黑色幽默”，不太

1 吴国盛:《中美之间，最根本的差距在哪里?》，腾讯网 2021 年 4 月 1 日发布，http: //xw.qq.com/ampthml/20210401A049AQ00。

> 符合人们对“大学者”的通常印象。因此肯定也是在什么地方出了问题的，或者至少是不够全面的。可即使如此，我们还是不可能全然否认，当下的学界就是受制于这样的“经济规律”。[1]

不待言，精通此种“学术经济”的人，可被称作校园里的“精算师”了。可话又说回来，正所谓“人算不如天算”，这类“精算师”也有失算的时候，从而很可能会去“悔不当初”。且不说，现行制度上的明显漏洞，如果一心去适应和逢迎它，这本身就限制了自己的出息；更加要命的是，正因为那漏洞是显而易见的，而人类理性又总是在寻求突破的，又可能在众口一词的非议中，再把那些投机的窍门给堵上了。一旦到了这个时候，就算这些人可以被“既往不咎”，可无论他们钻营出过什么功名，总归都受到了故有漏洞的制约，而在格局、眼界和洞见方面，根本就不足以借以名家，甚至根本就一无可取；再加上，由于他们久已无心向学了，也早已退出了学术研究的一线，便在知识上早已陈旧落伍，因而无论怎么花样翻新，端出的都只能是一盘炒冷饭，顶多也只能去问问人家：是要葱花炒饭呢、还是鸡蛋炒饭，或者

1　刘东：《学术经济与现代大学》，《前期与后期：困境中的生命意识》，上海：上海人民出版社，2020 年，第 157 页。

是要扬州炒饭呢、还是酱油炒饭？在这种情况下，纵使他们仍能不无侥幸地，通过各种各样的障眼法，包括辈分和资历、圈子和关系、党羽和门徒，并没有现世报地落得“寿多则辱”；也并不能防止一旦过了世，其虚幻的名声就顿时化作乌有，——只有到这时，人们才恍然大悟：原来这样的“名家”竟然并无“名作”，而多年经营的不过是个肥皂泡，在学术上根本就没留下什么，眼下连纪念一下都找不到说辞。

正是鉴于此间的弊端，我才在前引的那本书中提出，要自觉地生活在“两个世界”。——也就是说，凡是有幸从事学术工作的人，即使他已经意识到了“人活一世”，只能生活在这个“唯一拥有”的世俗世界上，也还是要借助于立体化的“自我概念”，使自己足以获得“两个层次”或“两种境界”，让自己“俨如”生活在“两个世界”中。

> 当然，这种“超拔”或“超脱”的学术世界，还是要依托于那个现实和功利的世界。可至少，我们也从几千年的白纸黑字中，同样真确、笃定而稳固地读到过，还另有一个无形的、理念的、想象的、追思的、不受压制的和属于历史的世界，即使你也只是到了自己身后，才有可能进入到那个“不朽”的世界。——在那样的一个世界里，无论

你具体生活在哪个时代，是作为祖先还是晚辈，是作为古人还是今人，都立刻就显得相对平等起来，毕竟每一个生命或性灵，都只享有大体相等的活跃时间。甚至，在那样的一个世界里，无论你是活得显要、死得哀荣，还是科场失意、寂寂无闻，也立刻就变得再也无关紧要了，因为在那里所要排行的，只是一个个体的天分和毅力，以及他依托于此所完成的创造。既然这样，那么，除了让自己所达到的精神水准，所做出的学术成就，到“历史世界”中去自动地重新“降世”，其余的你也就再也使不上什么力了，就算你曾经再有“心机”和再会“投机”，一旦来到这里，就再也无“用武之地”了。[1]

到了当前的语境中，提出自觉地生活在“两个世界”，当然还是为了替自己“先立其大”。如果你在发自内心的初衷中，确实建立和保留了远大的志向，而且你又有幸来到了高等学府，确实有可能去实现当初的抱负，那么，即使你看到有人只经由投机，就获得了不应有、不相配的功名，那么，你要不要也跟着放弃自己的初衷，甚至去跟着随波逐流、和光同尘，哪怕最终不光

1　刘东：《超拔出来的“立体人生”》，《前期与后期：困境中的生命意识》，上海：上海人民出版社，2020 年，第 217 页。

是身边的别人，就连夜半更深的自己，也都免不了要生出恶心与厌恶？无论如何，即使也能在世俗的意义上，获得这种享誉一时的“成功”，可相对于原本正当的事业，这样的成功值不值得羡慕，这样的人生值不值得过活？事实上，任何对学术带有杂念的人，或者更在意向学术索取的人，尽管也可能成功与成名于一时，但终会因为内生的原动力不够，而不可能坚持得很久，走得很远。所以说到底，吴国盛刚刚揭穿的那类功名，顶多也只能在念悼词的时候，多耽误别人几分钟的时间，再往后就什么意义都没有了。——历史总不能专为你刻块墓碑，说你在投机取巧甚至卖论求荣方面，的确属于精通此道的“杰出人才”吧？

也许有人会反唇相讥道，既然“死后原知万事空”，也就顾不上身后的成败荣辱了。然而不然。——一方面，你的确到死后就无从感知了，看似不妨索性去“管它洪水滔天”；可另一方面，你既然已在生前就能料到它了，那么它的阴影还是投入了你的心绪。这正是所谓“两个世界”的立体框架在具体生活实践中的绝妙用处，它既能让人们心烦意乱，也能让人们气定神闲：

> 尽管这只是“就跟”活在“两个世界”似的，但只要有了这种若隐若显而念兹在兹的心理，就会让一个人的心气变得大为不同。你不仅会在日常的生活中，去跟家人、朋友

> 和同事进行对话，而且还会在日常的功课中，去跟孔子与孟子、柏拉图与亚里士多德、歌德与席勒、李白与杜甫，进行着长久而反复的神交与恳谈。也就是说，在那个“三不朽”的历史语境中，这些原本是“历时性”的存在，如今也同样“就跟”你自己一样，都足以“共时性”地加入到思考和辩谈中。而由此一来，对于那些低矮层面的噪杂烦乱，你至少也就比较容易“放得下去”了，此中毕竟还有着庄子所讲的“小大之辩”。比如，就拿刚才提到的杜子美来说，当然也是因为当过了“工部员外郎”，才被后人依惯例称为“杜工部”的。可话又说回来了，这样的名称又毕竟只能属于一位“诗人”，而不是一位“官人”。——否则的话，一旦进入那个不朽的“历史世界”，还有谁能记住当年比他官阶更高的，比如就是作为顶头上司的“侍郎”乃至“尚书”，具体都是“姓甚名谁”，以及他们究竟何以“速朽”的吗？[1]

进一步说，这一实一虚、一低一高的“两个世界”，当然首先要存留在“属于自己的时间”中，否则我们就根本无力去体会它们了。所以，也只有先保留一点“用来自度的时间”，从而超

1 刘东：《超拔出来的“立体人生”》，《前期与后期：困境中的生命意识》，上海：上海人民出版社，2020 年，第 219—220 页。

乎那个不停盘算的世俗世界，我们的生命才可能得到“立体化”，以便从生生灭灭、蝇营狗苟中超拔起来。一方面，虽然此时所追求的“内心存养”，如果按照梁启超最初的区分，就更要属于一个人的“私德”了，而且在种种“平均化”的诱惑中，我们也的确应当做出相应的抵抗，拒绝被外来压力给“过度社会化”（over-socialization）；可另一方面，正是一定程度的我行我素，甚至不妨说是桀骜不驯，才能在组成社会的微小细胞中，为整个肌体带来改革的动力和进化的生机。——这样一来，我们也就更透彻地理解到了，天底下原本就不存在“私德”这回事！

再从更加积极的角度来看。虽则我们已看穿了那类投机行为，可九九归一，无论是我们介身其中的学术界，还是我们活跃其中的人间世，总归都不会是由那些“学混子”支撑的吧？也正因为这样，一旦从反面获得了那样的教训，我们倒更应去强化自己的治学根基。前文中已经分析过，为什么《论语》开门见山地讲出了“学而时习之，不亦说乎”，[1] 前文中也已引证过，孔子还在别处讲出了“饭疏食，饮水，曲肱而枕之，乐亦在其中矣。不义而富且贵，于我如浮云”。[2]——在此需要注意的是，孔子在两处都用了那个“亦”字。而如果在前一句中，他是以此跟其他的

1 《论语·学而》，《十三经注疏》，北京：中华书局，2009 年，第 5335 页，着重号为引者所加。

2 《论语·述而》，《十三经注疏》，北京：中华书局，2009 年，第 5392 页，着重号为引者所加。

"快乐"相比，以凸显"学习"本身也有乐趣，那么在后一句中，他更是把这一个"也有"，跟疏食饮水的生活相连，来说明即使清贫也仍有"快乐"。所以关键在于，这个"亦"字旨在告诫弟子们，即使如此也仍是快乐的，因为君子虽不会主动追求穷困，然而穷困也绝不能夺其心志。

由此可知，还是要先去养成"好学"的根基，我们才能基于这样的"快乐"，打从内心深处获得足够的定力，以便一旦遇到了"不义"的"快乐"——尽管那类肉身中的强刺激，也仍可以算是另一种"快乐"——就会觉得它"于我如浮云"，从而自觉自愿地抵制它。事实上，我们也曾经在前文中引述过孔子"益者三乐，损者三乐"[1]的说法，它所讲的也属于同一种道理。所以，对于这个"好学"或"悦学"的话题，还是如同我曾在前边写到的："一旦养成了这样的'好学'精神，那么，无论是到了人生的哪个阶段，也无论以往曾'得到'过什么，自始至终都应去自问自责的，也只在于到底'还有什么'不知道的，以及到底'还有什么'仍要学习的？而这就是夫子所谓'朝闻道，夕死可矣'[2]的精义了；也就是说，一旦真正具备了这样的精神，求学的过程也就不致戛然中断了，而只能表现为'生无所息'和'死而

1 《论语·季氏》，《十三经注疏》，北京：中华书局，2009 年，第 5478 页。
2 《论语·里仁》，《十三经注疏》，北京：中华书局，2009 年，第 5367 页。

后已'。"[1]

说到这里，也就油然想起了电影《巴甫洛夫传》，虽说我从没有看过这部影片，可少年时却熟读了它的剧本，而且还很有可能，它就在不知不觉间帮过我"先立其大"。也正因为这样，尽管眼下已找不到它的文本了，可我还是能通过自己的回忆，来大致还原它最后的场景。——当然，毕竟已时过了五六十年，所以如果我的记忆已不够精确了，那么至少也可以转过来说，它是经过了我不自觉的"再创作"，而历历在目地存留在自己脑海中：

雪白的床单上，躺着巴甫洛夫干瘦的躯体，他显然已进入弥留阶段。

病床周围，肃立着一大群科学院院士，他们以凝重的注目礼，几乎是屏住呼吸地，来送别自己的恩师。

一片沉寂中，只能听到巴甫洛夫的轻微呼吸。

突然，老人又睁开了眼睛，手臂也向上挥动一下，像是要抓什么东西。

"我的二头肌在跳动，不听大脑皮层指挥啦……"

人群开始晃动，他夫人也扑上前去，可巴甫洛夫却说：

---

1 本书，"'先立其大'有多重要？"。

“等一下，等一下，让我数数……大脑皮层不行了，控制不住了，这可真有趣……”

他又闭上了眼睛，凝神于最后的实验中。

镜头猛拉到新立的墓碑，上面刻着巴甫洛夫的全名，还有他的生卒年月。

几十年来，这些场景一直让我感动不已，虽说自己是在进入大学以后，才知道那样的一种求索精神，正可说是“朝闻道，夕死可矣”，而且它对我所讲的那“两个世界”，也几乎构成了一次无缝的对接。是啊，作为个体的生命总是要死去的，这是人生中最为无奈的事情，可我们既已身为求道的学者，有可能再跟“永恒”发生一点关联，却不会有比这更好的死法了。这意味着，只要确实是“好学”和“悦学”的，那么当我们还拥有生命时，就会在“以有涯随无涯”的过程中，持续享受不断发现的快乐；而一旦我们不再拥有生命了，也可以像巴甫洛夫那样，以生命中的最后一次发现，自然升入接壤的“另一个世界”，并在那闪闪发光的天幕中，跟孔子和苏格拉底、苏轼和歌德一起，继续注目着身下的人间事务。——至于一旦跟他们站到了一起，我们本身的亮度究竟如何，那就取决于如何利用自己现有的生命了。

题解十一（省克第五）
修己与待人区别何在？

由前边那个话题，自然要引出另一个话题来。可想而知，在这种“属于自己的时间”中，人们势必要进行一系列的道德推理与伦理判断。而既然如此，就自会产生出各种各样的道德情感。就其本人而言，会从自信、满足，直到歉疚、懊悔；再就他人而言，则会从赞赏、感激，直到厌恶、抵触。——可以说，这种“或正或负”的伦理判断，乃是出自人们与生俱来的“道德本能”，或曰出于他们“人之为人”的自然天性。正因此，孟子才会顺着本能来进行发挥：“无恻隐之心，非人也；无羞恶之心，非人也；无辞让之心，非人也；无是非之心，非人也。恻隐之心，仁之端也；羞恶之心，义之端也；辞让之心，礼之端也；是非之心，智之端也。人之有是四端也，犹其有四体也。”[1]

接下来，既然在“人之为人”的自然天性中，就已经存在

1 《孟子·公孙丑上》，《十三经注疏》，北京：中华书局，2009 年，第 5851—5852 页。

着“羞恶之心”和“是非之心”，那么，只要是找到了“属于自己的时间”，凡是自认为至少不算“非人”，乃至无论如何还算个“好人”的人，也就自然要借助于私下的道德判断，也即“四端”中的“羞恶之心”和“是非之心”，来寻找自己的人格发展方向。——也就是说，在一方面，如果扪心自问并没有做错的话，那么就应当理直气壮地坚持。《论语》上就记载了这样一段问答：

> 司马牛问君子。
>
> 子曰：“君子不忧不惧。”
>
> 曰：“不忧不惧，斯谓之君子已乎？”
>
> 子曰：“内省不疚，夫何忧何惧？”[1]

这意味着，如果自觉本身的所作所为还对得起“君子”的行为标准，那么在“内省不疚”的情况下，也就生出了“不忧不惧”“何忧何惧”的道德自信。——不过在另一方面，至少对于那些足够真诚的、可以问心无愧的“好人”来说，这样的自信却又不应是强词夺理的，并不是盲目建立在“自我正当化”之上的。因此，正是为了回顾自己的道德水平，孔子的高足曾参

1 《论语·颜渊》，《十三经注疏》，北京：中华书局，2009 年，第 5436 页。

才会自述："吾日三省吾身，为人谋而不忠乎？与朋友交而不信乎？传不习乎？"[1]同样地，也正因为在这样的"道德自省"中，可以看出一个人的修身态度，在《论语》中才又出现了下述记载：

> 蘧伯玉使人于孔子。
>
> 孔子与之坐而问焉，曰："夫子何为？"
>
> 对曰："夫子欲寡其过而未能也。"
>
> 使者出，子曰："使乎！使乎！"[2]

我们由此也就应当关注到，儒者们所讲的"羞恶之心"与"是非之心"，逻辑上是首先指向自我的，意在谋求本身的道德修持、人格成长；所以我们由此又可以知道，至少从这套话语的本意来说，它首先并不是刻意用来指斥他人的。而等轮到展开下文的相关分析时，这种区分就会显出其重要性来了。——也正是在这个意义上，我们才会看到，梁启超同样是从修持自身道德的意义上，在用上一章来阐发"积极的存养"之后，又专辟出这一章来发挥"消极的省克"："存养者，积极的学问也；克治者，消极

1 《论语·学而》,《十三经注疏》，北京：中华书局，2009年，第5336页。

2 《论语·宪问》,《十三经注疏》，北京：中华书局，2009年，第5458页。

的学问也。克治与省察相缘，非省察无所施其克治，不克治又何取于省察？既能存养以立其大，其枝节则随时点检而改善之，则缉熙光明矣。述省克第五。”[1]

不过再从学理上说，这里所讲的“存养”与“省克”，或者再用梁启超刚才的那种表述，所谓“积极的学问”和“消极的学问”，却只是从逻辑层面来进行划分的，而在个人的具体道德实践中，又属于同一修养的两个侧面。它们一个向日后提出了企划，一个对往昔进行着总结；一个把心愿寄托到待定，一个把反省推回到既成；一个对自己抱持了热烈的预期，一个对本身保留了冷静的检思。在这里，心理的时间在个人的意识中，从来都是反复地双向流动的。——也就是说，正因为在早前的心性“存养”中，已经“如此这般”地勉励过自己，那就更有必要利用这样的标尺，在对于自身行为的日后“省克”中，对于某些不当的行为产生消极的觉悟；反之亦然，又正因为已在当下的“省克”中，对于既往的作为产生了由衷的悔恨，当然就会想到将来又该如何，于是便形成了积极进取的心理基础。

也正因为这样，我们就很难从孔子本人的言说中，看到他曾在这样的“一体两面”中，特别地偏向过其中的哪一面。毋宁

1 梁启超：《德育鉴·省克第五》，南京：译林出版社，2022年，第129页。

说，他倒是经常将此二者相提并论，比如所谓“见贤思齐焉，见不贤而内自省也”[1]云云。事实上，无论是积极的“存养”还是消极的“省克”，对于孔子而言都是一体贯通的，也都同样属于进德修业的必然步骤。——也正因为这样，我们才在《论语》中又读到了下述问答：

> 樊迟从游于舞雩之下。曰：“敢问崇德，修慝，辨惑。”
>
> 子曰：“善哉问！先事后得，非崇德与？攻其恶，无攻人之恶，非修慝与？一朝之忿，忘其身以及其亲，非惑与？”[2]

如果在这里，用来解释“崇德”的“先事后得”，也就是先事耕耘，再问收获，可以被归类为“积极的存养”，那么，用来解释“修慝”的“攻其恶，勿攻人之恶”，也就是专心检讨自己的过失，而非一味指斥别人的过失，则可被归类为“消极的省克”了。发人深省的是，也只有基于这两者的一体贯通，我们才能更全面地理解孔子眼中的颜回。比如在一方面，我们从“积极的存养”的角度，可以在《论语》的记载中读到“子曰：‘贤哉回也！一箪食，一瓢饮，在陋巷，人不堪其忧，回也不改其

1 《论语·里仁》，《十三经注疏》，北京：中华书局，2009 年，第 5367 页。
2 《论语·颜渊》，《十三经注疏》，北京：中华书局，2009 年，第 5440 页。

乐。贤哉，回也！'"[1]此中自是突出了其“道德坚持”的一侧。而在另一方面，我们从“消极的省克”的角度，也同样可以从《论语》中读到：“哀公问：‘弟子孰为好学？’孔子对曰：‘有颜回者好学，不迁怒，不贰过。不幸短命死矣。今也则亡，未闻好学者也。’”[2]这里则又突出了其“痛改前非”的一侧。——说到这里，就不妨顺便再澄清一句，有的人一旦从《论语》中轻松或释然地读到“回也，其心三月不违仁，其余则日月至焉而已矣”，[3]就觉得总算是找到了“原谅自己”的理由，也就是说，既然连这位圣贤级的孔门高弟，居然都只能做到“三月不违仁”，那么自己就更不妨“一日一违仁”了。而殊不知，此间的精义恰在颜回的“不迁怒，不贰过”之上，也即在于他的“既不归罪别人，也不放过自己”之上。也正因为有了这样的精神，孔子才会对颜回有了这样的观察：“吾与回言终日，不违，如愚。退而省其私，亦足以发，回也不愚。”[4]当然我们从这一点出发，就更可以看出“省克”对于道德修养，是怎样的须臾不可少离了。

接下来，我们又会沿着上述的区分，看到另一种更要紧的区分，那就是该怎样去“检讨自己”，又该怎样去“对待别人”，

1 《论语·雍也》，《十三经注疏》，北京：中华书局，2009年，第5383页。

2 同上书，第5381页。

3 同上书，第5382页。

4 《论语·为政》，《十三经注疏》，北京：中华书局，2009年，第5347页。

或者说，用什么样的标准来“省察内部”，又用什么样的标准来“判定外部”？在一方面，在暗地返求自己内心的时候，或者再把这个“同心圆”稍稍扩大，是在约束自己的家人，特别是门生的时候——他们或多或少地总有“向你看齐”的义务——那当然是应当高标准、严要求的。尤其是涉及如何“对待自己”的时候，这种标准更是定得越高就越没有坏处；甚至于，即使到头来并没有完全做到，从而又为自己留下了日后“省克”的内容，也总算不失为“取法乎上，得乎其中”吧？——在这个意义上，儒家道德修养上的“省克”，也就主要意味着内向的“克己”；正因为这样，我们才会在《论语》中读到：“颜渊问仁，子曰：‘克己复礼为仁，一日克己复礼，天下归仁焉。’”[1]

在别的地方，孔子又把这种对于自己的“省克”，形象地表述为心灵中的“自讼”，这意味着一旦有时间静心独处了，便会向自己的过失提出严厉的自责：“已矣乎，吾未见能见其过而内自讼者也。”[2]而我们从这个意味着激辩的“讼”字,更可看出真想做到“不迁怒，不贰过”，是要怎样大汗淋漓地充满自咎了。由此可见，真想成为儒家意义上的“君子”，就不能只是轻飘飘地说上一句，“人非圣贤，孰能无过”，而必须紧跟着就再警觉地

1 《论语·颜渊》,《十三经注疏》，北京：中华书局，2009 年，第 5436 页。

2 《论语·公冶长》,《十三经注疏》，北京：中华书局，2009 年，第 5376 页。

说，“过而能改，善莫大焉”。[1]这也正是孔子所谓“人之过也，各于其党。观过，斯知仁矣”[2]的意思。不难想象，这种对于本身的紧张自勉甚至严厉自责，也正是儒学不同于那类“心灵鸡汤”的地方，后者顶多也只是编个理由来找寻心绪的安宁罢了。——正如梁启超在他的案语中又讲到的：“曾文正常自言‘以困勉之功，志大人之学’，故一生最提倡勉强之义，其事业亦多从此二字得来，此一般学者最适之下手法门也。习染困人，中材什九，非经一番火铁锻炼，万难自拔。刘蕺山所谓‘心贵乐而行惟苦，学问中人无不从苦中打出’，盖谓此也。昔人常称吴康斋之学‘多从五更枕上泪流汗下得来’，学者苟常取康斋及曾文正之日记读之，未有不怵然自振者，此亦一种之兴奋剂也。”[3]

接下来，又应当特别留意，这种“严于律己”的向内自省，至少就孔子列出的逻辑次第而言，绝不意味着同等程度的“严于律人”。——正因为这样，我们才会在《论语》中又读到了下述的问答：

子路问君子，子曰：“修己以敬。”

1 《左传·宣公二年》,《十三经注疏》，北京：中华书局，2009年，第4053页。

2 《论语·里仁》,《十三经注疏》，北京：中华书局，2009年，第5367页。

3 梁启超：《德育鉴·省克第五》，南京：译林出版社，2022年，第162页。

曰："如斯而已乎？"

曰："修己以安人。"

曰："如斯而已乎？"

曰："修己以安百姓。修己以安百姓，尧、舜其犹病诸！"[1]

看得出来，性急的子路对于老师的简要回答，好像有点不满足或不解渴，由此才会不断地反问："如斯而已乎？"然而孔子就是不愿对此多言，只不过又把"安人"解释成了"安百姓"。——由此一来，孔子也就在他所创立的儒学话语中，又挑明了另一种相当要紧的区分，那就是在"修己"与"安百姓"之间的区别。此后，取决于略有差异的不同语境，它还可以被稍加变化地表述为，在"修己"与"安人"之间的区别，或者在"修己"与"治人"之间的区别，乃至在"修己"与"待人"之间的区别。

这个命题特别的重要性在于，既然正如已在前文中讲过的，由孟子所凸显的"性善"倾向和由荀子所强调的"性恶"倾向，这两种人性潜能都是确然存在的，那就要求分别去因势利导，而

1 《论语·宪问》，《十三经注疏》，北京：中华书局，2009 年，第 5461 页。

不可混淆了“对己”和“对人”的区别，唯其如此，才可能既有效地“扬善”，也同样有效地“除恶”。——在成书于汉代的《礼记》中，还有两段与此相应的记载，它们也都被记到了孔子的名下，其中对于“修己”与“待人”的不同方法，从道理上给出了更仔细的交代：“子曰：无欲而好仁者，无畏而恶不仁者，天下一人而矣。是故君子议道自己，而置法以民。”[1]“子曰：仁之难成久矣，惟君子能之。是故君子不以其所能者病人，不以人之所不能者愧人。是故圣人之制行也，不制以己，使民有所劝勉愧耻，以行其言。礼以节之，信以结之，容貌以文之，衣服以移之，朋友以极之，欲民之有一也。”[2]

无论这句“君子不以其所能者病人，不以人之所不能者愧人”，到底是不是孔子亲口讲出来的，可毕竟，我们只要能细绎他的文心，再参验一下他的其他说法，总可知道那是他能够讲出来的。比如，《论语》上记载了这样的说法：“子曰：‘躬自厚而薄责于人，则远怨矣。’”[3]再如，《论语》中又有这样的记载：“子路曰：‘愿闻子之志。’子曰：‘老者安之，朋友信之，少者怀之。’”[4]后一句中的“老者安之”，也同样用了“修己以安人”

1 《礼记·表记》，《十三经注疏》，北京：中华书局，2009 年，第 3557 页，着重号为引者所加。

2 同上书，第 3560 页，着重号为引者所加。

3 《论语·卫灵公》，《十三经注疏》，北京：中华书局，2009 年，第 5469 页。

4 《论语·公冶长》，《十三经注疏》，北京：中华书局，2009 年，第 5376 页。

的“安”字，因此显然也并未树立更高的标准，比如要求他们能“见贤思齐”，或者能“内自讼”“攻其恶”等等，那显然不适用于一般的“老者”，乃至于一般的“朋友”或“少者”。由此可见，在孔子所排定的逻辑次第以及实践次序中，确实存在着高低不同的两种标准，它们一个适用于修己，另一个适用于待人；一个适用于对内，另一个适用于对外；一个在伸张自律，另一个在谋求他律；一个施行于个人，另一个施行于社会；一个强调道德理想，另一个推行普遍规范；一个显得规范严明，另一个显得弹性宽松；一个强调“有耻且格”，另一个但求“免而无耻”；一个属于伦理的标准，另一个属于政治的标准，——总而言之，它们一个属于最高的要求，另一个属于最低的限度。

按理说，在“修己”和“待人”这两个侧面中，应当首先仔细予以疏讲的，还在于如何“严于律己”的一面。不过，鉴于我们已在前边的章节中，专门发挥过了孔子所奠立的儒学，为什么反而是“成己之学”，以及在这样的“为己之学”中，所谓“先立其大”又为何如此重要，所以，我们到这里只需略微复习一下，便可知所谓的“严于律己”，正乃“先立其大”的要津，而所谓的“先立其大”，又正乃“为己之学”的要津。——唯其如此，真实地生长于天地之间而又割舍了虚拟的“造物”纽带的

“自我”，才可以既是天生就为自己生存的却又并不缘此就纯然属于“自私自利”的；再推而广之，也是唯其如此，这种摈弃了“超越性存在”的文明图式，才可能既表现为“世俗性”的，仍然不失其自身高度。

因此，也只有在“属于自己的时间”中，既不断基于以往在“存养”中立下的标准，来有针对性地“省克”自己的既往，又不断用当下严厉“自讼”的结果，来企划今后应谋求的“人格”目标，一个人才可能在持续的澡雪与励志中，或者说，在持续的“崇德”与“修慝”中，来谋求自身道德高度的保持乃至成长。这里尤其需要强调的是，既然在充满了“道德运气”的偶然世界中，又偏要去守护对于“道德操守”的必然坚持，那么，一个人就不能只去指望总是“顺风顺水”，否则在道义上也就不构成什么考验，从而也就验证不了人格的高度了；恰恰相反，竟是那些对于个人构成了“厄运”的条件，或者那些对于道德构成了“背运”的挑战，才反而会成为人格成长的难得机遇。——正是在这样的意义上，我们在前文中已经讲过，孟子才会以带有“道德目的论”的口吻，讲出他那一段妇孺皆知的名言：“天将降大任于斯人也，必先苦其心志，劳其筋骨，饿其体肤，空乏其身，行拂乱其所为，所以动心忍性，曾益其所不能。人恒过，然后能改。困于心，衡于虑，而后作。征于色，发于声，而后喻。”[1]

所以，无论如何都应当记取，虽说“修已”和“待人”是有区别的，可对于意欲成为“君子”的人来说，他却只能把立足点放在前者上，也就是说，他只能去不折不扣地“严于律己”，而不能尺度松弛地“宽以待己”，更不能和光同尘地但求“免而无耻”。事实上，正是本着这种高度的做人标准，在面对“富与贵”“名与利”的强大诱惑时，孔子才会基于严明的“是非”与“羞恶”之心，表达出他本人充满道德激情的志向：“富与贵，是人之所欲也；不以其道得之，不处也。贫与贱，是人之所恶也；不以其道得之，不去也。君子去仁，恶乎成名？君子无终食之间违仁，造次必于是，颠沛必于是。”[2]而接下来，梁启超在《德育鉴》中所援引的顾宪成——正是他在风雨飘摇、国步艰难的晚明之际，警觉地写下了那副“风声雨声读书声，声声入耳。家事国事天下事，事事关心”的千古名联——则更以下述这段充满道德激情的话语，发挥了孔子所谓“无终食之间违仁，造次必于是，颠沛必于是”的命题：“平居无事，不见可喜，不见可嗔，不见可疑，不见可骇，行则行，住则住，坐则坐，卧则卧，即众人与圣人何异？至遇富贵，鲜不为之充诎矣；遇贫贱，鲜不为之陨获

1 《孟子 · 告子下》,《十三经注疏》, 北京：中华书局，2009 年，第 6009 页。

2 《论语 · 里仁》,《十三经注疏》, 北京：中华书局，2009 年，第 5366 页。

矣；遇造次，鲜不为之扰乱矣；遇颠沛，鲜不为之屈挠矣。然则富贵一关也，贫贱一关也，造次一关也，颠沛一关也，到此直令人肝肺具呈，手足尽露，有非声音笑貌所能勉强支吾者。故就源头上看，必其无终食之间违仁，然后能于富贵、贫贱、造次、颠沛，处之如一；就关头上看，必其能于富贵、贫贱、造次、颠沛，处之如一，然后算得无终食之间违仁耳。”[1]

我们如果从这个方面来体会，就更可看出儒家德教的重要性了。尽管前文中已再三说过，原本在我们所秉承的天性中，就是善、恶两种潜能都同时存在的，所以孟、荀都只凸显了人性的一半，可无论如何，只要是意在砥砺自家的德性，就总可以“山不厌高，海不厌深”，也就是说，就不妨尽情地利用“性善论”的理论预设，来从中汲取足够的“心理暗示”或“精神支援”，乃至朝着“成圣成贤”的至上目标，尽量不负此生地、能多高就多高地向上攀缘。我在前文中还提到过，在那个计划中的四部曲——《先秦理性主义的遗产》中，“我还计划写出一本《论儒家之教》来，以其中次第相关的八章内容——即德教、礼教、乐教、诗教、史教、文教、书教和画教——来编织出整个的儒家生活世界”。从这样的排列顺序便可看出，一方面，所有后面的

1　梁启超：《德育鉴·省克第五》，南京：译林出版社，2022 年，第 138—139 页。

这七种“儒家之教”，都要以最先的那个“德教”为本，从而获得确定和坚实的道德内涵；而另一方面，那列在后边的方方面面，则又追随、拱卫和充填着德教，一起既构成了儒者的丰富人格，也支撑起了丰富的生活世界。事实上，《论语》中“弟子入则孝，出则悌，谨而信，泛爱众，而亲仁。行有余力，则以学文”[1]的告诫，就依托和展现了这样的修身次第。也只有在这样的意义上，一种出现在世俗世界中的、原本难免扁平的“为己之学”，才可能又顺势发展为文明世界的、呈显立体形态的“成己之学”。——正如我在前文中已经指出的：

这样一种“为己之学”和“成己之学”，从本质上讲就不啻为一种“发展理论”，一种有关我们每个人的有限生命，究竟如何去最大限度地发展自身、穷尽潜能的理论。它简直是在“置之死地而后生”地号召人们——当然首先更是在勉励自己——以“朝闻道，夕死可矣”的坚忍精神，去矢志不移、终生不渝、至死方休地，追求个人人格的不断上升与人格境界的持续超拔，从而不仅要立志做个“高尚的人”，还更要立志做个“精彩的人”，做个以“君子不器”为其发展

1 《论语·学而》，《十三经注疏》，北京：中华书局，2009年，第5337页。

方向的人，做个在各种“需求层次”上都全面发展的人，也是唯有如此，才真正对得起自己的这次宝贵生命。[1]

现在再来回想，这种对于“修己”或“克己”的重视，或许就是发笔之初的梁启超，要把儒家之德断定为“私德”的缘由了，所幸他还没等把《新民说》写完，也就不言而喻地暗表悔悟了。事实上，正如我从一开始就已挑明的，就“道德”这两个字的本意而言，原本就不存在“私德”这回事，因为只要是“道德”就必是“社会性”的，或曰就绝不会是“私人性”的，即使只是在扪心自问地“修己”，这样的思考也必是在参照“他者”的。——也正因为这样，正如我在前文中已经指出的，一旦写到了《新民说》的最后几节，梁启超“即使还在沿用‘公德’‘私德’之名，可这些来自文脉惯性的分别，在他那里也只属于有限的和相对的，毋宁说前者只是后者的应用，或者说，它们无非是一个在讲‘道德本原’，另一个在讲‘伦理应用’罢了”。[2]

由此也就自然说到了，在经由“修己”而培育了“私德”以后，又如何基于这样的“道德本原”，来向社会推广它的“伦理应用”。自不待言，如果可以一味放纵我们的理想，要是任何一

1 本书，“为什么反是成己之学？”。
2 本书，“有无公德与私德之分？”。

个社会成员，包括其中的引车卖浆者流，都能对自己采取最高的道德标准，也都能坚持“存养”与“省克”的修身过程，那么即使只是闭着眼想一想，这样的社会也会是更加趋于完美的。——我们知道，成书于汉代的儒家经典《礼记》，同样假孔子之名对此进行过想象：“孔子曰：‘大道之行也，与三代之英，丘未之逮也，而有志焉。大道之行也，天下为公。选贤与能，讲信修睦，故人不独亲其亲，不独子其子，使老有所终，壮有所用，幼有所长，矜寡孤独废疾者，皆有所养。男有分，女有归。货，恶其弃于地也，不必藏于己；力，恶其不出于身也，不必为己。是故，谋闭而不兴，盗窃乱贼而不作，故外户而不闭，是谓大同……’”[1]

以往的教科书，总是把这段对于“过去”的尽情畅想，当成对于“原始共产主义”的模糊记忆。可说穿了，只要对故有的传统稍有了解，就会知道那并非对于以往的“回忆”，而毋宁是对于理想状态的“展望”。——事实上，正如《怀旧的未来》一书所揭示的，心理的时间原不必拘泥于外在的刻度，所以在人们的自有意识活动中，“未来”倒是可以用来“怀旧”的，而“过去”也同样可以用来“展望”。[2]正因为这样，“过去”作为某种虚拟的黄金岁月，对于中国古代的思想家们来说，才构成了可供随时

1 《礼记·礼运》，《十三经注疏》，北京：中华书局，2009年，第3061—3062页。

2 参阅［美国］斯维特兰娜·博伊姆：《怀旧的未来》，杨德友译，南京：译林出版社，2010年。

提取的宝库，那无非是个信手划出的、方便的参照系，借以反衬与校准“不那么理想”的现实。——在这个意义上，看来还要数德国的汉学家鲍吾刚，才看出了《礼记·礼运》中的这段话，实不过是反映了儒家对“道德社会”的想往：“更准确地说，书里所描绘的国家更应是从儒家观点看的国家，尤其是我们可在这本书中看到儒家的过去-未来融合的观点，过去-未来同一的观点。在书里，人们还能看到的是它表现的是某种变通而不是真正的发展，这一点是引人注目的。但在汉朝时运用《周礼》也许就是个时代错误了。然而《周礼》保留了一个无可争议的理论模式，但是也许更准确一点说，是因为它的内容似乎是如此不真实，只能用于增强其作为一个乌托邦理想的吸引力。它描述了遥不可及的幻想，从而对人们有某种统制力，而且人们还不断努力试图去认识这种种幻想，汉朝时的事实已对此做出了令人信服的证明。”[1]

不过话说回来，一旦从作为未来的过去，返回不那么理想的现代，那么“人皆可以为尧舜”这个命题，就至多只能被视作无限逼近的趋势，而不能被径直看成一种现状，哪怕只是行将达成的现状，从而严厉地要求“人皆须成为尧舜”。无论如何，毕竟荀子也并不是毫无所见的，而另一种潜能也总是存在的，所以在

1 ［德国］鲍吾刚：《中国人的幸福观》，严蓓雯等译，南京：江苏人民出版社，2004 年，第 76 页。

现实的社会空间中，也就总会有“君子”“小人”之分。——当然即使如此，还是应当再来强调一遍，逻辑在前的、道德层面的“修己”，也还是并非仅限于个人的“私德”。它的重要性毋宁表现在：一方面，但凡能够“修己以敬”“有耻且格”的君子，其本身就已经不失为良善的社会成员了，而且也肯定要为良善社会的良善世风，铺垫出人人得见的、稳定而和谐的基础，而另一方面，但凡能够“先事后得”“克己复礼”的君子，都足以为全社会树立起楷模与标准，从而不仅让有心向善者坚定信念，也同样能让为非作歹者感到心虚。我们看到，正是本着这种“风行草上”的信念，《论语》中才又记载了这样的对话：

> 季康子问政于孔子曰：“如杀无道，以就有道，何如？”孔子对曰：“子为政，焉用杀？子欲善而民善矣。君子之德风，小人之德草，草上之风，必偃。”[1]

在这个意义上，我们也就可以进而领悟到，虽说“为己之学”中的“先立其大”，看似仅仅涉及个人的修养、内心的觉悟，以致还曾被误解为只属于某种“私德”，可在实际上，这种儒学

1 《论语·颜渊》,《十三经注疏》，北京：中华书局，2009 年，第 5439 页。

式的“人生解决方案”，如果从它的历史效应来看，又不失为儒家式的“社会解决方案”。尽管这并不足以“空想地”意味着，把一切社会成员全都化育成了“君子”，或者说，尽管同作为理想的“三代”相比，这种社会还难免存在着斑驳的、不够和谐的光谱，可无论如何，只要坚持用儒学思想来进行教诲，就总可以逐渐立起做人的标准，从而使“行己有耻”渐成普遍的风习，使“免而无耻”渐成起码的准则，乃至使“厚颜无耻”渐成罕见的例外。

从实际的历史发展来看，这个由儒学来支撑的教化进程，是在西汉由汉武帝开始发动的，尽管他只是在三心二意地“独尊儒术”，而此后则又经历了一百多年，一直延续到了东汉的“光武中兴”时期。——正因为这样，司马光才通过对于刘秀的评议，这样来概括有汉一代的“教化”功绩：“光武遭汉中衰，群雄糜沸，奋起布衣，绍恢前绪，征伐四方，日不暇给，乃能敦尚经术，宾延儒雅，开广学校，修明礼乐，武功既成，文德亦洽。继以孝明、孝章，遹追先志，临雍拜老，横经问道。自公卿、大夫至于郡县之吏，咸选用经明行修之人，虎贲卫士皆习《孝经》，匈奴子弟亦游太学，是以教立于上，俗成于下。其忠厚清修之士，岂唯取重于缙绅，亦见慕于众庶；愚鄙污秽之人，岂唯不容于朝廷，亦见弃于乡里。自三代既亡，风化之美，未有若东汉之盛者也。”[1]

最为发人深省的是，正由于这种长期坚持的教化，中国的社会虽则从内部来看，仍然难免是参差不齐、凸凹不平的，可一旦再从宏观的视野来看，却总是建起了对外的统一性。也就是说，生活在这个社会中的成员，即使并不是全都能做到，却也大体认同了儒家的做人标准；而且，他们也就在这种认同的基础上，顺势建起了这个民族的基本认同。也正因为这样，即使到了今天，这群人还是把自己称作“汉族”。——必须认识到，这样一个文化意义上的共同体，既同化了秦汉之前的“战国七雄”，又同化了在此之后的“五胡入华”，所以并不是来自“共同血统”的族群；因此，真正支撑人们这种“认同心理”的，就无非是一种广泛共享的“做人标准”。

正是在这个意义上，我才在《有汉一代的文化贡献》中，指出了汉代在儒学传播上的特殊重要性：“尽管在一方面，从哲学史的意义上，儒学是于先秦时代创立起来的，然而在另一方面，从传播学的意义上，却正是在前后历时四世纪的汉代，这种思想才经过一系列的、如盐入水的文化传播，比如对于经学的建立与传播，再如兴太学、举孝廉的教育与奖励，又如朝堂上频繁的

1　司马光:《资治通鉴》，第五册，卷六十八，胡三省音注，北京：中华书局，2010 年，第 2173 页。

奏疏与廷辩，才逐渐造成了一种通行的处世原则，或曰做人道理。——在这个意义上，当我们从成书于汉代的《礼记》中读到，‘今天下，车同轨，书同文，行同伦’，就应当敏感地再补充一句，这里的‘今天下’实则是两个朝代，因为它所讲的‘车同轨，书同文’，是早在秦朝那里就形成了的，而它所讲的‘行同伦’，则是到了汉朝这里才做到的。”[1]

只不过，当我在前边写到“既然在我们的道德之心的外部，原本就是‘别有一理’或‘另是一理’的，那么，我们就应去认识和发掘这样的学理，并准此而日渐丰富地建起外部的制度，以约束人性中同样真实的‘性恶’一面，同时也更多地从中劝诫和引导出‘性善’的一面”的时候，以及当我在前边写到“在孔子所排定的逻辑次第，以及实践次序中，确实存在着高低不同的两种标准，它们一个适用于修己、一个适用于待人……一个属于伦理的标准，另一个属于政治的标准……一个属于最高的要求，另一个属于最低的限度”的时候，就已经警觉地为这里留下了伏笔，那就是不管伦理问题多么要紧，也不能用来处理人间事务的全部。——所以，从儒家“修己”与“治人”的原则区分出发，我们决不能像溜过冰面一样毫无心理障碍地，就逾越了伦理学与

1 刘东：《有汉一代的文化贡献：从儒学传播的角度看》，未刊稿。

政治学的学科边界，而径直从秉持最高标准的德性（美德）伦理学，推到了秉持最低限度的政治学，即使这种政治学被冠以“德性”（美德）二字。

无论如何，尽管这两个学科之间确有交叉，而且伦理学也确实对于政治学，特别是其中的政治哲学，具有底层铺垫的重要意义，然而，一旦正襟危坐地讨论起政治来，我们就不得不小心地留意，政治学的标准绝不等同于伦理学，因为后者的目的是“扬善”，而前者的目的则在于“止恶”。出于这个缘故，人们当然可以寄望于当政者的道德，毕竟这件事要是侥幸地“中彩”了，就会是社会代价最小的一种可能性；但反过来，他们却不可以全然押宝于它，那就会显得太过软弱无能，太过一厢情愿，甚至太过阿谀谄媚了。——事实上，正因为“性善”和“性恶”的两种倾向，都属于确凿存在的人类潜能，所以，对于当政者本人来说，他当然可以去自问有没有“美德”，也应听从劝诫去“正心诚意”；然而，对于政治学的思考者来说，最重要的任务却首先在于，创造出严密的学理和制定出严明的规则，以防范和遏制当政者的“恶本性”，或曰不让他有机会“失德”。

既然如此，也就要仔细拿捏此间的分寸。一方面，虽然伦理学并不等同于政治学，可毕竟一种相对善好的道德风尚，或一种具有道德底线的公民文化，总还是有助于净化政治操作的氛围，从而也可以为善政打下相应的根基；而且反过来说，正如眼下在国际政坛上常见的那样，如果当政者已缺失了基本的道德素养，那么不管何等精心设计的制度，也照样会被他们钻得破绽百出、到处漏气，乃至带着整个社会走向总体的衰败。正因为这样，作为一种劝诫性或曰诱导性的手段，儒家自然也会提出当政者的德性问题；无论如何，这也是最符合那些人的根本利益的。——正如我在前文中已经指出的："正是基于有关'仁政'或'王道'的主张，希望把政治奠立在德性之上，以尽量驯化其内生的野性与暴力，孔子才会讲出'政者，正也。子帅以正，孰敢不正？'也正是为了强调'圣王之德'的理想，以建立真正受到拥戴的'德政'，孔子才会对执政者大讲'子欲善而民善矣。君子之德风，小人之德草'，要不就是'百姓足，君孰与不足？百姓不足，君孰与足？'"[1]

可另一方面，毕竟政治学又不同于伦理学，那原本就是"别有一理"或"另是一理"的，而且那中间的所谓"为学日益"的道理，也恰是奠立在我们的"道德本心"之外，或者说，是奠立在我们从伦理学的意义上，不妨借以"暗示自己"的"性善论"预设之外。在这个意义上，从德性伦理学出发的政治推导，与其

1　本书，"有无公德与私德之分？"。

算作一种“德性政治学”，毋宁说终不过是一种“政治伦理学”。也只有在这个意义上，才能真正读懂孔子对于“子奚不为政？”的下述回答：“《书》云：‘孝乎惟孝，友于兄弟，施于有政。’是亦为政，奚其为为政？”[1] 也就是说，此语的重心一定要落在那个“亦”字上，意味着“也可以”把伦理视作广义的政治，尽管这仅仅属于引申出来的次生含义，或外围含义。可无论如何，一旦回归到这两门学科的本意上来，那么，如果伦理学的逻辑次序，是“修己”在前、“安人”在后，则政治学的次序就正好相反了，只应安排得“止恶”在前、“扬善”在后。——这方面的道理，我在前文中也已经讲过了：“循着从外部得出的学理，如果再回到黄宗羲的问题，后者当然就属于政治学乃至政治哲学的领域。这也就意味着，对于任何一位政治领袖来说，他本人当然不妨从自己内心，以‘性本善’的说法来暗示和自命；但反过来说，如果我们对于任何一位政治领袖，不能从外部去预设他的‘根本恶’，那就实在是糟透了，而这种无所不在的‘性善论’，也就转过来牢笼了我们自己。事实上，古往今来的所有教训都说明，任何既定的或现行的政治体制，都因为对于资源的垄断而导致，先不管一个人的本性是否‘善良’，可只要是坐上了金銮殿或者椭

1 《论语·为政》，《十三经注疏》，北京：中华书局，2009 年，第 5349 页，着重号为引者所加。

圆形办公室，都更容易暴露和放大其‘性恶’的一面。因此，我们真正的思想使命，就不是一味去用‘性善论’粉饰和讴歌‘圣主’或‘明君’，而是转过来用‘性恶论’去‘驯化君主’和‘格君心之非’；换句话说，我们从理论上就不应当预设，侥幸当了皇帝的还会是‘好人’，相反我们从一开始，就应当把他当成‘坏人’来防范。”[1]

我们由此也就更足以看出，一旦在传统的儒学话语中，彻底删除了荀子的学说，完全把它贬损成“洪水猛兽”，那就会闪出怎样的疏漏。事实上，也正因为看到了其中的破绽，尽管梁启超就总体倾向而言，也还是更加心仪宋明理学，特别是陆王心学，却仍不免要在这本《德育鉴》中，同样收进了荀子的典型论述，还特地对它们加以现代的诠释：“人之性恶，其善者伪也（杨倞注云：“伪，为也，矫也，矫其本性也。凡非天性而人作为之者，皆谓之伪。故伪字人傍为，亦会意字也。”）今之性，生而有好利焉，顺是（案：言顺此也），故争夺生而辞让亡焉；生而有疾恶焉，顺是，故残贼生而忠信亡焉；生而有耳目之欲、有好声色焉，顺是，故淫乱生而礼义文理亡焉。然则纵人之性，顺人之情，必出于争夺，合于犯分乱理而归于暴。（中略）故枸木必

1 本书，“心学比理学强在哪里？”。

将待檃栝烝矫然后直，钝金必将待砻厉然后利；今人之性恶，必将待师法然后正，得礼义然后治。”[1] 此外，他还基于“存养”与“省克”的同等重要，直截地表明了自己“并不偏废”的态度：“孟子言性善，故其功专在扩充：扩充者，涵养之厉也，积极的也；荀子言性恶，故其功专在矫正：矫正者，克治之厉也，消极的也。盖其学说有根本之异点，而枝叶自随之而异。启超谓皆是也。”[2]

事实上，如果潜回先秦的思想语境，我们还应当设身处地地看到，荀子当年所以要发挥他的“性恶论”，恰是在针对着孟子立论的漏洞，——对于这一点，他自己在行文中说得再明白不过了：“孟子曰：‘人之性善。’曰：是不然。凡古今天下之所谓善者，正理平治也；所谓恶者，偏险悖乱也。是善恶之分也矣。今诚以人之性固正理平治邪？则有恶用圣王，恶用礼义矣哉！虽有圣王礼义，将曷加於正理平治也哉？今不然，人之性恶。故古者圣人以人之性恶，以为偏险而不正，悖乱而不治，故为之立君上之势以临之，明礼义以化之，起法正以治之，重刑罚以禁之，使天下皆出於治，合於善也。是圣王之治，而礼义之化也。今当试去君上之势，无礼义之化，去法正之治，无刑罚之禁，倚而观天

1 梁启超：《德育鉴 · 省克第五》，南京：译林出版社，2022 年，第 131 页。

2 同上。

下民人之相与也。若是，则夫强者害弱而夺之，众者暴寡而哗之，天下之悖乱而相亡不待顷矣。用此观之，然则人之性恶明矣，其善者伪也。故善言古者必有节于今，善言天者必有征于人。凡论者，贵其有辨合，有符验，故坐而言之，起而可设，张而可施行。今孟子曰‘人之性善’，无辨合符验，坐而言之，起而不可设，张而不可施行，岂不过甚矣哉！”[1]

当然，我们在前边也从另一面讲过，孟子的“性善论”看似出于虚拟，却也并不是“无辨合符验”的，那同样有着坚实的心理学基础：“这样讲又并非意味着，孟子的概括就一无所见了。恰恰相反，尽管我并不赞成儒学在后世的分化，因为无论专讲‘性恶’还是‘性善’，只要是把它当成了立论的起点，都难免会流于‘以偏概全’和‘攻其异端’，可即使如此，孟子所主张的‘性善论’，还是跟荀子所主张的‘性恶论’一样，都看到了人性的某种特定潜能。”[2]——由此再综合起来，我们也就可以顺势想见：一方面，如果没有孟子的“走偏在先”，或许也就没有荀子的“纠偏在后”，而孔子原本圆融的人性认知，也就不致在他身后分裂为二。而另一方面，无论孟子和荀子是如何地走偏，都还是在发挥孔子的一个侧面。这当然也就意味着，对于人性中的这

1 《荀子·性恶》，北京：中华书局，2011 年，第 381 页，着重号为引者所加。

2 本书，“为什么反是成己之学？”。

两个侧面，其实谁也不可能真的视而不见，而真正的相争之处也无非体现在，究竟如何在理论上进行收纳，又如何在实践上进行安顿。

荀子的解决方案是人所共知的，也就是把社会看成了包藏的空间，那中间既是跌宕不平的，又是错落有致的，或者说，那中间既是藏污纳垢的，又是黑白分明的："以从俗为善，以货财为宝，以养生为己至道，是民德也。行法至坚，不以私欲乱所闻，如是，则可谓劲士矣。行法至坚，好修正其所闻以桥饰其情性，其言多当矣而未谕也；其行多当矣而未安也，其知虑多当矣而未周密也，上则能大其所隆，下则能开道不己若者，如是，则可谓笃厚君子矣。修百王之法若辨白黑，应当时之变若数一二，行礼要节而安之若生四枝，要时立功之巧若诏四时，平正和民之善，亿万之众而抟若一人，如是，则可谓圣人矣。"[1]——当然就算是这样，如此的"包容性"也并不意味着，荀子就算不上纯正的儒家了。恰恰相反，正如我在其他文章中所指出的，"主要在操心着文明架构的荀子，会依据他本人的道德理想，在一个儒家社会的内部，视人们各自修为的不同，而设想出了相应的社会分工"；[2] 因

1 《荀子·儒效》，北京：中华书局，2011 年，第 100—101 页。

2 刘东：《世俗儒家与精英儒家》，《引子与回旋》，上海：上海人民出版社，2017 年，第 313—314 页。

而如果“从感情上来说，荀子是不会倾向于‘小儒’的，而且他写作这篇《儒效篇》的主旨，也还是在像主张‘哲学王’的柏拉图那样，去想象、美誉和推举‘大儒’”。[1]

不难理解，为了既能承继孟子所主的“性善论”，又能堵住这种立论闪出的漏洞，宋明理学也同样需要一种理论架构，来收纳和安顿人性中的两面。正是出于这种考虑，才有了所谓“天地之性”与“气质之性”之辨，而前者被赋予的意涵，自然是先天的、形而上的、本质的、未发的、必然的、理性的和道德的，后者被赋予的意涵，则是后天的、形而下的、现象的、熏习的、偶然的、情欲的和非德的。——这样的区分，突出表现在张载的下述说法中：“形而后有气质之性，善反之则天地之性存焉。故气质之性，君子有弗性者焉。”[2]“德不胜气，性命于气；德胜其气，性命于德。穷理尽性，则性天德，命天理。”[3]

当然，如果单纯从“思想游戏”的角度来看，那么，这种据说是传自“思孟学派”的建构，也同样可以算是“足以自圆”的一说。然而，问题的严重性却在于，一旦这种“性善论”到后世被定为一尊，那么在中国古代思想史的后半段，也就只剩下这样

1 刘东：《世俗儒家与精英儒家》，《引子与回旋》，上海：上海人民出版社，2017 年，第 314 页。

2 张载：《诚明》，王夫之注，《张子正蒙》，卷三，上海：上海古籍出版社，2020 年，第 146—147 页。

3 同上书，第 148—149 页。

一种说法了。由此，即使在儒学话语的内部，也顿时开始变得闭合与塌缩了，从而失去了相应的或足够的包容空间。——有鉴于此，参验着“为道日损”和“为学日益”的区分，我们也就有必要再来回顾前边的论述：“原就不该偏颇地认为‘心外无理’，而应更加全面周备地意识到，实则在自己的心外还‘别有一理’。而这两种来自内外又同时并存的学理，也正是在一方面的‘伦理道理’和在另一方面的‘知识道理’。于是，这两者间的反复冲撞、相互启发和意外组合，原本也应在人类文明的发展轨迹中，不断产生出更新和更高的东西来。——在这个意义上，伦理学的原则无论多么重要，充其量也只是可以渗透却绝不可取代另外的理则；由此观之，心学的真正问题，就不在于它竟然如此突出了伦理维度，而在于它居然仅仅突出了伦理维度。”[1]

说穿了，如果从世俗社会的角度来看，所谓“天地之性”与“气质之性”的区分，显然是既把“实的”给说成“虚的”，又把“虚的”给说成“实的”了，这当然是典型地符合了宗教的或准宗教的思维特征，我们不光可以在西方的神学那里，也同样可以在柏拉图的哲学中见到它。如此一来，这样一种“截然二分”的区分框架，也势必要去乞助于形而上的支持，而这势必就更加远

1 本书，“心学比理学强在哪里？”。

离先秦的“有限理性主义”，特别是孔子思想的基本倾向了。所有这一切，也都再次验证了前文中描述过的，理学同佛学之间那种“越争越像”又“越像越争”的吊诡局面。——在后世对于理学倾向的沉痛检讨中，戴震也曾一语道破它的谬误所在：“宋儒合仁义礼而统谓之理，视之‘如有物焉，得于天而具于心’，因以此为‘形而上’，为‘冲漠无朕’；以人伦日用为‘形而下’，为‘万象纷罗’。盖由老、庄、释氏之舍人伦日用而别有所（贵）〔谓〕道，遂转之以言夫理。在天地，则以阴阳不得谓之道，在人物，则以气禀不得谓之性，以人伦日用之事不得谓之道。六经、孔、孟之言，无与之合者也。”[1]

此外有趣的是，梁启超还有一段别出心裁的发挥，更把“天地之性”比作了佛家的“真如”，又把“气质之性”比作了佛家的“无明”，这也同样可以从学术源流和精神实质方面启发我们：“孔子言‘性相近，习相远’，以佛语解释之，则人性本有真如与无明之二原子，自无始以来，即便相缘，真如可以熏习无明，无明亦可以熏习真如。孟子专认其真如者为性，故曰善；荀子专认其无明者为性，故曰恶。荀子不知有真如，固云陋矣。而孟子于人之有不善者，则曰‘非天之降才尔殊，其所以陷溺其心者然’，

1　戴震：《孟子字义疏证》，何文光整理，北京：中华书局，1982年，第45—46页。

以恶因专属后天所自造，而非先天所含有。夫恶因由自造，固也；然造之也，非自一人，非自一时。如佛说一切众生，自无始来，即以种种因缘，造成此器世间（即社会），此器世间实为彼‘无明’所集合之结晶体。生于其间者，无论何种人，已不能纯然保持其‘真如’之本性而无所搀杂矣。”[1]

由此可知，如果真想看透所谓的“天地之性”与“气质之性”，还是要把它同“中国转向内在”的宏观趋势相联。一方面，如果不去违反“知之为知之，不知为不知”的认识原则，就不可能在“有限理性主义”的基础上，去建立任何带有超越性的形而上学。另一方面，倘若没有来自本体论的理论支持，那么，原本被孔子同时看到了的两种人性倾向，虽说自然也可以有“善”与“恶”之分，却根本谈不上有什么“真”与“假”之别。这里需要小心厘清的是，原本就同时并存的两种人性潜能，虽说已被孟子和荀子“各执一偏”了，却仍属于这个世俗世界中的实际倾向，而并没有流于宗教思维中的那种“截然二分”；而只有后者，才会基于那个莫须有的上界和虚构出来的天堂、地狱之分，转而把无论怎么实然存在的东西，都说成是虚幻的和派生的，或者干脆就是在本质上并不存在的。因此，一旦宋明理学倚靠虚幻的本

1 梁启超：《德育鉴 · 省克第五》，南京：译林出版社，2022 年，第 131—132 页。

体预设，转而把人性中的“善”“恶”两种倾向，判定成一真一假、一实一虚的两种性质，那就最为清晰地暴露出了，这种学说已经浓重地沾染了宗教的特征。

我们看到，正是在这个关键的纽结点上，理学（道学）的精神，是完全不同于（先秦）儒学的。正如我在以往的著作中所说，“一方面，正如前文中已经指出的，如果没有意识到那个形上之‘天’的虚拟性，没有意识到‘不语怪、力、乱、神’的儒家，从学理深处不允许再讲‘人天合一’，那么，跟从二氏讲出的‘天德’或‘天地之心’，从认识上和理智上就是站不住脚的。另一方面，如果跟先秦儒学的‘我欲仁，斯仁至矣’和‘万物皆备于我’相比，宋明理学中那种‘天人交战’式的截然二分法，也显然是沾染上了其论辩对手的宗教性”。[1] 正是出于这种沾染而来的宗教性，它才一方面把由孟子张扬的、当然也确实存在的“向善”潜能，虚构成了唯一真实的人类本性，或唯一符合“天心”的“天地之性”。而另一方面，它却又把由荀子所凸显的、原本也是与生俱来的“向恶”潜能，只说成是纯粹偶然和意外的“沾染”，尽管据说又是人人都不能得免的。这种一厢情愿的、对于人性的“本质主义”理解，无可避免地就要在生活实践中，给

1 刘东：《天边有一块乌云：儒学与存在主义》，南京：江苏人民出版社，2018 年，第 385 页。

世俗社会本身带来严重的压抑。

到了后世，正是出自对于这种压抑的反抗，戴震才语出惊人地发出了警告。他在一方面，针对着“后儒”论述中的“情理背离”，指出这已大大地有违先儒之道，甚至干脆就是在不近人情地“以理杀人”了：“圣人之道，使天下无不达之情，求遂其欲而天下治。后儒不知情之至于纤微无憾，是谓理。而其所谓理者，同于酷吏所谓法。酷吏以法杀人，后儒以理杀人。浸浸乎舍法而论理。死矣！更无可救矣！”[1]而在另一方面，他又进而揭穿所谓的“天心”，乃至符合这种“天心”的“天理”，也无非都是道学家想象出来的，所以终究不过是纯属个人的“意见”，根本不是真正值得死死拘执的“理”，充其量也只属于某种“不合理”的、虚构出来的“理”——“程朱以‘理’为‘如有物焉，得于天而具于心’，启天下后世人人凭在己之意见而执之曰‘理’，以祸斯民。更淆以‘无欲’之说，于得理益远，于执其意见益坚，而祸斯民益烈。岂理祸斯民哉，不自知为意见也。”[2]

至此再来回顾一下。孔子当年虽则语焉不详，却以其“修

1 戴震：《与某书》，《东原文集》，卷九，合肥：黄山书社，2008 年，第 248 页，着重号为引者所加。

2 戴震：《答彭进士允初书》，《东原文集》，卷八，合肥：黄山书社，2008 年，第 228 页。

己以安人”或“修己以安百姓”之说，挑明了一个至关重要的社会原则。在这种“严以律己，宽以待人”的区分中，一方面，自己当初用了什么标准来“存养”，才会再用什么标准来自我“省克”，这完全要取决于主体的自愿与醒觉；而另一方面，既然并不知别人是怎样“立志”的，那么也就不可以把自己的标准，强行地摊派和挪用给他者，而一旦把借以内部“省克”的修己标准，无限制地推广开来到外部去“治人”，就会造成极严重的混乱与压制。在这个意义上，我们只要读读那些道学家的语录，包括也收进了《德育鉴》中的某些语录，就会发现如果跟《论语》的记载相比，它们显然都失去了先儒的宽容与优如，而显得过于刻板生硬，甚至严厉激愤。于是，也正是在这种类似宗教的喻告中，本来有可能“不断向上”的人生过程，也就从一开始便转成了必然的“向下沉沦”，而对于两种自然天性的出于内在自觉的“弃恶扬善”，也就变成了如何在“堕落之后”又能“不再堕落”。出于同样的缘由，人们原本可能在生命成长和境界开拓中享有的快乐——这种快乐的情绪只要打开《论语》就会扑面而来——也就随之变成了对于曾经“沾染习气”的痛不欲生的悔恨。

一句话，正因为混淆了“修己”与“安人”的区别，所以在受到了佛教影响的理学家那里，尤其是在那些狭义的、最为死性的理学家那里，原本主张“严以律己、宽以待人”的包容原则，也就被偷换成了既去“严以律己”，也要“严以待人”的严苛标准。而他们之所以自觉得可以这么做，则又是因为已经在某种形而上的或准宗教的臆想中，把人性中原本都具有的两个侧面，假定成了一真一假、一实一虚的“天地之性”和“气质之性”。

当然，宋明理学还只是部分地沾染了宗教性，还不能从严格的意义上被算作宗教，而且在它内部也还有林林总总的差别。所以，那些只是广义地属于它的心学家，或许正因为更强调内在感受的自如，就相对更愿采取一种“外圆内方”的态度。——比如，在程氏兄弟中更倾向于心学的程颢（大程），就相对更愿采取一种包容的态度，于是也就更能领会夫子“修己以安人”的道理：“圣人即天地也。天地中何物不有？天地岂尝有心拣别善恶？一切涵容覆载，但处之有道尔。若善者亲之，不善者远之，则物不与者多矣，安得为天地？故圣人之志，止欲‘老者安之，朋友信之，少者怀之’。”[1] 再如，王阳明也同样基于这种“修己”与“待人”之辨，告诫弟子们应当以此作为交友之道：“学绝道丧之余，苟有兴起向慕于学者，皆可以为同志，不必铢称寸度而求其尽合于此，以之待人可也。若在我之所以为造端立命者，则

1 程颢、程颐：《河南程氏遗书·卷二上》，《二程集》，王孝鱼点校，北京：中华书局，1981 年，第 17 页。

不容有毫发之或爽矣。”[1]

可是，一旦到更倾向狭义理学的程颐（小程）那里，这种包容的空间就立见收缩和紧张了。也许是因为并不赞成他的刻板与固执，跟程颢一样倾向于心学的刘宗周，就以一段轶事表述了程氏兄弟的典型差别：“二程先生一日赴公宴，有官妓在焉，伊川终日正色不语，明道言色如平时。翼日，伊川以语明道曰：‘昨日之会甚无谓。’明道曰：‘二弟恁地好色？’伊川曰：‘何谓也？’明道曰：‘昨日坐中有妓，吾心中无妓；今日坐中无妓，尔心中却有妓。’伊川叹不及。”[2] 进一步说，对于程颐的这种不知变通，我还在迄未发表的博士论文中，集中了各种轶事来进行总体的描绘：“他既反对吃茶观画，拒绝了同僚的好意邀请［事见朱熹（编）：《宋名臣言行录》］，也反对无故喝酒，以为‘损民食，惰民业，招刑聚寇，皆出于此’（《二程集》第1册，第175页）。他既当面指摘缘情派巨匠秦观的词句——‘天若有情，天也为人烦恼’——说：‘上穹尊严，安得易而侮之！’（事见袁文：《瓮牖闲评》）又对门人批评言志派圣手杜甫的诗句——‘穿花蛱蝶深深见，点水蜻蜓款款飞’，说‘如此闲言语，道出作甚？’（《二程

1 王阳明：《寄邹谦之（丙戌）》，《王阳明全集》，卷六，上海：上海古籍出版社，2006年，第205页。

2 刘宗周：《人谱杂记二》，《刘宗周全集·语类》，第三册，杭州：浙江古籍出版社，2012年，第58页。

集》第1册，第239页）更有甚者，不单是在一个凡夫俗子（周恭叔）看上了一个妓女时他会大动肝火地训斥说——'此禽兽不若也，父母遗体以偶贱娼可乎？'（事见刘宗周：《人谱类记》）甚至就连孔老夫子的'在齐闻《韶》三月不知肉味'，他也非要篡改抹杀了方才心安，唯恐圣人过于凝滞于物，难免流于玩物丧志之俗（事见《二程集》第1册，第107页）。"[1]

程颐的这种不知变通，在当时就引起了苏轼的反感，而且宋明理学到了后世最受诟病的，恐怕就是他在下边的这段答问了："又问：'或有孤孀贫穷无托者，可再嫁否？'曰：'只是后世怕寒饿死，故有是说。然饿死事极小，失节事极大！'"[2]只要是提起戴震所讲的"以理杀人"来，恐怕人们最容易联想到的，也正是理学家所讲的"饿死事小，失节事大"，而且大概世界上最不近人情的言论，也莫过于这句"饿死事小，失节事大"了。不过，联系到整个这一章中的分析，我们的分析就不应仅限于情绪抵触。事实上，这种论调的真正失足之处，并不在于哪一种信念的严峻性或高尚性，而在于它明显逾越了"修己"和"治人"的界限。如果说，程颐只是向自己提出了道德的要求，那么不管这种要求

1 刘东：《审美文化的兴盛与失落》，中国社会科学院博士论文，1989年，第47—48页。

2 程颢、程颐：《河南程氏遗书·卷二十二下》，《二程集》，王孝鱼点校，北京：中华书局，1981年，第301页。

是如何的严峻，乃至如何的超出常规、不越雷池，那总归都属于他本人“严于律己”的事迹，甚至，也正因为它的不可思议、难能可贵，还可能会被后人表彰为“节烈可风”。当然了，这位理学家本人并不是女性，不会遭遇到“守节”还是“失节”的选择，可尽管如此，我们还是可以利用他这样的句式，为他另外设想出类似的道德考验，比如“饿死事小，叛国事大”，或者“饿死事小，卖论事大”，乃至“饿死事小，剽窃事大”。——这中间又有哪一件事，不比“饿死”更重大和更严峻？可无论如何，孔子当年不还讲过“志士仁人，无求生以害仁，有杀身以成仁”[1]吗？孟子当年不还讲过“生，我所欲也；义，亦我所欲也。二者不可得兼，舍生而取义者也”[2]吗？

所以关键还在于，程朱理学说到底还是偏离了孔子，并未去严守“修己”与“待人”的区别，从而也就把借以“存养”自己的伦理标准，误用成了借以“省克”别人的政治标准。无论如何，这种既“严以律己”也“严以待人”的做法，不仅在理论上是站不住脚的，在实践中也是危害多多的。——正如徐复观后来在一篇文章中所检讨的：“孔孟乃至先秦儒家，在修己方面所提出的标准，亦即在学术上所立的标准，和在治人方面所提出的标

1 《论语·卫灵公》,《十三经注疏》，北京：中华书局，2009 年，第 5468 页。

2 《孟子·告子上》:《十三经注疏》，北京：中华书局，2009 年，第 5987 页。

准，亦即在政治上所立的标准，显然是不同的。修己的，学术的标准，总是将自然生命不断底向德性上提，决不在自然生命上立足，决不在自然生命的要求上安设人生的价值。治人的政治上的标准，当然还是承认德性的标准；但这只是居于第二的地位；而必以人民的自然生命的要求居于第一的地位。治人的政治上的标准，首先要安设在人民的自然生命的要求之上；其他价值，必附丽于此一价值而始有价值……这种分别之所以重要，一方面是像我所已指出的，若以修己的标准去治人，如朱元晦们认为民宁可饿死而不可失信，其势将演变而成为……要人民为其主义而死，成为思想杀人的悲剧。另一方面，若以治人的标准来律己，于是将误认儒家精神，乃停顿于自然生命之上，而将儒家修己以'立人极'的工夫完全抹杀。"[1]

当然话说回来，如果根据史书上的记载，那么至少对于程颐本人来说，他还真不是说一套、做一套的。这意味着，他是毫不含糊地履行了"敬以直内，义以方外"的戒律，既在严格地自警要"动容周旋中礼"，[2] 也在严厉地匡正别人，无论是一举手，还是

1 徐复观：《儒家在修己与治人上的区别及其意义》，《中国思想史论集续集》，台湾时报文化出版公司，1982年，第413—415页。

2 程颢、程颐：《河南程氏文集·卷八·颜子所好何学论》，《二程集》，王孝鱼点校，北京：中华书局，1981年，第578页。

一投足，都须要“礼乐不可斯须去身”。[1]因此，如果对照着“非礼勿视，非礼勿听，非礼勿言，非礼勿动”[2]的子曰，当然也有人会嫌他迂腐死板、不知变通，比如像苏东坡当年那样，挖苦他是“鏖糟陂里叔孙通”，[3]或者像冯梦龙后来那样，戏谑地说“遇了孟夫子，好货、好色都自不妨。遇了程夫子，柳条也动一些不得”；[4]然而，却不会有人讲他是表里不一、口是心非。毕竟，这位道学家在“严以待人”“严以责人”的同时，还是率先做到了“严以律己”“严以责己”的。——比如据说，程颐“衣虽布素，冠襟必整；食虽简俭，蔬饭必洁；致养其父，细事必亲”。[5]而且，每轮到去皇上身边伺讲之前，他也总要先“宿斋豫戒，潜思存诚”。[6]

所以在这一点上，真正的“道学”还并非就是“假道学”，因为后者在“义以方外”的同时，却根本做不到“敬以直内”。可正因为这样，我们一旦说到了这里，也就在统称为“儒家”的混杂人群中，看到了每下愈况的三种不同做派：如果是“严以律

1 《礼记·乐记》,《十三经注疏》，北京：中华书局，2009年，第3346页。

2 《论语·颜渊》,《十三经注疏》，北京：中华书局，2009年，第5436页。

3 事见吴曾：《能改斋漫录·上》，上海：上海古籍出版社，1979年，第299页。

4 冯梦龙：《迂腐部·谏折柳》，栾保群点校，《古今谈概》，北京：中华书局，2007年，第3页。

5 黄宗羲：《宋元学案·伊川学案·上》，第一册，载沈善洪主编，《黄宗羲全集》，杭州：浙江古籍出版社，1992年，第711页。

6 程颢、程颐：《河南程氏遗书·伊川先生年谱》,《二程集》，王孝鱼点校，北京：中华书局，1981年，第341页。

己，宽以待人”的，那么这样的做派当然属于“儒学”；但如果是“严以律己，严以待人”的，那么这样的做派就可以属于“道学”；可如果竟是“宽以律己，严以待人”的，那么这样的做派就干脆只是“假道学”了。

事实上，在“修己”或“克己”，与“待人”与“治人”之间，原本就有着一条很容易越过的红线，而人们只要稍微弄得不好，就可能于不知觉间逾越了它。梁启超在这本《德育鉴》中，收入了明儒吴与弼的两条语录，也正是针对着可能的走偏：“日夜痛自点检且不暇，岂有工夫点检他人？责人密，自治疏矣。”[1]“欲责人，须思吾能此事否？苟能之，又思曰：‘吾学圣贤方能此，安可遽责彼未尝用功与用功未深者乎？’”[2]让我们再来设身处地地想一下：毕竟内在的“克己”既是相当吃重的，又反正是别人无法看到的，而外在的“责人”则是相对容易的，也是很方便当作“口头功夫”的；既然如此，到了后世的理学实践中，自然就会有人去投机取巧、避重就轻，只对别人采取高标准的“省克”态度，而一旦面对自己就马上降低标准，仅仅流于某种形式的表演了。——事实上，某些道学家的这种“面具”或“道具”，早在朱熹的年代就已经被人看穿了：“世又有一种浅陋之士，自

1 梁启超：《德育鉴·省克第五》，南京：译林出版社，2022 年，第 135 页。

2 同上书，第 135—136 页。

视无堪以为进取之地，辄亦自附于道学之名。裒衣博带，危坐阔步。或抄节语录以资高谈；或闭眉合眼号为默识。而扣击其所学，则于古今无所闻知；考验其所行，则于义利无所分别。此圣门之大罪人，吾道之大不幸，而遂使小人得以藉口为伪学之目，而君子受玉石俱焚之祸者也。"[1]

当然前边已经说过，所谓"假道学"并不就是"道学"，而这两者间的关键区别就在于，究竟能否做到心口合一、知行合一。可话又说回来，在"道学"和"假道学"之间，还是存在着相当微妙的、需要仔细寻绎的关联。不然的话，为什么"儒家"或"儒学"赓续得更久，却并未流传出"假儒家"或"假儒学"的说法？而九九归一，一切都还要归咎到理学的"不近人情"上，那就使得它的训诫更加不切实际，更加难于遵守；而且如果更进一步，还要归咎到它暗中受到的"佛教影响"上，毕竟那是一种抛弃人伦、六亲不认的宗教。——也正因为这样，尽管纯从伦理学的内容来看，理学家所宣扬的基本道德法则，并不会当真高于孔子时代的儒学，可他们用来支撑它的"天理""人欲"之辨，还是显得太过截然二分，也太过水火不容了。由此一来，不光对于所有应被约束的他者，这种类似宗教的最高行为标准，显得太

1　周密：《齐东野语·卷十一》，《周密集》，杨瑞点校，杭州：浙江古籍出版社，2015 年，第 188—189 页，着重号为引者所加。

过森严刻板、几乎高不可攀，就连对于需要借以“存养”的自我而言，那标准也同样脱离了“人间烟火”，以至于在有的时候，干脆就连自己都懒得施行了。

不妨再来稍事对比一下。正如在基督教著名的“摩西十诫”中，除了前边的四条是要去加固信众的信仰，以便奠定遵守道德的心理基础，尽管如果照儒学看来也只能支撑“他律”的道德；而后边的六条诸如“当孝敬父母”、“不可杀人”、“不可奸淫”、“不可偷盗”、“不可作假证”以及“不可贪恋人的房屋；也不可贪恋人的妻子、仆婢、牛驴，并他一切所有的”，也无非是属于最简单、最基本的世俗道德，在任何社会都肯定会被总结和制定出来。可即使如此，一旦匍匐到了高耸的神坛之下，如果再用我生平喜爱的音乐做比，这就不再是由一群演奏家默契配合的，由各个声部与音色共同交织的，宛如私下对话的，亲密无间的室内乐，而毋宁是由一位威严的场外指挥，以其雷霆之怒来号令和监督的，既步调一致又众口同声的万众齐唱了。——换句话说，尽管这类道德原不过是世俗性的，且注定是要产生于日常生活中的，然而，一旦要仰仗高高在上的天界来推行，也就不再像是在一整个的世俗世界中，被自行制定并遵守的人间规范，倒像是在一种“判然二分”的分裂世界中，被从外部强加进来的、不得不去被动执行的清规戒律了。

与此不无关联，理学又曾在当年的党争中，被得势的权臣骂成“伪学”，尽管平心而论，我们还是不能把一切理学都说成“伪学”，而只能将其中的“假道学”判定成“伪学”，就像梁启超已在前文中讲过的，“‘羿之教人射，必志于彀；学者亦必志于彀。’不有彀以为之闲，学皆伪学矣”。[1] 此处更有意思的是，我们由“伪学”的这个“伪”字，又不禁想起荀子的那句名言来了，即所谓“人之性恶明矣，其善者伪也”。[2] 只不过，如果这个“伪”字在荀子那里，原属于一种确定的“善”，代表着艰难的自新、人格的蜕变、道德的进境；那么，“假道学”的这个“伪”字，却只意味着掩饰与假装，只是一味固执自己的错误，所以就属于一种确定的“恶”。梁启超在这本《德育鉴》中，曾收入两位心学家的说法，也都是在针对这类的“文过饰非”。——比如王阳明便曾一语道破，不能去“知过”和“改过”的人，就势必要流于虚假地“文过”，“人有过，多于过上用功，就是补甑，其流必归于文过”；[3] 而刘宗周更是激烈地指斥，但凡只知“文过”而不知“悔改”者，基本上就是“不齿于人类”了：“凡人一言过，则终日言皆婉转而文此一言之过；一行过，则终日行皆婉转而文此一

1 《德育鉴·辨术第一》，南京：译林出版社，2022 年，第 6 页。

2 《荀子·性恶》，北京：中华书局，2011 年，第 373 页。

3 《德育鉴·省克第五》，南京：译林出版社，2022 年，第 148 页。

行之过。盖人情文过之态如此，几何而不堕禽兽也！”[1]

接下来，既然已说到了“禽兽”二字，我们不禁又要回想起，梁启超还曾经恭恭敬敬地，在这本《德育鉴》的扉页中，写上了曾国藩有名的对联，其上联是“不为圣贤，便为禽兽”，下联是“莫问收获，但问耕耘”。那么，我们基于前文中的理解，再来回看这句“不为圣贤，便为禽兽”，又应当给出怎样的分析与理解呢？可想而知，还是要再回到“修己”“待人”之辨，从而理解到不管这话有多么严厉，只要是仅仅以此来自我“立志”，那就应该不会出现什么问题，即使到头来并没有做到，或者并没有完全做到，也会为自己留下“省克”的标准，从而逐渐地谋取道德的进境。然而反过来说，一旦逾越了应当守在内心的界限，贸然把这话推广到众多的他者身上，那就会出现重大的、原则性的偏差了，因为原本在“圣贤”与“禽兽”之间，还存在着广阔又参差的社会空间，足以借以去包容和安顿普通百姓，以便做到“老者安之”和“少者怀之”。——事实上，尽管一个人只要身为儒者，就总是要为道德教化操心，然而真正来到了制度的层面，却也只能采用政治学的最低标准，而不能率然提高到伦理学的标准。

1 《德育鉴·省克第五》，南京：译林出版社，2022 年，第 154 页。

当然，也还有更等而下之的，那就是明明一肚子“机关算尽”，嘴皮子却要说“不为圣贤，便为禽兽”，那就明显属于刚才讲的“假道学”了。这就使我们想起《十日谈》中的教士了，尽管也许他们更习惯的说法，会是“不为天使，便为野兽”，或者“不为天使，便为恶魔”。无论如何，一旦碰上了这样的人，一切就都被颠倒过来了，因为他们是对外采取了伦理的标准，而对内采取了政治的标准，或者说，是对人采取了最高的标准，而对己采取了最低的标准。由此一来，无论是对人对己，还是整个社会，也就都被这种行径给祸害或污染了。——也正因为这样，一方面，为了落实“修己”与“待人”之间的区别，我们当然应该像苏东坡所说的，“吾上可以陪玉皇大帝，下可以陪卑田院乞儿。眼前见天下无一个不好人”。可另一方面，我们唯一不应宽忍和包容的，或者坚持要对之进行揭露的，却又是这种“道貌岸然”的“假道学”，因为正是这些口是心非的“伪君子”，不仅给大众的心理造成了巨大的压抑，也同样给儒学的声望造成了巨大的伤害。

再接下来，这一章的最后一个话题，也就轮到那个最大的“假道学”了。

虽说他们在运思上不免有所失误，可我们仍应该平心地意识到，理学家当年祭起如此严峻的“道德律令”，又恰恰因为它的普遍性和整一性，至少并未把当权者当成什么“例外”。甚至于，从某种意义上还可以说，这些在后世主要是演成了小民枷锁的严峻律令，在构思之初却是首先冲着“至高无上”的帝王；毕竟只有他们，才有可能最大程度地满足自己的人心物欲，当然也正因为这样，只有他们才有可能最为惨烈地祸国殃民。——我在前边引过的博士论文中，曾经综合各方面的历史记载，来说明他们这种犯颜直谏的态度：程颢在熙宁初对神宗“前后进说甚多，大要以正心窒欲、求贤育材为言，务以诚意感悟主上。尝劝帝防未萌之欲，及勿轻天下士，帝俯躬曰：‘当为卿戒之。’”（《宋史》，第36册，第12715页）程颐更率直地教训哲宗说：‘陛下春秋之富，虽睿圣得于天资，而辅养之道不可不至。大率一日之中，接贤士大夫之时多，亲寺人宫女之时少，则气质变化，自然而成。愿选名儒入侍劝讲，讲罢留之分直，以备访问，或有小失，随事献规，岁月积久，必能养成圣德。’（同上，第12719页）据说，他对皇上毫不客气地‘以师道自居。每侍讲，色甚庄，继以讽谏。上畏之。’（邵伯温：《邵氏闻见录》）也就是说，如果作为弟子的皇帝有了过错，这位严师总是不稍迟疑地予以批评，甚至弄得天子大有动辄得咎之感：不仅太监们用一块黄绫遮盖嫌名时，他要训诫说——‘人主之势，不患不尊，患臣下尊之过甚而骄心生尔。此皆近习养成之，不可以不戒。请自今旧名、嫌名皆勿复避’（《宋元学案》第1册，第590页）；就连皇上信手折一条柳枝，他也要马上站起来谏诤道——‘方春万物生荣，不可无故摧折’，使得司马光和吕公著唯恐这种苛责反而会起副作用（事见佚名：《道山清话》）。[1]

当然，由此也就不待多言了，正是鉴于理学的此一积极面，即使它的道德理想未免显得空疏，却仍然在当年的专制政体下，部分地保持住了它的“道统”，或曰至少并未完全归并于“政统”；也就是说，即使到了极端险恶的政局中，就算人人都已经噤若寒蝉，也仍然会在人们的内心中，以腹诽的形式保留了是非观念，并未完全去跟历史进程和光同尘，于是也就自然留下了修正它的机缘。——也正是在这个意义上，徐复观才找到了相应的理由，来部分地肯定后儒的那些努力：“虽然在秦后的大一统的长期专制政治之下，儒家思想，受到了歪曲、利用，因而在规模上也不免于萎缩；但我们只要肯深入到历史的内层中去，即可了解：凡受到儒家思想一分影响的人与事，总会在某种程度上为民族保持一线生机，维系民族一分理想和希望。即使是在受歪曲最多的政治思想的这一方面而言，虽然孔、孟‘为人民而政治’的理想，受到了夭阏，但勤政、爱民、受言、纳谏、尊贤、使能、

1 刘东：《审美文化的兴盛与失落》，中国社会科学院博士论文，1989年，第38—39页。

廉明、公正这一连贯的观念，毕竟在中国以流氓、盗贼、夷狄为首的统治层中，多少争到一点开明专制的意味。”[1]

不过话又说回来，当我在前边写到“伦理学的原则无论多么重要，充其量也只是可以渗透，却绝不可取代另外的理则；由此观之，心学的真正问题，就不在于它竟然如此突出了伦理维度，而在于它居然仅仅突出了伦理维度”的时候，以及当我在前边写到“从儒家‘修己’与‘治人’的原则区分出发，我们决不能像溜过冰面一样毫无心理障碍地，就逾越了伦理学与政治学的学科边界，而径直从秉持最高标准的德性（美德）伦理学，推到了秉持最低限度的政治学，即使这种政治学被冠以了‘德性’（美德）二字”的时候，都已经预示了这样一种学科界限，那就是伦理学既是极端重要、不可忘记的，却又不是万应万能、可到处套用的，或者说，它既可说是“无之必不然”的，却又并不是“有之必然”的。——这意味着，一方面，它当然可以作为一种底层的道义，去影响和延伸到法律和政治的制定与实施；可另一方面，它却不能仅仅套用自己的原则，就想去覆盖和取代法学与政治学。因此，一旦对于整个社会，包括它的政治制度，都采取了“泛伦理主义”的标准，那么这个社会也就会失去它的法律或政

1 徐复观:《中国艺术精神》，沈阳：春风文艺出版社，1987 年，第 39—40 页。

治标准；而由此一来，尽管看似把“做人标准”提得很高，实则社会反而会陷入“失范”或“失准”的状态。

由此可知，尽管我们当然在一方面，即使从政治学的实际操作中，也应当去突出伦理的维度，尤其是针对那个至高的“大统领”，毕竟作为政治权力的最终枢纽，无论他的用意是正是反，效果是好是坏，总会起到最为关键的作用。正因为这样，孔子才会讲“政者，正也。子帅以正，孰敢不正”；[1]才会讲“子曰：其身正，不令而行；其身不正，虽令不从”；[2]才会讲“为政以德，譬如北辰，居其所而众星共之”。[3]也正因为这样，孟子才会讲“人不足与适也，政不足与间也。惟大人为能格君心之非。君仁，莫不仁；君义，莫不义；君正，莫不正。一正君而国定矣”。[4]——不过，我们在另一方面也要注意，即使孟子是主张“性善论”的，他也并未迂腐到哪怕在政治方面，也愿意先行认定君主的“善良意志”，或者预设其人格的“无可置疑”；而事实上，历史的记载恰是相反：“孟子三见宣王不言事。门人曰：‘曷为三遇齐王而不言事？’孟子曰：‘我先攻其邪心。’”[5]从这种可能出现的“邪

1 《论语·颜渊》,《十三经注疏》，北京：中华书局，2009 年，第 5439 页。
2 《论语·子路》,《十三经注疏》，北京：中华书局，2009 年，第 5446 页。
3 《论语·为政》,《十三经注疏》，北京：中华书局，2009 年，第 5346 页。
4 《孟子·离娄上》,《十三经注疏》，北京：中华书局，2009 年，第 5922 页。
5 《荀子·大略》，北京：中华书局，2011 年，第 449 页。

心”，我们也就顺理成章地看到了，孟子在面对战国时代的君主时，完全采取了政治学的对等态度，也即“君之视臣如手足，则臣视君如腹心；君之视臣如犬马，则臣视君如国人；君之视臣如土芥，则臣视君如寇雠”。[1]——当然也正因为这样，他才会因为下面这段话惹怒了残暴的朱元璋：“贼仁者谓之‘贼’，贼义者谓之‘残’。残贼之人，谓之‘一夫’。闻诛一夫纣矣，未闻弑君也。”[2]

那么，我们从上述的学理纠缠中，又会得出怎样的结论呢？这意味着，当我们谈到这样一位“大统领”时，既然由孟、荀所凸显的两种潜能，在他那里也可能都同时并存着，那么我们在一方面，当然会寄望于他的“善良意志”，可在另一方面，却更要防备他的“邪恶本性”。事实上，如果连大讲“性善论”的孟子，都没有仅仅对他动用伦理学，那么大讲“性恶论”的荀子，就更要对他动用政治学的原则了。而一旦来到了这个现实的领域，就像孟子那句“君之视臣如土芥，则臣视君如寇雠”所蕴含的，这里的主导原则就毋宁是对等的了。而我们由此也就可以说，如果那些自以为高明的人士，是因为不能预设民众的道德水准，才停留在只对他们“老者安之”“少者怀之”，那么，这些民

1 《孟子·离娄下》，《十三经注疏》，北京：中华书局，2009 年，第 5928 页。

2 《孟子·梁惠王下》，《十三经注疏》，北京：中华书局，2009 年，第 5828 页。

众也同样不可能一厢情愿地，预先去设定当政者的道德自觉性，以至于忘了再去提出最低的标准，来对高高在上者进行监督与反制。

整整一套“二十四史”都告诉我们，那个富有天下的龙廷宝座，既代表着最大的利益诱惑，而且正因为这么多的好处，又代表着最大的风险境遇，而这一正一反的两个方面，都无疑会大大释放人的“恶本性”。正因为这样，一旦碰到了来自君王的恶行，我们也就不必只去追问他的本性，误以为“换个好人”就能做得更好。归根到底，正如我在前文中已经说过的，“我们从理论上就不应当预设，侥幸当了皇帝的还会是‘好人’，相反我们从一开始，就应当把他当成‘坏人’来防范”[1]。于是在这个意义上，即使并非不能参考“性善论”，我们对于任何一位君王，却都要首先去参考“性恶论”。无论如何，如果在人们的理论武库中，只剩下了伦理学的劝诫手段，即使有幸上朝面见了皇帝，也只会要求他“正心诚意”地“修己”，那就无非是在自证本身的无能。——人家要是根本就对你爱搭不理，或者只不过是“东风吹马耳”，而一心就想当个宋徽宗或者明思宗，那么，你除了徒唤奈何又当如何？

1 本书，“心学比理学强在哪里？”。

更严重的问题则在于，一旦那位“大统领”也学会了这套话语，同样只打算去“宽以律己”“严以待人”了，换句话说，一旦连他也学会“假道学”的作秀了，那么，这套仅仅流于口头的道德话语，也就彻底走上它的末日或尽头了。这意味着，既然这些书生是一心一意地，强行预设了圣上心中的“善根”，不断唠叨地要把他培育成“圣人”，那么，一旦皇帝索性将计就计起来，抢先占领了这块“道德高地”，而以高尚的“圣王”或“圣主”自居，这些书生就剩下张口结舌的份儿了。由此一来，这种名义上的“圣君”或“明主”，就可以说是世上最大的“假道学”了，而且，这种既掌握了生杀予夺之权，又掌握了道德话语之权的“假道学”，还从此就更加油盐不进、刀枪不入了。——久而久之，当然也就会落得满朝上下，都既充斥着极端自私的杨朱，却偏又个个都满口“仁义道德”，而人人也都只在借此苛责他人。可想而知，由此整个社会就再也分不清好坏了，再也没有起死回生的解药了，从而也就彻底流于“内卷化”了。

在这个意义上，其实在“道统”和“政统”这两极之间，理学有时候——至少是在身处庙堂的时候——不光无法有效地“驯化君主”，相反倒往往像是“被君主驯化”了。而从思想史的实际进程来看，也正如我已在前文中引证过的，也只有到了作为明末遗民的黄宗羲那里，他才幡然地以《明夷待访录》完成了原本潜藏在儒学思想中、早就有待于发扬的批判锋芒；而我们一旦再回顾他的这种批判，更可以会心地发现他的出发点，竟还是基于历史上的“性恶论”：“岂天地之大，于兆人万姓之中，独私其一人一姓乎？”——顺便再多说一句，他所以能发出这种惊天之论，当然有着各种各样的思想原因，不过，其中一个相当主要的原因，还在于他在改朝换代的节骨眼上，不得不彻底放弃了参加科举，从而彻底地割舍了进身之阶。

由此又不免想到，我曾在一本近作中，历史地分析了“科举制”的优劣，指出了这种当时最先进的制度，也难免存在着自身的两面性：“历史之捉弄人的把戏在于，一方面，除了作为‘龙子龙孙’的皇帝之外，任何人都已不再享有世袭的权力，而所有承袭的祖荫都只能‘三世而斩’，所以只要想‘获得功名’就唯有通过科场；另一方面，凡是得以在科场上脱颖而出，从而平步青云的人，又都会傲人和自傲地成为‘天子门生’，被皇帝亲手暂时赐予了分享于皇权的、随时都可被他收回的权力，遂也便不再可能效忠于别的权力中心。”[1]甚至，也正缘于这种难以摆脱的两面性，几乎在不知不觉中，就构成了向前继续发展的陷阱：“正因为它那种独创性的、足以傲世的科举制，反使中国在空前享有

1　刘东：《我们共通的理性》，上海：上海人民出版社，2021年，第221页。

‘向上流动’的同时，竟又缺失了对于‘一人’的、来自贵族地位的分立与制衡，从而反倒让那‘一家一姓’成为独一无二、无可替代的了。这样一来，由此带来的历史吊诡就势必是，的确在一方面，这种制度可以保证相对的‘平等’与‘公正’，惜乎在另一方面，它难免带来的后遗症却无情地表现在，居然就难以再去争取更上一层的‘平等’与‘公正’了。”[1]

而从这一章的文脉来看，除了上述那种制度层面的分析，还应再佐以思想层面的分析，那就是既然科举制的考试内容，后来只以朱熹的《四书章句集注》为主了，那么，对于那些有幸“金榜题名”的人来说，理学也就先入为主地成了“金科玉律”。这样一来，他们除掉获得了“为道日损”的伦理知识（以至才有“半部《论语》治天下”之说），不光是并不具备“为学日益”的外部知识，甚至就连朝这方面发展的兴趣都很难有了。——而既然如此，就算知道了黄宗羲的那本“禁书”，他们也不会再去接续他的批判性思考，以便从政治学的意义上去追根究底，彻底质疑专制制度本身的“合法性”了。

尧舜帅天下以仁，而民从之；桀纣帅天下以暴，而民从

1　刘东：《我们共通的理性》，上海：上海人民出版社，2021年，第228页。

之；其所令反其所好，而民不从。是故君子有诸己而后求诸人，无诸己而后非诸人。所藏乎身不恕，而能喻诸人者，未之有也。(《礼记·大学》)

题解十二（省克第五）

道德要不要形而上预设？

为了加强前边的论述，我们还需要更进一步地，再来集中思索另一个要害问题。——说到底，正是围绕着这个陷阱的种种迷思，才导致了对于儒学精神的误判，从而也才导致了后儒的那些失足。

不过，为了能沿着历史的脉络，来更好地思量这个问题，又不妨先从韦伯的一个误解谈起。我曾在一本近作中指出，雅斯贝尔斯有关“轴心时代”的假说，如果从知识和学术的渊源来看，应当归结到韦伯的“世界宗教研究”。正是在韦伯列出的宏大框架中，那些沿着观念史线索而提出的，蕴含了“一先一后”“一旧一新”之意的对比，比如“儒教-道教”“印度教-佛教”“犹太教-基督教”，都喻指着分头进行的精神转变或“宗教改革”。而这种在世界范围内纵横捭阖的对比，显然又激发了雅斯贝尔斯的灵感，促使他也想去找到一个着力点，以便为整部人类史都“打一个结”；也正因为这样，他才会在《历史的起源与目标》

中，动用一个相当可疑的德语词汇，提出了“轴心时代”这样的假设。——只不过，雅斯贝尔斯就此碰到的困难，在这里就没有必要再来详谈了，大家可以参阅我在别处的论述。[1] 而我们现在需要集中思索的，则是在韦伯率先使用的框架中，曾经被混淆或颠倒了的历史顺序。

针对这一点，我又曾在一篇更早的论文中，指出了韦伯有关“中国宗教”的研究，如果基于他自己的上述本意，其标题就应写成“儒教与道教”——当然最好是译为“道家与儒家”，甚至“道家与儒学”——而不是“儒教与道教”：“由于我们不约而同地都在观念上确立了‘前轴心期–轴心期’的研究框架，认为非常有必要从‘宗教改革’的意义上追索‘从正统到异端’的文化变异过程，又由于我们也不约而同地都倾向于把‘前轴心期’的基本精神归结为至少对先秦诸子来说已是‘小传统’（术数方技和养生之道）和‘潜文化’（社会行动的心理基础），所以如从公元前500年前后的特定历史环境来看，或许就应该把马克斯·韦伯有关中国宗教的那部名著的标题次序颠倒过来，即不再是《儒教与道教》，而是《道教与儒教》。”[2]

1　参阅刘东：《内在不超越》，《天边有一块乌云：儒学与存在主义》，南京：江苏人民出版社，2018年。

2　刘东：《试论中国文化类型的形成》，《近思与远虑》，杭州：浙江大学出版社，2014年，第158—159页。

换言之，至少根据我个人的判断，无论从历史沿革的实情来看，还是从“祛除巫魅”的逻辑来看，如果对于中国能有足够的学识，韦伯所排定的那个先后次序，都应是“道先儒后”，而绝不应是“儒先道后”。——“一方面，尽管道教正式作为一种完整意义上的宗教只是到东汉才被创立，但它的修为方式之渊源却完全可以追溯到远古，而且其思维方式的特征也更无疑符合列维·布留尔在其《原始思维》一书中所讲的‘互渗’（participation）的规律；另一方面，尽管儒教在后世逐渐演变成为一种主导性的意识形态并且无可争议地决定了中国文化的基本特质，但是由孔子乃至先秦诸子所共同参与的理性化的‘祛除巫魅’的过程，却在‘轴心期’属于一种带有异端意味的文化突破和‘宗教改革’。由此我们可以说，如果‘异端’这个语词本身就暗含一种‘后发生’的意思，那么在中华文明之所以创化为中华文明的突破期，儒家学派的地位倒很有点儿类似马克斯·韦伯在论述印度宗教（印度教–佛教）时的佛教，或者在其论述西方宗教（古犹太教–基督教–新教）时的晚出者。”[1]

无论如何，只有确立了这样的历史定位，才能够在整部中国思想史中，乃至在整个世界文明史中，确立孔子作为价值革新者

1 刘东：《试论中国文化类型的形成》，《近思与远虑》，杭州：浙江大学出版社，2014 年，第 159 页。

的意义。当然了，一旦深入到历史的进程中，即使对于如此鲜明的创新，也同样要进行两方面的分析。——在一方面，由于任何历史过程中的行为，都总是要表现为“传统的激活”，所以，即使孔子身为最彻底的创新者，也仍要去激活他之前的传统，甚至还会谦逊地说自己是“述而不作，信而好古”。[1] 只不过，当时有待孔子来激活的新兴传统，本身已不再属于宗教性的了，而毋宁属于徐复观所指出的、被警觉的“忧患意识”所唤醒的、起始于周初的“人文精神的跃动”：“周人革掉了殷人的命（政权），成为新的胜利者；但通过周初文献所看出的，并不像一般民族战胜后的趾高气扬的气象，而是《易传》所说的‘忧患’意识。忧患意识，不同于作为原始宗教动机的恐怖、绝望。一般人常常是在恐怖绝望中感到自己过分的渺小，而放弃自己的责任，一凭外在的神为自己做决定。在凭外在的神为自己做决定后的行动，对人的自身来说，是脱离了自己的意志主动、理智导引的行动；这种行动是没有道德评价可言，因而这实际是在观念的幽暗世界中的行动。”[2]

正是源于这种“忧患意识”，徐复观还进一步地指出，那个表达出了“人文精神”的“敬”字，也同样会在人们的心中被

1 《论语·述而》,《十三经注疏》，北京：中华书局，2009 年，第 5390 页。

2 徐复观：《中国人性论史》，北京：九州出版社，2021 年，第 18 页。

唤醒，从而既凸显出了内生的主体性，也凸显出了道德的自省性：“在忧患意识跃动之下，人的信心的根据，渐由神而转移向自己本身行为的谨慎与努力。这种谨慎与努力，在周初是表现在‘敬’‘敬德’‘明德’等观念里面。尤其是一个‘敬’字，实贯穿于周初人的一切生活之中，这是直承忧患意识的警惕性而来的精神敛抑、集中，及对事的谨慎、认真的心理状态。这是人在时时反省自己的行为，规整自己的行为的心理状态。周初所强调的敬的观念，与宗教的虔敬，近似而实不同。宗教的虔敬，是人把自己的主体性消解掉，将自己投掷于神的面前而彻底皈依于神的心理状态。周初所强调的敬，是人的精神，由散漫而集中，并消解自己的官能欲望于自己所负的责任之前，凸显出自己主体的积极性与理性作用。‘敬’字的原来意义，只是对于外来侵害的警戒，这是被动的直接反应的心理状态。周初所提出的敬的观念，则是主动的、反省的，因而是内发的心理状态。这正是自觉的心理状态，与被动的警诫心理有很大的分别。”[1]

或许从某种意义上，这已经算得上一种粗糙的、雏形的儒学，或曰“孔子之前的儒学”了？所以，正如我以往已经指出的，如果只是跟着雅斯贝尔斯，回到公元前五世纪前后，通览了

1 徐复观：《中国人性论史》，北京：九州出版社，2021 年，第 20—21 页。

世界性的价值崩塌，而与此同时，又联想到了孔子本人的“忧患意识”，即所谓“德之不修，学之不讲，闻义不能徙，不善不能改，是吾忧也”，[1]那么，我们也许就会接受雅氏的推断，误以为孔子也只有一种可能，那就是再去祈灵于刚刚崩塌的“超越性”。只不过需要注意，当时那种“祛除巫魅”的前卫思潮，早已不允许孔子再如此去重蹈覆辙了，——“如果问题仅仅展开到这里，我们还只足以说明孔子何以要去做一个‘圣哲’，而不足以说明他何以偏偏要去做‘像他这样一个’先知，因为我们知道对于道德意识的彻底自觉乃是产生几种主要世界性宗教的共通原动力，而光有这种自觉还未必足以促使孔子去为道德选定一个在世界范围内绝无仅有的独特价值支撑点。然而，对于以孔子为代表的中国先秦理性主义思想家们来说，问题的严重性却在于：作为文明进程不断‘祛除巫魅’的历史后果，从周初就不断跃动的主体意识和人文精神，至此已经把‘天道’和‘人道’剖化得‘非所及也’(《左传·昭公十八年》)了。”[2]

可在另一方面，在总要闪出自由的思想史中，这一切毕竟都还只属于温床，也就是说，它既在不知不觉地酝酿着，又不可能

1 《论语·述而》,《十三经注疏》, 北京：中华书局，2009 年，第 5390 页。

2 刘东：《试论中国文化类型的形成》,《近思与远虑》, 杭州：浙江大学出版社，2014 年，第 166 页。

当真就去决定，究竟去由什么人，在什么时候和什么地点，又以什么特定的方式，来完成那次酝酿中的革命性运思。事实上，只有从这种主动性的角度，才能充分理解孔子那种创造的抱负，知道他既是在特定的历史时空中，感应到了当年严重的“礼崩乐坏”，而要顺势去提出“时代解决方案”，又是在普遍的生命境遇中，参照着人类真实具体的能力，还更要接着提出“人生解决方案”。也正因为这样，在当年已认定了“天道远，人道迩，非所及也，何以知之”[1] 的语境中，孔子才会不管遇到了多少难处，都坚持要从这个可以确知的此岸，来重建这个属于“人间”的价值主表。——正如前文中已就此写到的：“显而易见，既然坚持了这样的‘知识本位’，去基于理性主义而疏远鬼神，那么，也就摈弃了任何形式的‘超越性存在’。这样一来，哪怕只是为了维护人间的德性，明知那是全社会须臾不可少离的，也不可以再去指望天国的引诱或者地狱的震慑了；相反，唯一尚可指望的价值支点，也就只能寄托在人们的个体本身。——正因为这样，儒家所大力和专心施行的‘德教’，不管会遭遇到多大的困难与周折，受它本身的思维性质所规定，也便只能表现为‘为己之学’了。由此可知，孔子反复申明的‘人能弘道，非道弘人’，‘为仁由

1 《左传·昭公十八年》,《十三经注疏》, 北京：中华书局，2009 年，第 4529 页。

己，而由人乎哉'，和'仁远乎哉？我欲仁，斯仁至矣'，无非都是同出于这方面的考虑。"[1]

也只有由此出发，我们才可以顺理成章地看到，当孔子去具体落实德教的时候，便不会再去依赖任何外界的支撑，尽管任何贪图省事的"神道设教"，都会因其简明而普遍的恫吓性，而起码在一时间更易收束人心。——恰恰相反，我们从《论语》中读到的是，只要是谈到了具体的道德实践，他就会诉诸人类的两种共通心理之力，其一是他们普遍共有的"理性"能力，其二则是他们普遍共有的"公正"企求。归根到底，正是这两种人类普遍具有的心力，才支撑了孔子一生倡导的"道德推理"，或者用他自己的话来说，是所谓"一以贯之"的"忠恕之道"：

> 子曰："参乎！吾道一以贯之。"
> 曾子曰："唯。"
> 子出，门人问曰："何谓也？"
> 曾子曰："夫子之道，忠恕而已矣。"[2]

1 本书，"为什么反是成己之学？"。

2 《论语·里仁》，《十三经注疏》，北京：中华书局，2009年，第5367页，着重号为引者所加。

后世注疏家一般认为，“尽己之谓忠，推己之谓恕”，[1]或者“以己及物，仁也；推己及物，恕也”。[2]因此，所谓“忠恕之道”的前一侧，便可说是“从正面开始”的道德推理：

子贡曰：“如有博施于民而能济众，何如？可谓仁乎？”

子曰：“何事于仁，必也圣乎！尧、舜其犹病诸！夫仁者，己欲立而立人；己欲达而达人。能近取譬，可谓仁之方也已。”[3]

而所谓“忠恕之道”的后一侧，则可说是“从反面开始”的道德推理：

子贡问曰：“有一言而可以终身行之者乎？”

子曰：“其恕乎！己所不欲，勿施于人。”[4]

到了后世，这种落实德教的道德推理，又被儒者们讲成了

1 朱熹语，见朱熹《论语集注·里仁》,《四书章句集注》，上海：上海古籍出版社，2001 年，第 84 页。

2 程颐语，见朱熹《论语集注·里仁》,《四书章句集注》，上海：上海古籍出版社，2001 年，第 84 页。

3 《论语·雍也》,《十三经注疏》，北京：中华书局，2009 年，第 5385 页。

4 《论语·卫灵公》,《十三经注疏》，北京：中华书局，2009 年，第 5470 页。

“絜矩之道”。我们从现存的文献中可以读到“所谓平天下在治其国者，上老老而民兴孝，上长长而民兴弟，上恤孤而民不倍，是以君子有絜矩之道也”。[1] 而紧跟着，这篇文献又以下述排比句，更充分地演示了这种“絜矩之道”，是既来源于又落实了“忠恕之道”，而我们由此便可以说，这也正是所谓“己所不欲，勿施于人”的具体化：“所恶于上，毋以使下，所恶于下，毋以事上；所恶于前，毋以先后；所恶于后，毋以从前；所恶于右，毋以交于左；所恶于左，毋以交于右；此之谓絜矩之道。”[2]

毫无疑问，这种乞助于公正之心的道德推理，充分反映了世俗社会的伦理特征。当然，由此导致和落实的道德实践，肯定会更加缓慢、曲折和艰难，因为它必得启迪和依靠伦理的自觉。不过话说回来，正因为它如此地需要唤醒自觉，乃至调动起人本身的积极性，所以相形之下，却也会显得更加精致、灵活与普遍。比如，再来对比一下前述犹太先知的“摩西十诫”，即所谓“当孝敬父母”、“不可杀人”、“不可奸淫”、“不可偷盗”、“不可作假证”以及“不可贪恋人的房屋；也不可贪恋人的妻子、仆婢、牛驴，并他一切所有的”，也就马上凸显出后者的生硬、简单与粗陋了。这当然是因为，尽管这几条相当粗浅、简陋的戒律，注定

1 《礼记·大学》,《十三经注疏》，北京：中华书局，2009 年，第 3635 页。

2 同上。

是任何人间社会，包括那些初民部落都会制定出来的，可它们既已去祈灵于冥冥上界的神意了，也就无须再来乞助于人类的内在心力了。这样一来，也就既不需要循循善诱地，再来讲明这样做的可以理解的道理，更不需要将心比心地，再来启发道德主体的善良天性。无论如何，要是以儒家的伦理高度来衡量，这种仅仅匍匐于神灵重压之下的，被动的与他律的道德，根本就达不到不欺暗室、不愧屋漏的水准。此外，只要生存在这种“吓唬小孩”式的威吓中，个人人格也就很难再得到正常的伸展了；而且更加要命的是，一旦他们的心智要谋求成长了，就又该从头去怀疑这种超越性的外力了。——所以老实不客气地说，如果对比一下中国古人的“莫见乎隐，莫显乎微，故君子慎其独也”，[1]那么，即使这种皈依式的、不得不如此的道德遵从，还不能完全被视作“不道德”的话，它也顶多只属于“小人儒”或“俗儒”的水准了。

说到底，这才是孔子那场“思想革命”的实质，它承袭了跃动于周初的“人文精神”，既毫不犹豫又言之凿凿地，把支撑起人间道德的价值支点，从不可知的上界转移到了可知的人间，而完全诉诸人们与生俱来、普遍具有的心力。——不过刚刚写到这里，话题就马上要转入另一重困境了；那一重困境正是，正因为

1 《礼记·中庸》,《十三经注疏》，北京：中华书局，2009 年，第 3527 页。

孔子是这种“思想变革”的发动者，所以古往今来也就唯有他一个人，才足以最为自觉地意识到这场革命的实质，于是也就只有他本人的言语与行动，才最为彻底地反映出了这场革命的性质。

事实上，正因为任何一场“思想革命”，都先要孤独地发生于一副头脑中，也正因为任何一场“思想革命”，都要决绝地跳脱习以为常的俗见，所以我们千万不要误以为，孔子的革命性思想一经形成，就马上会被人们无条件地接受；恰恰相反，正如任何解释学的教科书都会告知的，具体接受者的主体条件与认识水平，会相当程度地决定他的阐释立场，而具体接受者的精神高度，也会相当程度地决定他的理解能力。由此可知，就像前边反复提示过的那样，一方面固然也可以说，的确是“天不生仲尼，万古如长夜”，可另一方面却又应看到，与其说孔子竟是一蹴而就地带来了光明，还不如说他只是导致了复杂而斑驳的光谱，那中间经常是并列着理解与不解，甚至误解与曲解。——基于这样的认识，大家也许就更容易理解，我何以要在前文中反复地强调，“他的思想在一片巫魅的蛮荒中，难免像是一支时隐时现的爝火，而围绕在其周围并随处可见的，则仍是过往黝黯时代的、顽强习惯势力的幽灵”[1]了。

1　刘东：《天边有一块乌云：儒学与存在主义》，南京：江苏人民出版社，2018年，第119页。

换句话说，迄今为止的思想史总是灰蒙蒙的，从不会表现出连阴影都没有的光明，当然也不会表现出绝对无光的黑暗。特别是，我们沿着这样的比喻还会看到，一旦那一支“爝火”熄灭下去，深沉的夜幕随即就要开始闭合了。毕竟，传统的惯性仍是顽固强韧的，而又由于孔子发动的那场“思想革命”，只能首先产生于“一副头脑”之中，我们也就完全可以理解，相对于作为“传统”的道家而言，来自孔子的“哥白尼式的革命”，则只属于激进而前卫的、有违一般心灵习性的“反传统”。既然如此，如就当时的整个社会心理而言，后者就只表现为某种陡然变向的转折，而前者则是表现为惰性势力的延续；后者也只表现为某个集聚性的“点”，而前者则是表现为一片弥散性的“面”。——也正因为这样，如果沿着“祛除巫魅”的时间轴线，和前文所讲的“道先儒后”的历史线索，我们也就不难顺势理解到，孔子所发动的变革一经流传，就马上会被道家心态包围过来，而且说到底也只有孔子本人，基于他在方方面面的深思熟虑，才会对这种无所不在的包围，真正具有足够自觉的抵抗力。

由此就不免要从侧面来澄清，一旦谈及先秦的那个“黄金年代”，人们马上就会联想到思想上的“诸子百家”。可说起来，这顶多也不过属于一种修辞，借以极言当时思想状态之活跃罢了。而实际上，尽管如果按“人头”（家）来划分，虽然也确乎可以说是林林总总，可如果要按“流派”（派）的划分，那就远远不能匹配“百家”之数了。因而，正由于只有“道家”才属于“传统”，而凡是“非道家”都属于“反传统”，我们只需打开先秦文献稍做清点，就会发现其实势力最大、名家最多的那个流派，肯定还是非那个惰性的“道家”莫属。在这中间，就不要说最为典型的老子、庄子、列子和文子了；要是认真计较起来，其实关尹子、鹖冠子、管子、慎子和尹文子，也都是源出同一个“道家”。乃至于，那个被总结为“尝窃观阴阳之术，大祥而众忌讳，使人拘而多所畏”[1]的阴阳家，那个宣扬“上古有真人者，提挈天地，把握阴阳，呼吸精气，独立守神，肌肉若一。故能寿敝天地，无有终时。此其道生”[2]的医家，那个宣扬“故圣人之在天下也，自古及今，其道一也。变化无穷，各有所归，或阴或阳，或柔或刚，或开或闭，或弛或张。是故圣人一守司其门户，审察其所先后，度权量能，校其伎巧短长”[3]的纵横家，乃至于，那个宣扬“夫兵形象水，水之形，避高而趋下，兵之形，避实而击虚。水因地而制流，兵因敌而制胜。故兵无常势，水无常形。能因敌变化而取胜者，谓之神”[4]的兵家，乃至于，那位据说曾经专攻“黄

1　司马迁：《史记·卷一百三十·太史公自序》，北京：中华书局，1982 年，第 3289 页。

2 《上古天真论》，《黄帝内经·素问》，姚春鹏译注，北京：中华书局，2010 年，第 23 页。

3 《鬼谷子·捭阖》，许富宏译注，北京：中华书局，2012 年，第 3—5 页。

4 《孙子兵法·虚实》，陈曦译注，北京：中华书局，2011 年，第 110—111 页。

老之术”，故而在政治上主张“无为”的申不害，乃至于，那位被总结为“学黄老道德之术”，[1]故而主张“贵齐，齐死生、等古今也”[2]的田骈，其理论基础也是无一不属于“道家”，由此如果考虑到“道家”的弥散性，当然也都可以被归类为广义的“道家”。

不无趣味的是，正因为“道家”这种顽固的弥散性，到了执意要把“经学”降格为“子学”的现代学术中，吕思勉才会在重新排序先秦诸子时，重新发挥了班固“道家者流，盖出于史官，历记成败存亡祸福古今之道，然后知秉要执本，清虚以自守，卑弱以自持，此君人南面之术也”[3]的说法，竟有把所谓“南面之术”给解释成了“无所不包”的意思：“丞相掌丞天子，助理万机，而御史大夫，掌副丞相，皆总揽全局，与他官之专司一事者不同。其能明于君人南面之术，固其所也。职是故，道家之学，实为诸家之纲领。诸家皆专明一节之用，道家则总揽其全。诸家皆其用，而道家则其体。《汉志》抑之儒家之下，非也。今分论诸家，以道家为首。”[4]尽管对于此种概括中的赞赏态度，我们或许还可以持一种保留的态度，可毕竟也能由此见出“道家”的无所不在，以及由此显示出的思想史中的习惯势力了。

---

1 司马迁：《史记·卷七十四·孟子荀卿列传》，北京：中华书局，1982年，第2347页。

2 《审分·不二》，《吕氏春秋》，高诱注，毕沅校正，上海：上海古籍出版社，1996年，第308页。

3 班固：《汉书·艺文志·诸子略》，北京：中华书局，2009年，第1732页。

4 吕思勉：《吕思勉文集：先秦学术概论》，南京：译林出版社，2016年，第18页。

那么，这种重重包围的思想态势，对于孔子乃至孔门的话语传播，究竟会意味着怎样的困难呢？如果能够看透这一点，或许我们也就更容易理解，为什么刚刚到了孔子的身后，就会众说纷纭地出现“儒分为八”了。一方面，正如我们在前文中已经交代过的，在他“信而好古”的谦逊外表下，孔子其实反而最是“自我作古”的，而且，任何一场真正堪称“思想革命”的变革，又都只能首先孤独地发生在“一副头脑”中。既然如此，真正的传播困境就会体现在，即使是在有幸追随过他的弟子中，也没有人可以在思想的水平上，特别是，在对于这种学说的自觉意识上，真正到达孔子所达到的高度。——正因为这样，我们才会在前文中指出：“说到底也只有孔子本人，基于他在方方面面的深思熟虑，才会对这种无所不在的包围，真正具有足够自觉的抵抗力。”至于他身边的那些弟子，则往往对于孔子所发明的学说，即使已经可以“知其然”了，也未必就能“知其所以然”。事实上，颜回在《论语》中发出的下述感叹，恰恰说明了这种在理解上的困境：颜渊喟然叹曰：“仰之弥高，钻之弥坚。瞻之在前，忽焉在后。夫子循循然善诱人，博我以文，约我以礼，欲罢不能。既竭吾才，如有所立卓尔，虽欲从之，末由也已。”[1]

1 《论语·子罕》,《十三经注疏》，北京：中华书局，2009 年，第 5409 页。

而另一方面，更加严重的困难又在于，鉴于当时在思想传授方面，主要还不是凭靠着著书立说的论证，而只是借助于口耳相传的启发，所以，一旦孔子当年所发动的“思想革命”，再被隔代传递到更多的弟子那里，那些再也无缘亲炙其教诲的人，由于再也不可能“起夫子而问之”了，其理解就难免变得更加稀薄。正是在这个意义上，不管他们付出了多少学习的努力，——并且平心而论，也正是因为他们的艰辛努力，儒学才至少部分地获得了接续的传递，乃至于一直薪火相传到了我们这里——可终究在长期的儒学思想史中，原本真正能完全懂得孔子的人，也还是只有已然作古的孔子自己。——我当然知道，或许这样讲也难免有点“同义反复”之嫌；然而，这却并非一句轻飘飘的闲话，而恰恰凸显了千古如是的理解困境。

接下来，也正是在这样的理解困境中，才可以想象何以迅速产生了这样的分化：“自孔子之死也，有子张之儒，有子思之儒，有颜氏之儒，有孟氏之儒，有漆雕氏之儒，仲良氏之儒，有孙氏之儒，有乐正氏之儒。”[1] 事实上，限于当时的文化传递手段，这些孔门的弟子，特别是再传弟子，既已同那位先师“缘悭一面”了，也就只能借助于残留下来的竹简，透过其中偶然留存的

---

1 《韩非子·显学》，北京：中华书局，2010 年，第 724—725 页。

片言只语，去尽量恢复他的整体思想图景。这样一来，我们也就有理由循此去想象：有些问题，或许孔子当年已经谈到了，只是未曾被弟子们记录下来；又有些问题，或许孔子当年已经想过了，可又故意避而不谈；当然也可能有些问题，或许孔子当年确实并没有谈到，甚至还没有来得及思考……可是，不管是哪一种情况，如果再回到当年的思想语境中，对于那些身陷“理解困境”的人来说，他们都势必要竭尽全力地去“尝试理解”，并且在实在“理解不了”的情况下，也势必要朝各个方向去“试着发挥”，——由此一来，既要千方百计地进行自己的发挥，就总要尽量调动既有的思想资源了。

那么不言而喻，我们经由前文的铺垫都已知道，那个原本作为精神“传统”的道家，也正是当年最广泛存在、最触手可及的思想资源。——正是出于这个原因，虽说如果从学理本身的角度看，正如我已在其他著作中指出的，所谓“儒道互补”之说是根本讲不通的：“要是儒家思想不以道家来补充，就会显得单薄、偏颇和缺失，那么，孔子当年的创造还有什么意义？而孔夫子晚年所谓‘从心所欲不逾矩’的自述，岂不成了一句大话、空话和假话？正因为这样，我们就应当心怀警觉地想到，说一种教导出了世界级文明的学说，其本身并不能构成一套完备的体系，而竟需要同其他的，甚至是与之激烈竞争的学说来互补，否则就不能抚慰我们的心灵，就不能成为相对完备的人生解决方案，这本身就属于至深的误解和嘲弄。”[1]也正因为这样，我还基于学术史的事实而指出：“如果从思想史的长河来看，儒家本就是从道家的旧框中，经由勇敢的革新而挣脱出来的，因而说穿了，所谓‘儒道互补’之类的说法，无非都是后人的‘和稀泥’说法，——如果按照钱穆在《国学概论》中的说法，始作俑者应推战国后期的阴阳家邹衍：‘复有阴阳家一派，盖亦晚出。其著者为邹衍，兼综儒、道以立说。’”[2]

可即便如此，既可痛惜又可理解的是，在故有“传统”无所不在的包围中，我们在后世的史学著作中，还是能随处看到这种“和稀泥”的倾向。——比如到了汉代，尽管朝廷从武帝起就已经“独尊儒术”了，可是在司马谈那篇综述阴阳家、儒家、墨家、法家、名家和道家的文章中，他还是不光对这六家全都“一分为二”，从而对各家也都提出了“取长补短”的要求，而且，他还在议论中明显带有了“扬道贬儒”的倾向：“道家使人精神专一，动合无形，赡足万物。其为术也，因阴阳之大顺，采儒墨之善，撮名法之要，与时迁移，应物变化，立俗施事，无所不宜。指约而易操，事少而功多。儒者则不然。以为人主天下之仪

1 刘东：《天边有一块乌云：儒学与存在主义》，南京：江苏人民出版社，2018 年，第 118 页。
2 同上书，第 117 页。

表也，主倡而臣和，主先而臣随。如此则主劳而臣逸。至于大道之要，去健羡，绌聪明，释此而任术。夫神大用则竭，形大劳则敝。形神骚动，欲与天地长久，非所闻也。”[1]

再如，尽管班固向被视作儒家史学之巨擘，他还是要在自己的《汉书·艺文志》中，既指出了儒家思想的短处：“唐虞之隆，殷周之盛，仲尼之业，已试之效者也。然惑者既失精微，而辟者又随时抑扬，违离道本。苟以哗众取宠。后进循之，是以五经乖析，儒学寖衰。此辟儒之患”；[2] 又指出了道家思想的长处：“道家者流，盖出于史官。历记成败、存亡、祸福、古今之道。然后知秉要执本，清虚以自守，卑弱以自持，君人南面之术也。合于尧之克攘，《易》之嗛嗛，一谦而四益，此其所长也。及放者为之，则欲绝去礼学，兼弃仁义，曰独任清虚可以为治”；[3] 由此，他也主张要在诸家中“取长补短”和“兼容并包”：“《易》曰：‘天下同归而殊涂，一致而百虑。’今异家者，各推所长，穷知究虑，以明其指，虽有蔽短，合其要归，亦《六经》之支与流裔……方今去圣久远，道术缺废，无所更索，彼九家者，不犹愈于野乎？若能修六艺之术，而观此九家之言，舍短取长，则可以通万方之

1 司马迁：《史记·卷一百三十·太史公自序》，北京：中华书局，1982 年，第 3289 页。

2 班固：《汉书·艺文志·诸子略》，北京：中华书局，2009 年，第 1728 页。

3 同上书，第 1732 页。

略矣。”[1]

不待言，至少对于还自命为“儒者”的人们，这样的“合流”还不会是平分秋色的，否则他们就干脆不配成为“儒者”了。然而就算这样，即使是“儒分为八”以后最为显赫的“儒者”，比如韩非子笔下的“孟氏之儒”（孟轲）和“孙氏之儒”（荀况），由于他们都曾就近造访过稷下学宫，也都跟那里的黄老学派进行过交流，遂不免要在既激烈交锋又相互借鉴之余，再想当然地对于故有学理进行发挥了。——说到这里，就要顺便来破除一种迷信了。人们眼下往往先入为主地，就会赞成学术上的“转益多师”，甚至往往会不加分析地，就去首肯思想上的“多元主义”。可认真计较起来，那个“多元”本身，却是构不成什么“主义”的，而要取决于某些必要的前提。所以，一旦谈起终极的价值来，论辩的对手是否能取长补短，从思想上获得相应的进境，还是要取决于双方的立场是否真的能相互支撑和嵌入，乃至达成黑格尔意义上的“合题”。否则的话，就会形成各种各样的折中主义，白白地磨损了应有的思想锋芒。——甚至弄得不好，还会像西方所谓的“两希文明”那样，或者说，就会像舍斯托夫所说的“雅典和耶路撒冷”那样，尽管已经相互争斗或咬合了两

1 班固：《汉书 · 艺文志 · 诸子略》，北京：中华书局，2009 年，第 1746 页。

千年，却仍自落得个“油是油、水是水”，不光是彼此间并不能真正化合，还只会不断发生隔离、抵触与对抗，乃至把整个社会都带进了分裂。

同样的道理，这种对于“多元”迷信的破除，也应当被带入到中国思想史中，提醒人们不要一谈到“思想多元”乃至“三教合一”，就马上自动联想到思想的进步，因为其实很可能会适得其反。无论如何，如果不去考虑具体的前提，如此模糊混沌的“你中有我”，反倒会对思想者构成拖累，从而也就有可能简单地意味着退步。再具体回到孔子身后的年代，鉴于他是从前轴心时代的“互渗律”中，刚刚经由独立的思考而决裂出去的，所以，儒门后学的那些“想当然”的发挥，虽未必不能在局部上有所进展，可由于未能深层把握到夫子的“所以然”，所以一旦说到全面性和平衡性来，就可能远远跟不上老师的思路了。也正因为这样，他们才可能在激烈的论辩中，至少是部分地被对手给说服，乃至部分接受了对方的前提或思路，从而相应降低了儒学已达到的水准。——说到这里，又使我们不免回想起前文中的论述了，也即在相互纠缠交织的思想史中，总是会存在“越争越像”“越像越争”的吊诡现象。

归根结底，在所有这些“修正”和“补足”的努力中，最为要害也最有迷惑性的问题，正是写进了本章标题的那个难题，也即“道德要不要形而上预设？”这意味着，这些人既已经认同于儒家，当然会意识到德教的重要性，然而，他们却未必能同等地意识到，孔子的思想却是强调“认识优先”的，因而无论他所推行的德教有多么重要，也都必须建立在“知识本位”的基础上，换句话说，是要建立在“有限理性”的基础上，建立在理性本身必有的“自限性”之上。正因为这一点，所有的存世材料都足以说明，这些后学其实都是不约而同地在疑虑自家的学理尚嫌不够“玄妙”，由此也就不够“牢靠”，既然它还不能向如此重要的人间道德，再提供一种来自上界的形而上支撑。当然了，要是在当时的学术氛围中，还能有幸再来“起夫子而问之”，那么孔子肯定会激烈地反问：到底怎样才能算得上“牢靠”？——是一旦没有本体论支撑，就显得不够“牢靠”呢，还是那个本体论的虚构本身，说白了反而更不“牢靠”？只可惜，这些后学既未曾亲炙孔子，眼下又被稷下道家给包围着，致使他们一旦与之辩谈久了，也就难免会从心底暗自打鼓，觉得这即使不算是孔子的某种“失误”，至少也应当算是他的某种“不足”，因而他就此闪出的所谓“缝隙”，也就只有靠自己去修正和补足了。

这意味着，考虑到道家给出的宇宙论解释，当时所有想要“援道入儒”的儒者，主要就会受到它“玄之又玄”的诱惑。正是在这个关键的层面，尽管作为当世大儒的孟子和荀子，并不会对两者采取骑墙的态度，也就是说，还不致无原则地、平分秋色地，像后世那样去主张“儒道互补”，可毕竟在他们的某些言论中，都已暴露出了道家宇宙论的影响。我们在前边的论述中，既引证过曾子所讲的，“夫子之道，忠恕而已矣”，[1] 也引证过子贡所讲的，“夫子之文章，可得而闻也；夫子之言性与天道，不可得而闻也”。[2] 所以大家由这一点，也很容易再接着辨识出，虽说都是从“道路”之意引申过来，然而“孔子之道”却不同于“老子之道”，——因为前者只属于人间的“伦理之道”，无论是把它总结为道德推理的“忠恕之道”，还是总结为将心比心的“絜矩之道”；而后者则属于探究本源的“天地之道”，强行向着宇宙给出了统一的解释：“有物混成，先天地生，寂兮寥兮，独立不改，周行不殆，可以为天下母。吾不知其名，强字之曰‘道’，强为之名曰‘大’。”[3]

不过，虽说无论孟子和荀子，都同样受到了道家的影响，也都能从其论述中看出，可鉴于毕竟只有在前者那里，才由于后儒的偏颇选择，而放大了其后世的影响，所以，这里就集中关注孟子的情况了。——比如，且来重读一下他与告子的下述问答：

---

1 《论语·里仁》，《十三经注疏》，北京：中华书局，2009 年，第 5367 页。

2 《论语·公冶长》，《十三经注疏》，北京：中华书局，2009 年，第 5373 页。

3 《道德经·二十五章》，《老子今注今译》，陈鼓应注译，北京：商务印书馆，2003 年，第 169 页。

"敢问夫子恶乎长？"

"我知言，我善养吾浩然之气。"

"敢问何谓浩然之气？"

曰："难言也。其为气也，至大至刚，以直养而无害，则塞于天地之间。其为气也，配义与道。无是，馁也。是集义所生者，非义袭而取之也。行有不慊于心，则馁矣……"[1]

无论再琢磨多少遍，这样的遣词用句，乃至这样的口气腔调，都不会是从孔子那里继承来的。正因为这样，学者们也已循着其中的蛛丝马迹，借助于术语方面的因袭或相似，而勾连出了所谓"浩然之气"的道家渊源："浩然之气"的思想源于稷下道家。孟子说"我善养吾浩然之气……塞于天地之间，其为气也，配义于道"。孟子"浩然之气"说之源于稷下道家，学界已有多人论及，如青年学者白奚说："孟子的心气论不是上承孔子，而是受到他久居的齐地的学术空气的影响。"马非白说："孟子'浩然之气'乃可能源于《内业》中的'灵气'与'浩然和平，以为气渊'之说。"刘长林教授也说"孟子的'浩然之气'与《管子》

1 《孟子·公孙丑上》，《十三经注疏》，北京：中华书局，2009年，第5840—5841页，着重号为引者所加。

和‘浩然和平’之气实为一气。”[1]

就此而论，不管是对所谓“配义与道”的“道”字，鉴于它并不合乎孔子的“一贯之道”，而认定它是取之于道家的“脏品”（郭沫若）；[2] 还是对所谓“浩然之气”的“气”字，鉴于它将人与天地融作了一体，从而一总地认定了宇宙本身的道德性，而认定孟子有着“神秘主义”的倾向（冯友兰），[3] 都肯定是在这方面不无所见的。不过，这还是只见到了孟子的“其然”，而未能再进而讲出他的“所以然”来。说穿了，如果从更深的层面来看，正是在上述那种“理解困境”中，为了给孔子所推行的“伦理之道”再增添一层来自“天地之道”的保护，孟子才会化用对手的习惯说法——如用现代气功的术语来讲，正是它在发功时得到的“功境”——来虚设出整个宇宙的道德本质。由此可知，如果按照孟子本人的理解，也只有为我们所生存的这个世界，总体地虚设出这种“道德目的论”，这些被“性善论”所决定了的个体生存者，才会既无可选择又从心所欲地，来自动地履践符合“天心”的人间道德。

唯其如此，原本并无道德属性的“天地之道”，才会被孟子

1 陈鼓应：《早期儒家的道家化》，《中州学刊》，1995 年第 2 期，第 60 页。

2 参见郭沫若：《宋钘尹文遗著考》，《青铜时代》。

3 参见冯友兰：《中国哲学简史》。

改造成了“配义与道”，而老子“天地不仁，以万物为刍狗”[1]的说法，后来也就被置换成“上苍有好生之德”了。只有在这种神秘主义的言说语境下，我们才能理解孟子所讲的“夫君子所过者化，所存者神，上下与天地同流，岂曰小补之哉？”[2]也只有在这种带有道家色彩的儒学论述中，我们才能循着孟子道德形而上学的思路，来理解他何以又把人间的“伦理之道”，超越或僭越地提升成了“替天行道”：“尽其心者，知其性也。知其性，则知天矣。存其心，养其性，所以事天也。殀寿不贰，修身以俟之，所以立命也。”[3]千百年来，孟子的这种似乎精巧的虚构，无疑打动了无数的儒家后裔，也构成了宋明理学的主要资源，其影响恐怕不下于孔子的学说本身。——只可惜，我们本着孔子对于“知识本位”的坚持，又可知道这种道家化的儒学论说，其实并不符合“不知为不知”的原则，而我们经由孔德对于“形而上学”本身的剖析，也可判明这种“强为之名”的论证，也只属于冥冥“天意”的改头换面，因而显然从孔子的理性立场倒退了，从而也就构不成一种独特的“人生解决方案”了。

当然话又说回来，孟子那种“神秘主义”的形而上立论，如

---

1 《道德经·五章》，《老子今注今译》，陈鼓应注译，北京：商务印书馆，2003年，第93页。

2 《孟子·尽心上》，《十三经注疏》，北京：中华书局，2009年，第6017页，着重号为引者所加。

3 同上书，第6014页。

果再回到“百家争鸣”的稷下学宫那里，也肯定是出于当时话语竞争的需要。无论如何，相对于那时候的普遍认识水平，又是在道家黄老学派的重重包围下，不去把自己从孔子那里学来的“伦理之道”，努力托举到超越性的“天地之道”，那是不可能吸引和打动多少听众的。此外，如果从“安身立命”的众生祈求来看，或者在美国神学家保罗·蒂利希的意义上，从人们难以遏止的“终极关怀”来看，这也可以说是相当普遍的，甚至是在劫难逃的思想陷阱。毕竟，即使从整个世界文明史来看，西方也只是到了康德的批判哲学那里，才去幡然地检讨自身的认识能力，能否真正支撑起某种形而上学，并且也只是到了孔德的实证主义那里，才转而彻悟到这类形而上学本身，终不过是宗教神学的理论翻版。——也正因为这样，既然孔子即使到了现时代，其思想都显得如此前卫和早熟，也就难怪人们在两千多年以前，会如此守不住理性认识的边界，也如此难以遏制童话般的好奇心。

接续着这个话题，就轮到来分析《礼记》中的两篇名文了，当然主要还是指其中的《中庸》。虽则说，为了制造出思想上的正统，宋儒曾经把这两篇文章的成文，上推到了比孟子还要早的年代，比如朱熹就对《大学》下过这样的断言：“三千之徒，盖莫不闻其说，而曾氏之传独得其宗，于是作为传义，以发其意。

及孟子没而其传泯焉，则其书虽存，而知者鲜矣”，[1] 又对《中庸》下过这样的断言：“中庸何为而作也？子思子忧道学之失其传而作也……若吾夫子，则虽不得其位，而所以继往圣、开来学，其功反有贤于尧舜者。然当是时，见而知之者，惟颜氏、曾氏之传得其宗。及曾氏之再传，而复得夫子之孙子思，则去圣远而异端起矣。子思惧夫愈久而愈失其真也，于是推本尧舜以来相传之意，质以平日所闻父师之言，更互演绎，作为此书，以诏后之学者”；[2] 可毕竟，这种来自后世的“传统的发明”，主要还是依靠了理学家的“心证”。——既然如此，我们还是根据《礼记》的成书年代，再把最初的发明权交还给孟子吧。

不过，一旦“同情地了解”到朱熹的动机，我们总是很容易顺势去窥知，为什么《中庸》这篇杂乱的文字，会受到理学家们如此之重视。那正是因为它劈头的那句话，即“天命之谓性，率性之谓道，修道之谓教”，[3] 就已经给了他们相应的解释空间，以容纳“天地之性”与“气质之性”之辨了。更不要说，再借着《尚书·虞书》中的十六个字，即“人心惟危，道心惟微，惟精惟一，允执厥中”，[4] 宋儒所谓的“天地之性”和“气质之性”，又

---

1 朱熹：《大学章句序》，《四书章句集注》，上海：上海古籍出版社，2001 年，第 2 页。

2 朱熹：《中庸章句序》，《四书章句集注》，上海：上海古籍出版社，2001 年，第 17—18 页。

3 《礼记·中庸》，《十三经注疏》，北京：中华书局，2009 年，第 3527 页。

4 《尚书·虞书·大禹谟》，《十三经注疏》，北京：中华书局，2009 年，第 285 页。

可以被分别表述为“道心”和“人心”，由此便又能把自己对于“传统的发明”，继续上推到“唐尧虞舜”的理想年代。于是，在这种理论前景的诱惑下，甚至也就根本顾不上，那时候到底有没有儒家本身了。——正是出于这种考虑，朱熹才会接着前引的那句话，即“中庸何为而作也？子思子忧道学之失其传而作也”，继续来发挥他的思古之畅想：“盖自上古圣神继天立极，而道统之传有自来矣。其见于经，则‘允执厥中’者，尧之所以授舜也；‘人心惟危，道心惟微，惟精惟一，允执厥中’者，舜之所以授禹也。”[1] 由此一来，至少照大批的理学信众读起来，他的下述论断就更显得其来有自了：

> 盖尝论之，心之虚灵知觉，一而已矣。而以为有人心、道心之异者，则以其或生于形气之私，或原于性命之正，而所以为知觉者不同，是以或危殆而不安，或微妙而难见耳。然人莫不有是形，故虽上智不能无人心，亦莫不有是性，故虽下愚不能无道心。二者杂于方寸之间，而不知所以治之，则危者愈危，微者愈微，而天理之公卒无以胜夫人欲之私矣。精则察夫二者之间而不杂也，一则守其本心之正而不离

1 朱熹：《中庸章句序》，《四书章句集注》，上海：上海古籍出版社，2001 年，第 17 页。

也。从事于斯，无少间断，必使道心常为一身之主，而人心每听命焉，则危者安、微者著，而动静云为自无过不及之差矣。[1]

不过，要是真这么其来有自且一线单传，那么孔子本身的革命性意义，也随即就要化为乌有了。可困难就在于，在这种勉强拉出的历史线索中，就是还横亘着一个“有限理性主义”的孔子，在严格恪守着“知之为知之，不知为不知”的界限。因此，只要细品一下《中庸》中的相关说法，比如“诚者，天之道也；诚之者，人之道也”，[2]我们就足以从其间的“天人关系”中发现，这里是既存在着老子的“天地之道”，也存在着孔子的“伦理之道”；而且，不光是两者已经完全混杂到了一起，后者还势必要取决于前者的存在。由此可见，“道家影响”在这里确实是无可否认的；尽管在做出这种判断的同时，我们也仍然没有必要否认，《中庸》一文的主导倾向还是儒家，因为它所以要援引“形而上”的支撑，毕竟还是同它所继承的孟子一样，想要在善良“天意”的假定庇佑下，去进行道德的教化，乃至去谋求人格的成长。——说到底，这就是它那段著名论断的基本意蕴：“自诚

1 朱熹:《中庸章句序》,《四书章句集注》，上海：上海古籍出版社，2001 年，第 17 页。

2 《礼记 · 中庸》,《十三经注疏》，北京：中华书局，2009 年，第 3542 页。

明谓之性。自明诚谓之教。诚则明矣，明则诚矣。唯天下至诚，为能尽其性；能尽其性，则能尽人之性；能尽人之性，则能尽物之性；能尽物之性，则可以赞天地之化育；可以赞天地之化育，则可以与天地参矣。”[1]

可即使如此，我们仍应对这篇文章保持警觉，它毕竟还是明显掺杂了道家的成分，而且也正因为这样，才既模糊了孔子的鲜明立场，也降低了儒学的应有高度。比如，让我们再回到《中庸》的文本中，读一读托名孔子的下述语句：“鬼神之为德，其盛矣乎？视之而弗见，听之而弗闻，体物而不可遗，使天下之人齐明盛服，以承祭祀。洋洋乎如在其上，如在其左右。《诗》曰：‘神之格思，不可度思！矧可射思！’夫微之显，诚之不可掩如此夫。’”[2] 无论如何，这都是那位坚持理性主义的孔子，无论在任何时间、任何地点和任何条件下，绝对不可能说出口的话，他毕竟是挑明了“不语怪、力、乱、神”的。——当然，我们由此也就可以逆料了，这又会破费后儒多少“强作解人”的工夫：“程子曰：‘鬼神，天地之功用，而造化之迹也。’张子曰：‘鬼神者，二气之良能也。’愚谓以二气言，则鬼者阴之灵也，神者阳之灵也。以一气言，则至而伸者为神，反而归者为鬼，其实一物

1 《礼记·中庸》，《十三经注疏》，北京：中华书局，2009 年，第 3542—3543 页。

2 同上书，第 3532 页。

而已。”[1]

正因为这样，尽管我并不赞成陈鼓应所固执的道家立场，然而话说回来，也许正因为他不无偏颇的立场，反而使得他在下手分析《中庸》一文时，更容易一眼看出其中存在的道家影响；更不要说，他就此所援引的钱穆的说法，在我看来更属于言之凿凿的断论：“秦汉间儒家具有哲学性思考的著作十分薄弱，朱熹不得不从《礼记》中抽取一些片断集而为《中庸》，又因《中庸》中有着后来学者所常说的‘天人合一’的观点，故将其抬升到一个哲学上的高度。而事实上，‘天人合一’的观点乃渊于道家，因此钱穆先生在《中庸新义申释》一文中说道‘中庸本义，正重在发挥天人合一，此一义亦道家所重视’，又说‘若论中庸原书本义……若谓其借用庄子义说中庸，则《中庸》本书，据鄙见窥测，本是汇通庄书而立说’。钱先生指出《中庸》乃‘汇通庄书而立说’，这种看法在儒派内部曾引起颇大争议，但此说并非没有道理。”[2]

说到这里，我们当然也就可以理解，宋儒们何以要编造出“四书”了。虽说如果从儒学的角度看，真正能称得上“经典”的作品，无论如何都只有孔子的“一书”，也即记载着其亲身教

1 朱熹：《中庸章句》，《四书章句集注》，上海：上海古籍出版社，2001 年，第 29 页。

2 陈鼓应：《早期儒家的道家化》，《中州学刊》，1995 年第 2 期，第 65 页。

诲的《论语》，可毕竟，在同佛教的激烈争执与缠斗中，这本书就未提供本体论的论证，来支撑“上下同流”“天人合一”的主张。正因为这样，就只好把《孟子》和《中庸》都搬进来，以便“发明”出那个源自孔子的“思孟学派”。只不过，我们至此也同样清楚地看到了，这无非就是个“循环论证”的游戏，也就是先在当下“制造”出一个传统，再来讲自己是在“继承”这个故有的传统。——当然，所有这一切学术努力，至少在理学家本人看来，都还有个注定“正当”的前提，那就是在“世风日下”的情况下，无论如何都要重振儒家的“德教”；可反过来说，如果从方法论前提来检讨，那么即使这样的学术努力本身，也已有违于“知之为知之，不知为不知”的原则了。

于是进一步说，既已不再是“知之为知之，不知为不知”了，则这种强作解人的思想步骤，也就会不光是“知之为知之”，而且就连“不知也为知之”了。因此，这种纯属“想当然”的、逾越界限的论证方法，当然也违背了孔子的理性主义立场，因为正如我在其他文章中指出过的：“同时去意识到这种‘知之’与‘不知’，并严守着两者间的不可逾越的界限，这一点对于当年的孔子来说，才显得更加重要和关键。也正因为这样，这种对于‘知识界限’的警觉意识，这种对于独断和僭越的严格防范，才被他最终特别强调为‘是知也’，——也就是说，也只有从这种具有确定性的、哪怕明知自身之限度的‘知’，人们才能发出相对可靠的运思。”[1]——由此我们也就足以进而判明，价值立场和思想方法上的退步，到了后世也是注定要同步出现的。

说到这里，又要顺便再来破除一种迷信。人们往往会沿着时间维度，误以为“后浪”总是会压过“前浪”，于是乎，晚生的学人就总比早出的好，而晚出的著作也总比早出的好。甚至于，一旦固执了这样的“时间迷信”，盲从了这样的“思想进步”，人们就往往会下意识地以为，但凡是由哪位最新的思想家顺口讲出的最后那句话，就会在至少迄今的思想史中，代表着最高的思想水平，也最为接近真理的状态。这种似是而非的迷思，真不知贻误过多少后学，使之只是在一味地唯新是从。可实际上，按说所谓的“思想史”，不过是思想历程的记载罢了，而那中间的曲折、失误和倒退，要远比“前进”与“上升”多得多。正因为这样，其实在人类的思想进程中，并不是注定就会“后出转精”的，也不会如黑格尔宣扬的那样，“凡是现实的，都是合理的”；尤其是，在讨论“人生价值”这类永恒话题时，由于谁也都只拥有“这一辈子”，用来领悟人生的时间都差不多，所以，所有古往今来的思想家们，就此都只会享有更平齐的起点，后人也不见得能

1 刘东：《作为有限理性主义的儒学》，《中国学术》第四十二辑，北京：商务印书馆，2021年，第5页。

占什么优势，不可能随随便便超越前人。——更不要说，还想去超过既如此敏锐又如此平衡，既如此独到又如此周备，既如此深刻又如此平实，既如此灵动又如此稳定的孔子了！

正是出于上述考虑，这里就需要旗帜鲜明地主张，至少在如何"领悟儒学"的问题上，还是不妨执一种学术上的"保守主义"，甚至是学理上的"原教旨主义"。也就是说，只要是事关对于儒学的理解，无论碰到了什么样的疑难，都先拿《论语》中的说法来衡量，而一旦遇到了未见于《论语》的，就要充满警觉地反复考量，一旦遇到有违于《论语》的，就马上怀疑此论有否根据。——我之所以这样主张，还不光是因为前文中所说，后学在理解孔子时往往跟不上，还更因为在后来的话语场中，正由于孔子的思想太过"超前"了，他的"爝火"虽则刺破了夜幕，却也总要被那夜色掩盖与遮蔽。

这里所讲的"夜幕""夜色"，当然还是指充满了诱惑的"怪力乱神"，或者说，是那些迟迟未能祛除净尽的、仍然表现出了原始思维特征的"巫魅"。这里还是从《礼记》的成书年代讲起，既然正如前文已经征引过的，无论当时的哪位历史学家——司马谈或者班固——都已总结出了"儒道合流"，乃至"六家合流"的趋势，那么，我们就不光会从《中庸》里看到这种"合流"，还能从当时的大儒董仲舒那里，读到更具宗教特征的"天人感应”之说。——事实上，这里已不只是有关“天人同构”的抽象论断了，比如“臣谨案《春秋》之文，求王道之端，得之于正。正次王，王次春。春者，天之所为也；正者，王之所为也。其意曰，上承天之所为，而下以正其所为，正王道之端云尔。然则王者欲有所为，宜求其端于天”；[1] 而且，更加有违孔子教诲的是，董仲舒还干脆如此活灵活现地，把“天心”“天意”都讲成了具有意识的“人格神”：“臣谨案《春秋》之中，视前世已行之事，以观天人相与之际，甚可畏也。国家将有失道之败，而天乃先出灾害以谴告之，不知自省，又出怪异以警惧之，尚不知变，而伤败乃至。以此见天心之仁爱人君而欲止其乱也。自非大亡道之世者，天尽欲扶持而全安之，事在强勉而已矣。”[2]

当然即便如此，无论这位董仲舒，还是整个汉代的儒家，也都仍有“功大于过”的不同侧面。确实在一方面，正如我已在别处指出的，他们是摆脱不了当时的历史困局：“既然在政体上已经‘汉承秦制’，而在思想上又遭遇了强劲的道教对手，后者无疑是更多地保留了过往的‘巫魅’，从而也就更容易蛊惑人心的惯性，这就逼迫得有汉一代的儒者们，也只能姑且用‘天人感应’的迷信说法，去牵强地震慑那个自称‘天子’的皇上，以便

1 班固：《汉书·卷五十六·董仲舒传》，北京：中华书局，2009 年，第 2501—2502 页。

2 同上书，第 2498 页。

再假借莫须有的、来自上天的威吓，来暗中搬运具体的儒家伦理规则，这也是儒生们终有汉一代都无法摆脱的局限性。”[1]不过在另一方面，又像我们在本书的第五章中，经由引证司马光而看到的，正是从汉武帝直到光武帝的时期，汉儒反而通过具体儒家伦理的搬运，支撑起了长达一个多世纪的教化过程，从而也就在自己的那个“有汉一代”，造就了认同于儒家的“有汉一族”——“有汉一代在文化上的主要贡献，至少从儒学思想的角度来检验，就并不在于思想本身的独创性和精当性上，而在于一种思想的具体传播和普遍落实上。——当然即使如此，这在儒学发展中仍属不可或缺；不然的话，由孔子所开发出的那种智慧种子，就仍然只属于某种思想的可能性,而并非千真万确的文化现实性。”[2]在这个意义上，可以说董仲舒仍不失为一代儒者，尽管是一位局限性很明显，甚至迷信色彩深重的儒者。

可有意思的是，我们由此也就看出了，犬牙交错的人类历史进程，就是有着其自身的两面性，不然它也早就整个地沉沦了。在一方面，清醒的理性事业一经形成，就总要被非理性的混沌所遮掩，或者说，“祛魅”的进程一旦开始启动，就总要受到来自“复魅”的惯性阻力。实际上，这种情况并非仅限于中国，——

1 刘东:《有汉一代的文化贡献：从儒学传播的角度看》，未刊稿。

2 同上。

比如那位与孔子同时代的释迦牟尼，原本也只是创立了一种学说，向人们宣扬彻底怀疑的哲学理念，其间很难说能有多少宗教的成分；然而此后，在人们顽强的惯性心理中，它却一直被夹杂着原始思维，而且恐怕其中很主要的，还是来自先前的印度教，由此才在释迦那座莲花座旁，造成了“多神簇拥”的复杂景象，尽管这已跟原本“四大皆空”的学理，刚好是形成了某种反讽的对比。

与此类似的情况，也同样要出现在孔子的身后。虽然说，孔子还是给了中国历史一个关键性的变量，从而决定性地扭转了它的方向，以至于在此后的文明进程中，总要以“无宗教而有道德”，乃至“无宗教而有快乐”，作为这个特定文化的主导模式；然而，他所创立的“有限理性主义”的人生观，仍不免要被种种的原始思维所夹杂与中和，以致先是被本土的“道家-道教”给混入与掺杂，后又被西域传来的“佛教-印度教”给混杂与稀释，最后又被西方传来的“天主教-基督教”给改造与变形，——由此才先后又有了康有为所宣扬的“孔教”和港台新儒家所宣扬的“儒教”。可无论如何都应当认清，正如我在一本近作中指出的，在后者的那份“新儒家宣言”中间，同时并存着对于孔子的认同与背叛：“尽管我们理应平心与同情地承认，在这份于‘花果飘零’后所写的文件中，肯定是充满了对于中国文化的、令人感动的挚爱，但与此同时，沿着前边已经疏通过的理路，我们又同样理应平衡和全面地指出：至少是涉及所谓'宗教'问题时，他们这种杜鹃啼血式的抵抗意图，却反而贯彻在以基督教为原型的概念上，由此先行认可了西式宗教的'普世性'。"[1]

此外，又如我在别的著作中指出的，之所以到了孔子的身后，会频频地形成这类的被动，其中相当主要的一个造因，还是人们的心智水平有限，使得他的学理在传播过程中，总会遭遇来自接受对象的阻力："尽管宗教相对而言并不善于'说理'，可它相对而言却更善于'传销'，尤其是对于文化不高的社会下层而言。——而由此又导致的吊诡局面则是，一旦进入了激烈竞争的态势，就往往逼迫得与之对峙的后世儒家，也不得不采取了对手的那种推广形式，甚至不得已而部分地渗入了对方的内容。换句话说，正因为百姓们更偏于'象征性'的思维方式，后世的儒家往往就会在外来的压力下，一反先秦理性地转向了原始思维的'互渗律'，从而反倒冲淡了自身的理性主义色彩。对于这种被迫放弃了原则的混杂局面，或者说，对于这种向着对方去沉沦或靠拢，人们通常比较容易想到的例证，大概就是在'理学与佛学'之间的借鉴了。不过，我们如果再推而广之，那么在汉代的儒家

1 刘东：《天边有一块乌云：儒学与存在主义》，南京：江苏人民出版社，2018 年，第 242—243 页。

与同期的道教之间，在宋明的理学与同期的佛教之间，乃至在港台新儒家与同期的耶教之间，也都一一对应地存在着这类的互渗关系。”[1]

可即使如此，我们又应从另一方面看到，只要清醒的理性事业一经形成，无论它遇到多少顽强的抵抗，总还要持续不断地冲决原始思维，或者说，只要“祛除巫魅”的事业一经启动，不管它遇到心理惯习的多少惰性，终究会表现为“不可逆”的进程。所以，要是换从更加宏大的“时段”来看，如果说连宣扬“天人感应”的汉儒，毕竟还有“落实儒学”的历史功绩，那么，到了宣扬“天人合一”的宋儒那里，尽管还是承袭了孟子的“神秘主义”倾向，可毕竟已不再去祈灵于“人格神”了，相反倒是以一个“理”来命名自己，这也至少说明它并不是“最迷信”的，相反其“理性成分”总还是在累积的。——关于这一点，也正如我在前揭的文字中，借助于“光谱”之喻而指出的：“即使我们借着这排参差错落的光谱而看出，那些方领矩步、闭眉合目的道学先生，无论是其思想内容，还是其行事做派，都的确是沾染了其论辩对手的色彩，可反过来，如果再拿它跟与之竞争的佛道‘二氏’本身相比，其宗教味道毕竟还属于相对淡薄的。而与此同

1　刘东：《落实儒学的历史条件》，《国学的当代性》，北京：中华书局，2019年，第120—121页。

时，如果再拿它跟自家营垒中的对手相比，则宋明理学中包含的理性主义色彩，相对于汉儒而言也肯定是更加浓厚的，否则它也就不会以‘理’字来名家了。这也就合乎逻辑地意味着，即使比不上理性味道更浓的先秦儒学，晚出的宋明理学在那排参差错落的光谱上，至少也并不处在对立悖反的一极，倒是仍在历史中标示着某种积极的进取。”[1]

也只有基于这一点，我们才能理解陈寅恪的下述断论：“华夏民族之文化，历数千载之演进，造极于赵宋之世。”[2] 尽管内藤湖南本着“早期现代化”的预设，所提出的过于西化的“唐宋转换期”，近来频频受到了学术界的质疑，[3] 然而，他这种“范式”所基于的一系列因子，即门阀衰落、平民兴起、商业发达、佛道脱魅、儒学复兴等等，毕竟都还属于不可忽视的存在。而且，也正因为这一系列因子的存在，才共同形成了宋代的全面繁荣，正如我在以往的著述中所说：“有宋一代不仅是富甲历代，在农、工、商各业都显示了光前绝后的兴旺局面和发展势头，创造了灿烂的物质文明，而且几乎所有中国传统精神层面中之应当有或可能有

1 刘东：《落实儒学的历史条件》，《国学的当代性》，北京：中华书局，2019 年，第 124 页。

2 陈寅恪：《邓广铭〈宋史职官志考证〉序》，《金明馆丛稿二编》，上海古籍出版社，1980 年，第 245 页。

3 参阅［美国］包弼德：《唐宋转型的反思：以思想的变化为主》，《中国学术》第三辑，北京：商务印书馆，2000 年；张广达：《内藤湖南的唐宋变革说及其影响》，《唐研究》，第十一卷，北京：北京大学出版社，2005 年。

的文化分枝，也都在这一时期齐头并进地发展到了旷古无匹的高度。举凡借整合佛学而体精思微、光被后世的新儒学，以同时拥有宋文、宋词和宋诗而最称丰富和超绝的文学，以《资治通鉴》的振笔千古和《续资治通鉴》的直书当世为代表的并重古今的史学，以书院、太学、科举为主干的发达教育体制，以及几乎囊括了中国古代对世界科技之全部重大贡献的三大发明（火药、罗盘、活字印刷术），等等，无不达到了中国文化的巅峰”。[1]——由此可见，宋明理学借以命名的那个“理”字，也正属于当时理性化进程的标志之一。

正是在这个意义上，宋明理学对于佛学的这种整合，虽说同时也就意味着佛学对它的影响，却又正是承袭了“祛除巫魅”的前此进程。我们基于各朝士大夫对于佛老的共同抵制，可以清晰勾勒出这种“理性化”的轨迹。比如，先来看看东晋李充就此的认识：“充以时俗崇尚浮虚，乃著《学箴》。以为老子云‘绝仁弃义，民复孝慈’，岂仁义之道绝，然后孝慈乃生哉？盖患乎情仁义者寡，而利仁义者众，将寄责于圣人而遣累乎陈迹也。凡人见形者众，及道者鲜，逐迹逾笃，离本逾远。故作《学箴》以祛其蔽曰：‘名之攸彰，道之攸废；及损所隆，乃崇所替。非仁无以

1　刘东：《审美文化的兴盛与失落》，中国社会科学院博士论文，1989 年，第 26—27 页。

长物，非义无以齐耻，仁义固不可远，去其害仁义者而已。'"[1]又如，再来看看北魏崔浩就此的言论："左光禄大夫崔浩研精经术，练习制度，凡朝廷礼仪，军国书诏，无不关掌。浩不好老、庄之书，曰：'此矫诬之说，不近人情。老聃习礼，仲尼所师，岂肯为败法之书以乱先王之治乎！'尤不信佛法，曰：'何为事此胡神！'"[2]又如，再来看看唐代傅奕就此的驳论："上（唐太宗——引者注）召傅奕，赐之食，谓曰：'汝前所奏，几为吾祸。然凡有天变，卿宜尽言皆如此，勿以前事为惩也。'上尝谓奕曰：'佛之为教，玄妙可师，卿何独不悟其理？'对曰：'佛乃胡中桀黠，诳耀彼土。中国邪僻之人，取庄、老玄谈，饰以妖幻之语，用欺愚俗，无益于民，有害于国，臣非不悟，鄙不学也。'上颇然之。"[3]——而且，这里尤其值得注意的是，当司马光赞赏地记录下这些言论时，这位史学家也和那些理学家同属一朝，所以也同样隶属于那个"理性化"的进程。

既然如此，也就无论如何都不可忘记，理学家们虚构出所谓"思孟学派"的初衷，原本正是要以这样的传统来对抗佛

1　司马光：《资治通鉴》，第七册，卷九十六，胡三省音注，北京：中华书局，2010年，第3023页。

2　司马光：《资治通鉴》，第八册，卷一百一十九，胡三省音注，北京：中华书局，2010年，第3761页。

3　司马光：《资治通鉴》，第十三册，卷一百九十二，胡三省音注，北京：中华书局，2010年，第6029页。

教。——这一点，从朱熹的论说中即可明白地看出：“……若吾夫子，则虽不得其位，而所以继往圣、开来学，其功反有贤于尧舜者。然当是时，见而知之者，惟颜氏、曾氏之传得其宗。及曾氏之再传，而复得夫子之孙子思，则去圣远而异端起矣。子思惧夫愈久而愈失其真也，于是推本尧舜以来相传之意，质以平日所闻父师之言，更互演绎，作为此书，以诏后之学者……自是而又再传以得孟氏，为能推明是书，以承先圣之统，及其没而遂失其传焉。则吾道之所寄，不越乎言语文字之间，而异端之说日新月盛，以至于老佛之徒出，则弥近理而大乱真矣。然而尚幸此书之不泯，故程夫子兄弟者出，得有所考，以续夫千载不传之绪；得有所据，以斥夫二家似是之非。盖子思之功于是为大，而微程夫子，则亦莫能因其语而得其心也。惜乎其所以为说者不传，而凡石氏之所辑录，仅出于其门人之所记，是以大义虽明，而微言未析。至其门人所自为说，则虽颇详尽而多所发明，然倍其师说而淫于老佛者，亦有之矣。”[1]

非但如此，正是基于这种鲜明的理性精神，关学大儒张载又在其名作《正蒙》中，为了捍卫儒家所本的“人间”与“现世”，向着“四大皆空”的佛理本身发出了质疑：“释氏不知天命而以

1　朱熹：《中庸章句》，《四书章句集注》，上海：上海古籍出版社，2001 年，第 18 页。

心法起灭天地，以小缘大，以末缘本，其不能穷而谓之幻妄，真所谓疑冰者与！夏虫疑冰，以其不识。释氏妄意天性，而不知范围天用，反以六根之微因缘天地。明不能尽，则诬天地日月为幻妄，蔽其用于一身之小，溺其志于虚空之大，所以语大语小，流遁失中。其过于大也，尘芥六合；其蔽于小也，梦幻人世。谓之穷理，可乎？不知穷理而谓尽性，可乎？谓之无不知，可乎？尘芥六合，谓天地为有穷也；梦幻人世，明不能究所从也。”[1]此外，张载还充满了慷慨与痛切地指出，这种“尘芥六合”“梦幻人世”的邪说，已经大大消磨了士大夫们的志气，并且构成了对于儒家之道的威胁：“自其说炽传中国，儒者未容窥圣学门墙，已为引取，沦胥其间，指为大道。乃其俗达之天下，致善恶、知愚、男女、臧获，人人著信。使英才间气，生则溺耳目恬习之事，长则师世儒崇尚之言，遂冥然被驱，因谓圣人可不修而至，大道可不学而知。故未识圣人心，已谓不必求其迹；未见君子志，已谓不必事其文。此人伦所以不察，庶物所以不明，治所以忽，德所以乱，异言满耳，上无礼以防其伪，下无学以稽其弊。自古诐淫邪遁之词，翕然并兴，一出于佛氏之门者千五百年，自非独立不惧，精一自信，有大过人之才，何以正立其间，与之较是非，计

1　张载：《大心》，王夫之注，《张子正蒙》，卷四，上海：上海古籍出版社，2020 年，第 159—161 页。

得失！”[1]

可就算是这样，即使在日益走向“理性化”的同时，这些理学家还是不由自主地、不约而同地，仍在渴望着一种本体论的论证，以便为原本可以当作“现象”来感受和确认的、作为人类之天性潜能的心灵“善根”，赋予一种来自上天的形而上保护。这正是他们独尊孟子学说的缘由，因为他们也同样误以为，只有坚信自家禀赋的“天良”，是缘自那个冥冥中的、形而上的“天心”，才足以在“上下与天地同流”的境界中，以合乎“天理”的“天地之性”，来抵制不合“天理”的“气质之性”。在他们看来，唯有从此种形而上的预设出发，才会有充足的理由来反对佛教，既然后者并没有从宇宙的“大处着眼”，仅只从信念的“一己之私”来起意。——这就是程颢宣称其“万物一体说”的心理依据：“所以谓万物一体者，皆有此理，只为从那里来。‘生生之谓易’，生则一时生，皆完此理。人则能推，物则气昏推不得，不可道他物不与有也。人只为自私，将自家躯壳上头起意，故看得道理小了他底。放这身来，都在万物中一例看，大小大快活。释氏以不知此，去他身上起意思，奈何那身不得，故却厌恶，要得去尽根尘，为心源不定，故要得如枯木死灰。然没此理，要有

1 张载：《乾称下》，王夫之注，《张子正蒙》，卷九，上海：上海古籍出版社，2020 年，第 263—264 页。

此理，除是死也。释氏其实是爱身，放不得，故说许多。譬如负贩之虫，已载不起，犹自更取物在身。又如抱石投河，以其重愈沉，终不道放下石头，惟嫌重也。”[1]

当然，真正困难的是，就不要说一千年前的理学家了，迄今为止的科学史还告诉我们，即使是当今时代的物理学家，还终其一生都严守在实验室中，也常有人禁不住这类心理诱惑，想要为这个作为“现象”的现实世界，再虚拟出作为“造物”的形而上依据。所以如果说，康德曾把这种只是基于有限的条件，便想去规定无条件的“物自体”的倾向，形容为人类之不可遏制的“先验幻象”，那么，我们自然也同样有理由认为，这种带有几分“神秘主义”倾向的、想要为“人间”理则营造“超人间”依据的倾向，也正是由那些理学家所表现出来的、似乎很难遏制的“形而上心魔”。——事实上，也正是出于此类的“形而上心魔”，原本在孔子的运思中所表现出的“不愿意”，也就被解释成了其思想体系上的“未完成”，正如刘子健在他的著作中指出的：“朱熹及其同道从五位北宋哲学家的著作中找到了答案。这五位哲学家是周敦颐、邵雍、张载、程颢及其弟程颐。大师们的贡献主要在形而上学领域，而这却并非当时知识界的兴奋点，因此，他们

1 朱熹、吕祖谦撰：《朱子近思录》，卷十三，上海：上海古籍出版社，2000年，第124—125页。

在生前以及死后的短时期内均未产生太大影响。朱熹及其同道认为，忽略形而上学理论正是那致命的错误。儒家道德哲学需要广阔的宇宙论基础来诠释经典，有效应对佛道两家特别是佛家的挑战，吸纳非儒家思想，将其整合为浑然一体的系统哲学，从而重新规范价值体系。为实现这一理想，真正的儒者必须反躬自省，对万事万物——物质世界、社会关系和宇宙进行观察思考。这种方法并不排斥政事，但将其置于次要地位。”[1]

同样地，也还是出于这种“形上而心魔”，种种的矛盾或吊诡便随之产生了。我们经由前边的论述，已经从一方面看清了，宋明理学确实受到了佛教的吸引；可是在另一方面，这些后儒也确实在抵制佛教的影响。而我们通过现在的论述，又可以进一步地看出：虽则在一方面，宋明理学的确做了很大的努力——而且这些努力也不能说是毫无效果——去顽强地对抗着外来佛教的不利影响；可是在另一方面，如果考虑到孟子本人的思想来源，以及《中庸》一文的混杂内容，这些后儒终究又只有援引道家的影响，才觉得获得了力量去抵制佛教的影响。而这又给我们在前边讲过的“越争越像”，增添了更加新鲜也更加复杂的内容。——在这方面，学术史上最有名的公案是，为了给儒家所主的“立人

1 ［美国］刘子健：《中国转向内在：两宋之际的文化转向》，赵冬梅译，柳立言校，南京：江苏人民出版社，2011 年，第 133 页。

之道”，再搭配上“立天之道”和“立地之道”，周敦颐那篇经典的《太极图说》，原本就是从道家那里学来的，而且这种师承关系也从不是什么秘密：“陈抟以《先天图》传种放，放传穆修，修传李之才，之才传邵雍。放以《河图》《洛书》传李溉，溉传许坚，许坚传范谔昌，谔昌传刘牧。穆修以《太极图》传周敦颐，敦颐传程颢、程颐。”[1]

当然，与此同时也应平衡地看到，周敦颐所以要学道家的口吻说，“无极而太极。太极动而生阳，动极而静；静而生阴，静极复动。一动一静，互为其根；分阴分阳，两仪立焉……”[2]其重心或要旨还是要落在后边的话，即“圣人定之以中正仁义而主静，立人极焉。故圣人与天地合其德，日月合其明，四时合其序，鬼神合其吉凶。君子修之吉，小人悖之凶”。[3]为了给须臾不能少离的“伦理之道”，再增添一层来自“天地之道”的保护，至少在他看来是非如此不可的。同样地，也还是出于这样的缘由，朱熹才会如此为周敦颐强辩，不光不以为“太极”乃是道家术语，倒以为那属于奇思妙想、神来之笔：“若论‘无极’二字，乃是周子灼见道体，迥出常情，不顾旁人是非，不计自己得失，

1 《朱震传》,《宋史》，卷四百三十五，北京：中华书局，1977年，第12908页。

2 周敦颐：《周敦颐集·太极图说》，长沙：岳麓书社，2007年，第5页。

3 同上书，第7页。

勇往直前，说出人不敢说底道理，令后之学者晓然见得‘太极’之妙，不属有无，不落方体。若于此看得破，方见得此老真得千圣以来不传之秘。”[1]

正因为这样，也就难怪，为什么再拖延到后世，竟几乎样样都是“三教合一”，而且人人都是“三教合一”了。事实上，经由对于孟子“神秘主义”的独尊，再经由对于周敦颐《太极图说》的继承，儒学发展到了宋明理学那里，本身就很有一点“三教合一”的样子了。更不要说，既然就连后世的儒家都已经有样学样地，生造出了跟道家类似的玄学体系，那么，再轮到后人来面对“儒、释、道”这三家时，至少在面对它们的理论架构时，要么就是看到了这一种“形而上虚设”，要么就是看到了那一种“形而上虚设”，由此也就自然会生出“此亦一是非，彼亦一是非”的炫惑，遂很难再在其间进行决绝的取舍了。——可惜的是，这些比比皆是的折中主义者，遭遇了程朱理学的遮挡与过滤，也便很少能再从根基处想到，这样的“儒家”实则已不太像儒家了，既然它已公然违反了孔子“知之为知之，不知为不知”的教诲，从而同样违反了“有限理性主义”的自限原则，乃至终究违反了儒学“认识优先”的初始设定。

1 朱熹：《答陆子静》，《朱子全书》，第21册，上海：上海古籍出版社，2002年，第1568页。

《近思录》里还有一段记载，很能说明正由于“越争越像”，在明显已然“儒佛合流”的情况下，同时给弟子们带来的疑惑和给先生们带来的尴尬：“谢显道历举佛说与吾儒同处。问伊川先生，先生曰：‘恁地同处虽多，只是本领不是，一齐差却。’”[1]如果说，这样的“思想合流”在有宋一代，还主要表现在理论架构上，那么，特别是到了蒙元入侵之后，“三教合一”就更成了社会思想的常态。于是也就难怪，一旦谈起宋以后的思想史，“三教合一”便成了方便的和万应的套路。可惜人们在这种场合下，偏偏忘了再追问一句：这样的“思想合流”，或者套用时髦的术语，所谓的“多元主义”，究竟在思想的实际水平上，是更加进步了呢，还是大大倒退了？由此在我看来，就有必要再来重温一下戴震的判定：“六经、孔、孟而下，有荀子矣，有老、庄、释氏矣，然六经、孔、孟之道犹在也。自宋儒杂荀子及老、庄、释氏以入六经、孔、孟之书，学者莫知其非，而六经、孔、孟之道亡矣。”[2]——而这样的判定也就意味着，借着从宋儒开始的那种“合流”，到后世已经普遍存在的折中主义，由于已然越发地向着佛老靠拢了，也就钝化了儒学本有的精神锋芒，从而降低了儒学应有的思想水准。

---

1 朱熹、吕祖谦撰：《朱子近思录》，卷十三，上海：上海古籍出版社，2000 年，第 125 页。

2 戴震：《孟子字义疏证》，何文光整理，北京：中华书局，1982 年，第 19—20 页。

事实上，尽管自蒙元入主中原伊始，程朱理学就被钦定为“官学”，可与此同时，由于“不语怪、力、乱、神”的孔子教诲，仍自是白纸黑字地印在那里，读书人只要还能独立思考，就不难看出在这种“官学”背后，竟是隐隐地铺垫着遁入空门的佛老，故而完全有违于先秦儒学的本意。比如，比戴震早生了近一百年的颜元，就已然痛切地指出了程朱理学之弊：“予未南游时，尚有将就程、朱，附之圣门支派之意；自一南游，见人人禅子，家家虚文，直与孔门敌对，必破一分程朱，始入一分孔孟，乃定以为孔孟程朱，判然两途，不愿作道统中乡愿矣。”[1]为此，颜元还更加透辟地指出，“仙、佛之害，止蔽庸人；程、朱之害，偏迷贤知”。[2]因而在他看来，也就只剩下“去一分程、朱，方见一分孔、孟。不然，终此乾坤，圣道不明，苍生无命矣”。[3]

心同此理的是，不光是生活在中国的书生，已经看出了程朱理学对孔子思想的背离，而且，由于中国文化的远播海外，即使是身在东瀛的儒学书生（甚至还要比颜元年长八岁）的伊藤仁斋也同样看出了问题之所在。比如，针对朱熹把孔子那里的“人

1 李塨:《颜习斋先生年谱·下》，载颜元:《颜元文集》（下册），石家庄：河北教育出版社，2009年，第676页。

2 同上书，第677页。

3 颜元:《习斋记余·卷一·未坠集序》,《颜元文集》（下册），石家庄：河北教育出版社，2009年，第344页。

伦之道”，偷换成了超越性的“天地之理”，这位日本“古义学派”的创始者，就针锋相对地提出了他的质疑，因为这种叠床架屋的琐碎架构，根本就是从佛老那里承袭的，从来都未曾见于先秦儒学的典籍：“宋儒每以发前圣之所未发为功，殊不知圣人之言彻上彻下，无所不备，无所不到，岂复有所未发而必待后人之发之邪？若孟子性善养气等说，皆为仁义而发，本述夫子之言者也。先儒（宋儒——引者注）以为发前圣之所未发，而亦自欲以其说附于孟子之后，持敬主静等说，种种继作。而其论道，必曰‘虚灵不昧’，必曰‘冲漠无朕’，必曰‘明镜止水’，必曰‘体用一源，显微无间’，其言皆出于佛老之绪余。而至于吾孔孟之书，则本无此语，亦无此理，谓之‘述而不作，信而好古’，可乎？其是非得失，不待辨而明矣。”[1]

又如，针对朱熹对于“仁远乎哉？我欲仁，斯仁至矣”的解释，伊藤仁斋也同样批评他根本是“舍近求远”，忘记了“善根”原在人的本性之中，所以原本不必要像宋儒说的那样，反而必须要到心里去“存天理，灭人欲”：“此言仁之甚近也。学者以仁为甚远而难至，殊不知欲之斯至，何远之有？盖仁者天下之美德，而以吾性之善而求之，则犹以薪投火，其至甚迅，何惮而弗

1 ［日本］伊藤仁斋：《论语古义·述而第七》，载［日本］松平赖宽《论语征集览》，中册，上海：上海古籍出版社，2017 年，第 507 页。

求之邪？论曰：仁者天下之大德也，而其事至近，为之在我，故曰：‘我欲仁，斯仁至矣。’而先儒（宋儒——引者注）以仁为具于性之理，而以灭欲复初为求仁之功。若然，则仁之于人也，犹四肢百骸之具于吾身，人人皆有，天下岂有不仁之人？亦岂须言‘至’？譬诸心犹薪也，仁犹火也，薪之用在乎火，而心之德在乎仁。积而不烧，则无以见薪之用；放而不求，则无以见心之德。故圣贤常曰欲仁，曰求仁，而未尝以灭欲复初为至仁之工夫也。横渠有内外、宾主之说，自合于夫子‘至’字之义，与以仁为性为理者大异矣，学者审诸。”[1]

这种“东海西海，心理攸同”的情况，也就无可辩驳地说明了，如果处于历史过程中的人们，一方面的确难于遏制“先验幻象”或“形而上心魔”；那么另一方面，他们又同样可能基于真实的生活经验，而对世界采取一种谨慎的“理性主义”的态度。——而且，正如我在以往的著作中指出过的，恰恰是从中西之间的深度对比中，并且从萌生于中国先秦的理性主义那里，我们还必须进而澄清这种“理性主义”的一种重要品质，那就是它对自身能力的反躬自认与谨慎确知，或者说，是包含在孔子“知之为知之，不知为不知”一语中的“自限性”：“这也就意味着，

1 ［日本］伊藤仁斋：《论语古义·述而第七》，载［日本］松平赖宽《论语征集览》，中册，上海：上海古籍出版社，2017 年，第 581—582 页。

康德所引用的贺拉斯那句名言——'要敢于认识'，理所当然地也要包括'敢要于认识自己'，包括体认与坦承自己的思想限制。这同时也意味着，所谓'理性'的警觉，就不能不包括对于自身的警觉，所谓'理性'的成熟，也不能不包括自我意识的成熟。这当然还意味着，'理性'不能采取一种'灯下黑'的态度，反而对自身抱持一种'非理性'的态度……这正是我已经反复阐发过的、萌生于中国先秦的'有限理性主义'；而且从我的立场来看，只要是真正的'理性主义'，那也只能是'有限理性主义'，否则便会有违于它自身的精神，甚至不自觉地走向了自身的对立面。"[1]

正是在这样的意义上，我们回顾起来也就可以发现，无论实则是援佛老入儒的宋明理学，还是其暗中援引的宗教性思维本身，如果以"有限理性主义"，特别是它所主张的"自限性"来衡量，都不过是一种简单的"思想违规"而已，很容易被真正的儒者一眼看穿。——无论如何，正如我在以往的论著中指出的，"一旦背离了这样的警觉与谨慎，那么，不管那些'冥想者'是一厢情愿地认为，自己是在天造地设的蒙恩状态中侥幸拥有了堪称'无限的'理性能力，还是他们干脆又转而去否定'理性'本

1 刘东：《我们共通的理性》，上海：上海人民出版社，2021 年，第 348—349 页。

身，而把自己对于‘超越’存在的冥想，指望在‘非理性’的心理素质之上，这类的苦思冥想终究都是要殊途同归的。在我看来，这类思维方式也无非是‘循环论证’罢了，——也就是说，他们必须先来假定自己拥有上帝般的、无所不知的理性，或者其他形式的超能力；而反过来，他们又非要动用这样的‘无限理性’，或者其他形式的超能力，才能论证出全知全能的上帝的存在”。[1]

从本土话语的实际线索来看，随着“实学”到清代渐入高峰以后，宋明理学这种毫无价值的虚设，业已受到了学者的普遍批判，被公认为是被佛学给“带到沟里”去了。也正因为这样，我们也就千万不要误以为，思想史只是沿着它的“连续性”，就自然而然地延伸到了当今这里。事实上，带有“三教合一”成分的宋明理学，之所以到了现代反而又复活起来，乃至被当作儒家思想之正宗，在很大程度上都要归咎于来自西方的影响；而且，如果沿着孔德的思路溯源而上，我们还可以一直上溯到西方形而上学之前，从而认识到那又要归咎于一种宗教，也就是雄霸了西方一千多年的基督教。

先来看看梁漱溟在这方面的论述。针对儒佛两者在宋明时

1　刘东：《落实儒学的历史条件》，《国学的当代性》，北京：中华书局，2019 年，第 118 页。

期的“迷混”，他曾经一语中的地指出，由这种混杂所导致的特定术语，比如“心性”、“性命”和“性天”，乃至于“本心”与“本体”，在一方面，是从不曾见于先秦的儒家论述；而在另一方面，则又是最容易融入西方哲学的论域：“宋明以来之儒者好言心性、性命、性天以至本心，本体……如是种种，以是有‘性理之学’之称。凡西洋之所谓哲学者只于此仿佛见之，而在当初孔门则未之见也。此一面是学术发展由具体事实而抽象概括之自然趋势；更一面是为反身存养之功者，其势固必将究问思考及此也。顷所云迷离混淆于两家之言者皆出在此时。不唯在思想上迷混已也，实际功夫上亦有相资为用之处。虽儒者排佛更多其人，而迷混者却不心服，盖以排佛者恒从其粗迹之故。”[1]

这意味着，不管是道教、佛教，还是基督教，总归都是那种类似的宗教性思维，提供了彼此间的“可比性”。正因为这样，如果孔子所主的“有限理性主义”，以及由此产生的主张“人能弘道，非道弘人”，[2] 都很容易使人联想到康德的“哥白尼式的革命”；那么，宋明理学在和道家与佛教的争斗中，有意无意沾染到的“巫魅”式的互渗律，也同样很容易使人联想起孔德所剖析

1 梁漱溟：《儒佛异同论》，《梁漱溟全集》（第七卷），济南：山东人民出版社，2005年，第161—162页。

2 《论语·卫灵公》，《十三经注疏》，北京：中华书局，2009年，第5470页。

的形而上学。惜乎也正因为这样，我们才足以在“西风东渐”的背景之下，来理解为什么西方式的形而上学，反为本已岌岌可危的理学“续了命”，使之借着西学中与此相似的文化资源，在现代中国翻版成了所谓“新理学”。——正如我在以往的著作中所讲的：“如果打开梁启超的《中国近三百年学术史》，原本不难发现其实在有清一代，始终都充满了对于宋明理学的批评；所以，真正令人纠结和错愕的是，如果不是西方偏又在此时开始扣关，而在中国本土的思想资源中，还偏偏只有宋明理学这一个支流，由于受到了来自印度的外来影响，才跟西方的哲学特别是其中的形而上学，有着如此显而易见的、简直让人不假思索的相似性，那么也许，它就不会被现代中国学人如此频繁地提及，尤其是，在它中间所包含的那些范畴与命题，以及由此蕴含的对于古代资源的取舍，也就不会在西方学术的暗中支撑下，逐渐构成了后人对于中国价值的基本认知了。”[1]

众所周知，这种“新理学”的主要代表人物，正是写出了“贞元六书”的冯友兰。该作者在晚年所写的回忆录中，曾经总结自己在治学上的选择，那就是在面对着古代的哲学典籍时，究竟是要照本宣科地“照着讲”呢，还是要自出机杼地“接着

1 刘东：《天边有一块乌云：儒学与存在主义》，南京：江苏人民出版社，2018 年，第 388 页。

讲”？——“在我的《中国哲学史》完成以后，我的兴趣就由研究哲学史转移到哲学创作。哲学方面的创作总是凭借于过去的思想资料，研究哲学史和哲学创作是不能截然分开的。不过还是有不同。哲学史的重点是要说明以前的人对于某一哲学问题是怎样说的；哲学创作是要说明自己对于某一哲学问题是怎样想的。自己怎么想，总要以前人怎么说为思想资料，但也总要有所不同。这个不同，就是我在《新理学》中所说的‘照着讲’和‘接着讲’的不同。”[1]

不可否认的是，对于上述两种“讲法”的区分，曾在中国学界引起过广泛的影响，而且，也肯定是更积极主动的“照着讲”，才更容易获得人们的心仪与认同。然而可惜的是，我们沿着前文中展开的思路，却又很容易更精细地分辨出，也正由于冯友兰非要这么去“接着讲”，反而会遭遇到和传递出更大的问题，因为他创立的所谓“新理学”，恰是要“接着”周张二程来讲的，或者说，是要“接着”宋明理学的话语来讲的。而反过来，要是他能踏踏实实地“照着讲”，并且首先是“照着”《论语》来讲，那么兴许他就可以发现，实际上一部儒学思想史，顶多只是“连续性”与“断裂性”的统一，由此在现代的他和古代的孔子之间，

1　冯友兰：《三松堂自序》，《三松堂全集》，第 1 卷，河南人民出版社，2000 年，第 209—210 页。

就不光是横亘着后世夹杂的道家，还又横亘着在宋代掺入的佛家。——既然如此，如果只是沿着时间顺序来“接着讲”，就只能是带着“三教合一”的包袱来讲，从而也就只会距离孔子的本意更远了。

尤其严重的是，如果从比较的方法来反思，我们就更会为之扼腕地发现，由于当年对“比较”二字的理解，还失之于太过肤浅，乃至望文生义，才会使古代中国的宋明理学，与现代西方的新实在论，在冯友兰那里如此草率地接轨了。对于这一点，他同样也在回忆录中讲明了：“懂得了柏拉图以后，我对于朱熹的了解也深入了，再加上当时我在哥伦比亚大学所听到的一些新实在论的议论，在我的思想中也逐渐形成了一些看法，这些看法就是‘新理学’的基础。”[1] 其实回顾起来，冯友兰出国留学的那个年代，也就是从1919年到1924年，在西方并不是只有这种新实在论；甚至，即使早在他迈出国门之前，也应已接触过柏格森的生命哲学和杜威的实用主义，——更不要说在欧洲那边，还早就存在过康德与费希特，早就存在过叔本华与尼采，早就存在过作为存在主义先驱的克尔恺郭尔，乃至正要撰写《存在与时间》的海德格尔……那么，为什么他偏要去选择主张“共相”的柏拉图，乃至

1　冯友兰：《三松堂自序》，《三松堂全集》，第1卷，河南人民出版社，2000年，第234页。

沿袭着柏拉图思路的、主张“把哲学从认识论解放出来”的新实在论呢?

这就使我想起早年所写的文章了,那中间提到过一种“比较的怪圈”。在一方面,“其实任何从事比较哲学的个人,都会基于自己特定的精神视点来进行观察,他原有的话语系统构成了什么样的问题,他才会在其他的精神领域找到什么样的启发;从这个意义上讲,我们不妨说,其实比较哲学的结论往往是预设在其原有的文明倾向之中的”。[1]而在另一方面,“看起来跟上述说法有点儿矛盾的是,其实任何从事比较哲学的个人,又都先要对其他哲学的背景有所了解,所以当他们在比较视野中去界定本土哲学时,又往往不自觉地要基于外缘参照系而完成。这使我们在阅读比较的结论时必须心存警觉”。[2]看起来,冯友兰当年就是绕进了这样的“怪圈”。也就是说,他一方面是在心中先有了朱熹,所以才在阅读西哲时偏要独钟柏拉图,觉得这种学说正好可以支持前者;而另一方面,他也同样是因为看中了新实在论,才会又携带着这样的西方资源,再返回到中国来发明他的“新理学”。——或者更加简明地说,他是在心里边先有了个“朱子”,才会在域外去倾向于“洋朱子”;而又因为

1 刘东:《比较的风险》,《长问西东》,北京:中华书局,2021年,第218页。

2 同上书,第218—219页。

已经找到了“洋朱子”，就想到了要回来当个“新朱子”，如此而已。

然而，如果不说这样的“比较”或“接轨”，简直就形同于“玩笑”或“儿戏”，它至少也是太过于简单和主观了。事实上，任何一种足够复杂的文明，都会延伸出“九曲回肠”般的曲线，故而在这漫长曲线的林林总总的转弯处，也都会呈现出各不相同的向量，看上去有可能朝任何方向去发展。正因为这样，如果过于放纵自己的主观性，人们也就很容易想入非非地，在两个同样复杂的文明之间，或在两条同样弯曲延展的曲线之间，任意选出两段看似“平行”的发展趋势，全不顾它们几乎马上就彼此背离，只要能让自己得出想要的结论来。——这就是我在另一篇文章中揭示的，如果不能对比较进行必要的收束，它就很容易流于“戏法”或“巫术”，几乎能随心所欲地变出任何东西来：“不管‘比较’二字看上去何等重要，又何等方便，仅凭这两个字本身，还是很难为认识提供真正客观的基础，而只能任由一厢情愿的主观想象，如脱缰之马一般在畅想中走失。准此，也就想起列维-布留尔笔下的原始思维来：由于受制于巫术般的互渗律，而缺乏对于概念的清晰限定，据说这种思维方式的主要特点，就是‘任何东西都可以产生出任何东西来’。——照此说来，或许也可以把前述种种迷误，都说成是一种‘比较的巫术’吧？”[1]

我在刚刚提到的那篇文章中，还举例说明过这种任意的比较，会把人们带进什么样的思想陷阱：“比如，姑以一个世纪以来最为热闹的对于《红楼梦》的比较研究为例——限于篇幅恕不分别抄出各自的引文了——我们很容易就能联想到：那位伟大的曹雪芹到了研究者的笔下，竟是既像德国哲学家叔本华（据王国维的研究），又像希腊悲剧家索福克勒斯（据胡适和牟宗三的研究），又像意大利诗人但丁（据吴宓的研究），又像法国作家巴尔扎克或俄国作家托尔斯泰（据李希凡和蓝翎的研究），又像俄国作家陀思妥耶夫斯基（据夏志清的研究），又像德国哲学家海德格尔（据米勒的研究），还像法国作家普鲁斯特（据涂卫群的研究）……真可以说是贯通古今、囊括万有。所以毫不夸张地说，整整一部西方文学史，曹雪芹竟然是无一不像，而他本人的创作技巧、手法与风格，也好像是无所不用其极了！”[2]

既然如此，如果再把这种“戏法”中的幻象，带回到冯友兰要处理的问题，我们就不难恍然大悟地发现：如果只是这么充满主观性地，随便就从儒学史的哪个转弯处，去寻觅足以与西方

1 刘东：《马戏团的母猴子：比较思维的放纵与收束》，《长问西东》，北京：中华书局，2021 年，第 226—227 页。

2 同上书，第 228 页。

相印证的方向，那么，人们也很容易再拉出一些连线，拿柏格森、怀特海、杜威、康德、尼采或海德格尔，来跟中国思想进行同样的对比。——需要说明的是，一方面，这类比较的确都已经发生过了，于是也就生产出了海量的论文；这类比较也同样于事无补，除了给人们制造出了更多的迷惑。正如我在前揭文中又接着写道："问题的要害在于，如果只是把上述比较结果排列起来，或者把叔本华、索福克勒斯、但丁、巴尔扎克、托尔斯泰、陀思妥耶夫斯基、海德格尔和普鲁斯特排列起来，根本就不能帮我们认识到曹雪芹和《红楼梦》的任何好处，也完全不能帮我们在面对王国维、胡适、牟宗三、吴宓、李希凡、蓝翎、夏志清、米勒和涂卫群的研究时，判断出孰优孰劣。"[1]

也正因为这样，为了摆脱这种比较的"怪圈"或"陷阱"，我们就应首先摆脱那种太过轻易的、望文生义的"比同"。无论如何，既然两种文明都宛如"九曲回肠"般的长河，那么，我们就应拒绝那种"点对点"式的勾连，或者说，不应再像冯友兰当年那样，只是在两大文明的随便哪个转弯处，似是而非地寻找它们的貌似"趋同"，还由此就觉得获得了外部的支援；恰恰相反，我们必须既去加强自己的西学修养，也去深化自己的国学修养，

1 刘东：《马戏团的母猴子：比较思维的放纵与收束》，《长问西东》，北京：中华书局，2021 年，第 229 页。

以便让思想的立足点能站得更高，以期有足够的学力在两条曲线的对比中，或者说，是在“河流与河流”的总体对比中，通过对于“文明运势”的宏观把握，来寻找和建立一种更可靠的“可比性”。不待言，这正是我在“照着讲”和“接着讲”的方法之外，又进而提出“对着讲”的主要缘由，——在我看来，“某些以往被压抑或忽视的潜在线索，如今就有可能在‘对着讲’的语境下，被重新赋予了思想的力量和生机，从而，某些曾经被判为先哲‘短板’的外缘观念，如今也有可能在‘对着讲’的激发下，而以‘正中下怀’或‘早该如此’的惊喜口气，被从自身的精神历程中接引出来”。[1]而与此同时，这也正是我针对“读百家书，成一家言”的古语，又进而提出了“译百家书，成一家言”的主要考虑，——因为“河流与河流”之间的文明对话，远不像“点对点”的勾连那样轻松，而需要我们付出一辈子，甚至几代人的辛劳，到双方的语境中反复进行印证，以期“一边阅读自家的古书，建立起文化的‘主体性’，一边翻译舶来的洋书，建立起跟世界的‘对话性’”。[2]

基于这样的学术要求，我们就有理由接着追问：那种主张

1 刘东：《国学如何走向开放与自由》，《国学的当代性》，北京：中华书局，2019 年，第 98—99 页。

2 刘东：《我们并未“功成名就”》，《长问西东》，北京：中华书局，2021 年，第 324 页。

“把哲学从认识论解放出来”的新实在论，后来在西方自身的学术发展中，是否只属于看似时髦却只昙花一现的支流？更不要说，这种有违于“知之为知之，不知为不知”原则的宋明理学，如果以《论语》中的孔子言论来验证，是否也背叛了儒学自身的“知识本位”？由此可见，那条新实在论与宋明理学之间的连线，说穿了只不过是一条不可靠的虚线；而任何人如果带有“讨巧”的心理，只图在两小段平行线之间，勾连出似是而非的所谓“共同点”，那么，他对自己这种“发明”的把握，就不会大过赌徒们的“孤注一掷”。——说到这里，也就更看出“文明运势”的重要性了。当然也正因此，如果从学术本身的要求出发，我们就很难理解“新理学”的发明者，既然也已知道了前边所说的柏格森和杜威，并且也肯定知道了康德和费希特、叔本华和尼采，乃至也肯定很快就会知道海德格尔与萨特，那么，他为什么就不能把他们连接起来看看？是什么理由使得到了新实在论之后，西方哲学在他那里就已驻足不前了？

无论如何，正是“新理学”对于宋明理学的复活，在近几百年的中西交流史中，导致了一种可怕的反差或吊诡。如果说，正如包华石在《西中有东》中所阐明的，打从伏尔泰的启蒙岁月开始，中国人对于“公正”的坚持追求，就曾帮助推动欧洲的政治现代化，比如“对于伏尔泰来说，平等是一个重要的问题——就像白居易将平等视为重要的问题一样——在中国的政治体系中，最被伏尔泰仰慕的平等的一个原则就是对施政权力任人唯贤的任命。其他的儒家主题，比如作为政府统治对象的人民福利，同样也进入了伏尔泰的话题”；[1]那么，到了中国人可以出洋留学的年代，却反而是大洋彼岸的新实在论，作为传统形而上学的短暂回声，把这边的思想拖累到了“巫魅”状态。——当然需要注意，我也在《我们共通的理性》中指出了，伏尔泰乃至所有的启蒙哲人，也并未能进行“河流与河流”的对话，从而也只是既主观又随意地，在两大曲线间进行了孤立的勾连。可即使如此，也许因为别人更善于“文化利用”，所以充满了反讽的历史后果却在于，我们先是在交流中送出了理性，偏又在此后的交流中迎来了非理性。

接下来，又因为对于这中间的被动，完全是蒙在鼓里、懵然无知，人们在此后的思想史书写中，反而要根据超越性的“缺失”或“补足”，或者形而上学的“缺少”或“增添”，来判定思想本身的“短处”或“进取”。也就是说，对于更加不求甚解的当代学人来说，也正是出于这种对于形而上学的渴求，无论“后儒”怎样去同“巫魅”暗通款曲，不管那是“儒道互补”还是

1 ［美国］包华石：《西中有东》，刘东评议，王金凤译，上海：上海人民出版社，2020 年，第 381—382 页。

“三教合一”，反正只要能给儒家所主的德教提供一种属于本体论的形而上论证，就不仅不会被他们予以指责，倒反而会让他们觉得正属于“从善如流”，从而不是“降低”，而是“提高”了思想水准。——当然说到这里，也正是缘于这种基本的颠倒，中国当代的思想史研究，也就只有悲惨地自限于本土了。无论是哪一位学者，具备了多少钦定的头衔，只要他把这些充斥于市的话头，不管是“天人合一”、“天地一体”，还是“天地之心”，斗胆贩卖到了国际学术的讲坛上，都至少会受到暗中的冷遇，更不要说，还可能干脆被公开地羞辱。

事实上，所以会造成这样的被动与脱节，还是因为已然“沉舟侧畔千帆过”了。也就是说，无论“中国哲学”会怎样去孤立发展，会怎样去自说自话，“西方哲学”的自身发展趋势，都还在缓慢却坚定地“祛除巫魅”。无论如何，在文艺复兴和启蒙运动之后，不管会出现多少回流与旋涡，西方哲学本身的发展大势，都只有降回到这个世俗的世界。由此，真正的问题也只在于，究竟怎样在这个基础之上，再去规范和提升这个世俗世界，而不是既徒劳无功又徒增混乱地，要求返回非世俗的宗教世界。——我曾在前几年发表的著作中，借着回顾法国现代思想的主线，将这种世俗化趋势描述为“无神的事业”：“鉴于后来无神论存在主义的思想，又主要是出现在现代法国的土地上，笔者也就只想集中注意力来指出，在这块古称‘高卢’的土地上，自从人文主义在那里复兴以来，从拉伯雷，到蒙田，到伏尔泰，到拉美特里，到狄德罗，到达朗贝尔，到霍尔巴赫，到萨德侯爵，到波德莱尔，再到纪德，一直是将信将疑而若隐若现地、断断续续却方向不改地，存在着一个要么就对人生重新展开审视、要么就对宗教进行冷嘲热讽的传统，足以供后起的思想家萨特和加缪来继承。”[1]而沿着上面讲的那一串人物，这种思想的主潮发展到萨特那里，也就被推向了“无神论存在主义”：“追溯性的幻想已破灭，什么殉道，什么救世，什么不朽，一切皆倾塌，大厦成了废墟，我在地窖里逮住圣灵，然后把它逐走。树立无神论要经过长期而痛苦的努力，我认为已经彻底树立了。现在，我心明眼亮，不抱幻想，认清自己真正的任务，无疑配得上荣获公民责任感奖。”[2]

因此，无论在那里出现过什么样的回流，甚至曾经要求“把哲学从认识论解放出来”，可实际上西学的主流仍在于“启蒙”，仍在于逐渐剥离任何“不可思议”的东西，当然也不妨说，是仍在于同儒学一样走向了“知识本位”。因而那中间的一切变化，都还是离不开康德当年为“启蒙”所下的定义：“启蒙运动就是

1　刘东：《天边有一块乌云：儒学与存在主义》，南京：江苏人民出版社，2018 年，第 28—29 页。

2　［法国］让-保尔·萨特：《文字生涯》，沈志明译，北京：人民文学出版社，1988 年，第 157 页。

人类脱离自己所加之于自己的不成熟状态，不成熟状态就是不经别人的引导，就对运用自己的理智无能为力。当其原因不在于缺乏理智，而在于不经别人的引导就缺乏勇气与决心去加以运用时，那么这种不成熟状态就是自己所加之于自己的了。”[1] 耐人寻味的是，正是出于这种强大的启蒙传统，即使到了最新的思想家梅亚苏那里，又想到要在“思辨唯物主义”的立场上，去重建一种作为“冰河宇宙”的本体论了，他还是要声明这种“后有限性”的本体论，绝不属于任何形式的、既独断又欺骗的形而上学；甚至于恰恰相反，这样的本体论，如果根据他的说法，还正是为了反对宗教或者形而上学，它们都因为当代哲学中的“相关主义”而获得了一种含混的保留余地：“我们还可以顺带指出，对独断论的这种拒斥，构成了对一切意识形态批判的最小条件，因为意识形态所指的并非一切具有欺骗性的表象，而是指向一切旨在证实实际存在即必然存在的伪合理性的形式。证明一种不可回避的社会状态实际上是偶然地构成了对意识形态的终极批判，而对意识形态的批判在本质上与对形而上学的批判是不可分的，因为后者旨在揭示所谓必然存在的实体具有虚幻性。在这个意义上，我想我们不会想要质疑当代废弃形而上学之举的合理性。因

1 ［德国］康德：《答复这个问题：“什么是启蒙运动？”》，《历史理性批判文集》，何兆武译，北京：商务印书馆，1990 年，第 22 页。

为，那种绝对主义——声称上帝、这个世界、历史，乃至现行的政治体制的存在是必然的，且其存在的样式也是唯一的——的确不属于这个思考的时代，我们不可能回归，也不想回归。”[1]——而且即使如此，阿兰·巴迪欧在他的序言中，仍然忘不了再来嘲讽地提醒一句，这种新颖的本体论建构非但不会支持宗教，相反倒会给它带来更加彻底的毁灭：“此一令人瞩目的‘对批判哲学之批判’被毫无矫饰地呈现于此，以一种独特的、清晰明快的论证风格直击问题的核心。它令思考的轨迹再一次宿命地导向绝对之物，而不再归于那些局部碎片与关联，我们一面满足于这些碎片与关联，一面让‘宗教的回归’为我们提供一剂虚幻的灵性营养剂。”[2]

还可以就此再举一个例子。当越来越暴露出信仰层面的查尔斯·泰勒，鉴于他所看到的“世俗年代”的心理困境，而想再为信仰保留一种感性支撑时——这在启蒙过后的社会心理中，几乎已是唯一剩下的宗教理由了——他是这么来开展自己的论证的：“存在这样一个问题，即我在文章开头所描述的祛魅（被施了魅的世界的瓦解、对伟大的生存之链的否认，以及对西方有神论的

1 ［法国］甘丹·梅亚苏：《有限性之后：论偶然性的必然性》，吴燕译，郑州：河南大学出版社，2018年，第67—68页。

2 ［法国］阿兰·巴迪欧：《序言》，载［法国］甘丹·梅亚苏：《有限性之后：论偶然性的必然性》，吴燕译，郑州：河南大学出版社，2018年，第4页。

普遍排斥）是否使具有任何人类意义的宇宙变得无效。尤其是我还提出，对宇宙的惊奇感没有进一步的基础，这种惊奇感继而可以激发人类对他们所处的更伟大的整体的爱甚至是感激。这个问题的答案是，毫无疑问，以某种方式表述的一些惊奇感的模式将遭到决定性的削弱。”[1] 这当然可以视为对于世俗社会的质疑，从而也可以视为对于启蒙运动的质疑。不过，对于这种想在“祛魅”之后再来“复魅”的主张，乔治·莱文——显然是代表了除泰勒之外的所有作者——却针锋相对地提出了基于世俗主义的看法，也即只有这个世俗世界，才是真正属于我们的世界，而且在这个世俗世界上，也另有一番它自己的快乐：“世俗主义的故事，甚至连（或者尤其是）查尔斯·泰勒所讲述的那个精彩的，几乎巨细无遗的故事，从我的审美和信念看来，都太过‘恋旧’了。这当然意味着思乡。能够信仰是多么美好！家是我们曾经的归属，如今不再！因此，失望意味着我们希望重新回家却不能：从我的角度看来，我们恰恰不该如此看待世界。这个世界就是我们的家。因此，所有这类思想和感情构成了祛魅叙事的一种版本，如今任何有关世俗主义的讨论都必须正视它。”[2]

---

1 ［加拿大］查尔斯·泰勒：《祛魅——返魅》，载［英国］乔治·莱文编：《世俗主义之乐》，赵元译，南京：译林出版社，2019 年，第 80 页。

2 ［英国］乔治·莱文：《导言》，载［英国］乔治·莱文编：《世俗主义之乐》，赵元译，南京：译林出版社，2019 年，第 11 页。

事实上，整个《世俗主义之乐》这本书，其立意都是在明确地拒绝泰勒，认为即使在这个世俗的世界上，还是能够做到“无宗教而有快乐”，所以即使是从感性的心理出发，也同样找不到恢复神学或者形而上学的理由。这自然又使我们不由回想起，孔子当年提出的“人生解决方案”，也正是“无宗教而有道德”，乃至于“无宗教而有快乐”。——我们当然不可能起而追问，要是冯友兰也能了解到西方思想的这种走向，乃至于中国思想的这种根基，他是否还会再坚持对于宋明理学的复活。但无论如何，至少我们自己可以有理由认定：即使整个西方迄今都还在坚持臆想中的形而上学，我们也照样应当从思想上重返孔子，从而“照着”《论语》中的基本逻辑来讲；更不要说，眼下就连西方自己都已然如此，放弃了任何一种过时的形而上学，我们又何必把人家“弃之如敝屣”的东西，再郑重地捡到自己的思想选项之中？

于是，这就说到如何抢救儒学的“基本内核”，以便来解答写在本章标题上的疑问，也就是“道德要不要形而上预设”了。无论如何，正如我们在前边反复说明的，作为“先秦理性主义”的代表，孔子思想的真正起始之处，只能是基于“认识本位”，而绝不会是任何其他本位。而且，也正因为这样，“它才从来都只是一种‘学’，而非一种‘教’；否则的话，就像当代西方神学日益显露的那样，便会自以为已经从‘伦理本位’获得了理由，哪怕只是假着‘道德之名’，就去编造出既超出认识界限又拒绝理性解释的，只需要去闭着眼睛盲从的‘超越性存在’”。[1]我们如果从这样的角度，再来回顾《论语》中的相关记载，就可以得出更真确的理解了：“樊迟问知。子曰：‘务民之义，敬鬼神而远之，可谓知矣。’”[2]由于这里谈的是“务民之义”，而一般大众又难免迷信，所以才不得不对于“鬼神”，姑且采取“敬而远之”的态度；然而，这种“疏远鬼神”的态度，乃至“不语怪、力、乱、神”的态度，又正符合了“不知为不知”的态度，所以孔子才说它是“可谓知矣”。

如果再基于孔子的这种原则，来比对程颐有关“神道设教”的解说：“天道至神。故曰神道。观天之运行，四时无有差忒，则见其神妙。圣人见天道之神，体神道以设教”，[3]我们就此的印象便会大大加强，那就是从孔子当年的理性立场上看，宋明理学确实是明显地倒退了。事实上，当孔子反复申明“人能弘道，非道弘人”，[4]“为仁由己，而由人乎哉”，[5]“仁远乎哉？我欲仁，斯仁至

1 本书，“儒家德教有何重要性？”。

2 《论语·雍也》，《十三经注疏》，北京：中华书局，2009年，第5384页。

3 程颢、程颐：《周易程氏传·卷二》，《二程集》，王孝鱼点校，北京：中华书局，1981年，第799页。

4 《论语·卫灵公》，《十三经注疏》，北京：中华书局，2009年，第5470页。

5 《论语·颜渊》，《十三经注疏》，北京：中华书局，2009年，第5436页。

矣”[1]的时候，他在思想上的最大发明与贡献，恰在于只要谈及“主体之间”的关系，便只需去启迪“主体内部”的智慧，无论是伦理观念离不开的“公正”，还是道德推理离不开的“理性”，而根本就无须再去画蛇添足，乞助于任何神学或玄学的拐杖。回想一下前文的内容，实则无论是孔子的“忠恕之道”，还是儒家的“絜矩之道”，都是这种基于“理性”与“公正”的推理。那么，由此再来回顾本章标题的问题，即“道德要不要形而上预设”，我们就不难会心地理解到，这正是孔子早在两千多年以前，就已经给出的最为独特的解答，——而且，如果它不是这样的独特，孔子的想法就不过是“大同小异”的了，甚至再考虑到宗教和形而上学的垮塌，它就根本也算不上什么“人生解决方案”了。

当然也应当看到，孔子所提出的“人生解决方案”，所以到了后世屡遭曲解和背叛，又是因为它既是最为独特的，也是最需要无畏精神的，以至于往往让后人们不敢接受。也就是说，既然我们从孔子对于本体论的置疑和他对于伦理学的坚守中，同时领悟到了两种可能的倾向，也即一方面确实“天地可能不仁”，而另一方面的确“人心却要向善”，那么，在这种对于本体论的缺省处理中，我们也只有放弃童话般的“天人合一”之说，反倒去

1 《论语·述而》，《十三经注疏》，北京：中华书局，2009 年，第 5394 页。

在一种“绝地天通”的生活世界中，在唯独只有“有限理性”的生存条件下，安排我们的生活和安顿我们的生命。——由此可知，这种建基于世俗社会的“人生解决方案”，一方面注定会带有几分悲剧色彩，正如我在以往的著作中指出的：“尽管当年由儒学所建立的思想天空，如果相比起无神论的存在主义来，显然还是光明、透亮和蔚蓝的，然而若就这种学说的初始立场而言，它却从来都未敢去盲目地乐观，因为它从来都不曾否认过，在那个莽莽苍苍的天穹边上，仍然敞开了一个未知而幽深的、时刻可能漏下风雨雷电的可怕缺口。——也就是说，基于儒学的基本立足点来观察，无论在何时何地，哪怕人生的际遇多么春风得意，在它的光洁天幕的边缘处，都仍然飘着一块平常不太醒目的乌云，它总在既隐约又确定地威胁着我们，随时有可能把我们带入存在的黑洞。”[1]

可另一方面，又正如我们在这一章指出的，既然无论是中国先秦的孔子，还是西方当代的哲学家，不管遇到了多少历史的杂音，都毕竟勇敢地扔掉了神学-形而上学拐杖，那么，我们也就从这种共同的“文明运势”中，真正找到了一种堪称可靠的“可比性”。而且，我们还可从这种坚实的“可比性”中，再进而看

1　刘东：《天边有一块乌云：儒学与存在主义》，南京：江苏人民出版社，2018 年，第 82 页。

出一种“共通的理性”来，它虽不能再去上溯什么“天意”，却也客观地存在于一切主体之中，和一切主体之间。——既然如此，我们也就在这种对于孔子的回溯中，在这种对于儒学“基本内核”的抢救中，惊喜地看到了儒家思想的现代意义，乃至它对人类的永恒意义，正如我在另一本著作中指出的：“虽说历经了千百年的风尘掩埋，可萌生于‘轴心时代’的先秦儒学，一旦经由同样需要‘勇气’的独立判断，而拂去掺杂在汉儒与宋儒那里的杂质，就仍可基于它的‘有限理性主义’精神，并且基于其‘认识本位’的价值优先，而在当今充满了‘文明冲突’的这个‘地球村’，向几乎已是“所无措手足’的人类，自然而然地显示出它自身的、足以被共同理解与分享的优长。”[1]

1 刘东：《我们共通的理性》，上海：上海人民出版社，2021 年，第 350 页。

题解十三（应用第六）

怎样才算是知行合一？

耐人寻味的是，尽管胡适在自己私下的日记里，也多次记下了对他的记恨，可到了对之“盖棺论定”的时候，他却转而有所宽容地称赞起梁启超的“童心”来了：“任公为人最和蔼可爱，全无城府，一团孩子气。人们说他是阴谋家，真是恰得其反。他对我虽有时稍露一点点争胜之意，——如民八之作白话文，如在北大公开讲演批评我的《哲学史》，如请我作《墨经校释·序》而移作后序，把他的答书登在卷首而不登我的答书，——但这都表示他的天真烂漫，全无掩饰，不是他的短处。正是可爱之处。”[1]——当然即使是这样，就以胡适本人的有限学力，特别是他对儒学的粗浅理解，也只能把这说成是梁启超的“天性”，而无法进行更进一步的探讨了。

与此同时，我还曾在电视节目中看过，又有一位倾向于“新

1 胡适：《胡适日记》，1929 年 1 月 20 日，合肥：安徽教育出版社，2001 年，第 352—353 页。

文化”的近代史学者，一边在否定梁启超的“保守”主张，另一边却既平心又不解地指出，在如此繁忙的办报与从政事务中，他居然一直都不曾中断过进学，反倒在学业上还越来越强了，这也是相当“例外”，甚至不无“蹊跷”的。——可不是吗？翻开梁启超短短五十六年的生平，无论是他早先的公车上书、主笔报务，还是紧接着的戊戌变法、立宪维新，乃至于后来的保卫共和、组党参政，更不要说，还亲自担任了法务总长、财政总长，甚至还亲自带队去抵制巴黎和会，乃至间接催生了五四运动……无论这中间的哪个单项，要是搁在一般人那里，都足够他们忙乎半辈子的了；——当然与此同时，这也就可以被当作“不学无术”或者“无暇进学”的借口了。

无论如何，要是能从更深一层来观察，那么，无论是梁启超“全无城府”的可爱性情，还是他无论何时都得以进学的超常能力，原本都深藏着有待解答的做人奥秘；当然也可以反过来说，要是不能去理解这样的奥秘，那么，单从表面也理解不了梁启超。——事实上，我们还可以更加挑明了说，对于一位骨子里的儒者来说，他的学业与事业、做人与做事、“内圣”与“外王”，从来都并非两不相干的事情，以致这一个只能妨碍那一个。刚好相反，无论是当年的孔子，还是后来的梁启超，从来都是越去涉足这个社会，也就越是能理解这个社会，因而越在事功上进行历练，也就越在学业上有所精进。

那么，究竟怎么理解这中间的奥秘呢？或者更具体地说，对于一位真诚的儒者而言，他的道义及其应用、他的学业乃至事业，又到底是怎样相互支撑的？这又是个“说来话长”的课题了。——幸而，梁启超在《德育鉴》的最后，又编出了一章“应用第六”，并用下述句子为它点了题：“今之君子，即未敢公然仇道德，然赘旒视之也久矣，叩其说则曰：‘善矣，而无用也！’吾谓天下无善而无用之物，既无用矣，即不得谓之善。述应用第六。”[1]不待言，他在这里讲的“赘旒视之”，正是形同虚设、“中看不中用”的意思。对此我们已经在前边的第六章中，即“‘无用之用’能否成立？”那一章中，详细分析过了其中的似是而非；而现在看来，我们在那里发表的简介，也正合梁启超在此的议论：“吾谓天下无善而无用之物，既无用矣，即不得谓之善。”——既然这样，尽管这“应用第六”一章，被梁启超编集得较为简略，可它还是能够有助于我们，去略窥儒学在“应用”或“落实”层面的奥秘。

历史上，围绕这两者之间的关系，向有所谓“三不朽”的说法，此语出自先秦时代的《左传》：“太上有立德，其次有立

1 梁启超：《德育鉴·应用第六》，南京：译林出版社，2022 年，第 165 页。

功，其次有立言，虽久不废，此之谓不朽。”[1]而唐代的经学家孔颖达，则把“立德”解释为“创制垂法，博施济众”，又把“立功”解释为“拯厄除难，功济于时”，再把“立言”解释为“言得其要，理足可传”。可以说，这种所谓“三不朽”的说法，对于后世与后人有着深远的影响，而无形中型塑了他们的立志，乃至暗中决定了其生平的规划。——然则，我们于今再来回顾这样的说法，则应把握住两个相关的要点：一方面必须看到，无论如何，对于一种悬置了“怪、力、乱、神”的世界观和一种“未知生，焉知死”的人生观，也只有在借由“三不朽”所体现的，对于似水流年的抵抗意识和对于短暂生命的托付意识，才能使人们在一个世俗社会中，也具有足够的发展和上升动能，去从一个单纯生理性的“小我”，顽强成长为文化性的“大我”。可另一方面又应看到，正因为摆在面前的“不朽”之路，原本就有着“立德、立功、立言”这三条，便往往会使后人望文生义，误以为只要抓住了最后的“立言”，也便足以流芳百世、永垂史册了，由此才造成了大量的苦吟诗人和海量的无病呻吟；回顾起来，所有这一切的被动与误解，似又都可上溯到曹丕的名文：“盖文章经国之大业，不朽之盛事。年寿有时而尽，荣乐止乎其身，二者必至之常

1 《左传·襄公二十四年》,《十三经注疏》, 北京：中华书局，2009 年，第 4297 页。

期，未若文章之无穷。是以古之作者，寄身于翰墨，见意于篇籍，不假良史之辞，不托飞驰之势，而声自传于后。”[1]

因此，正是鉴于“三不朽”中的诱惑，往往只让人们抓住了“第三义”，我们就不如先回到《大学》一文，到它那“八条目”所呈显的“同心圆”中，去看看在纯正儒家的设计中，有着怎样一气呵成的“修身次第”：“古之欲明明德于天下者，先治其国；欲治其国者，先齐其家；欲齐其家者，先修其身；欲修其身者，先正其心；欲正其心者，先诚其意；欲诚其意者，先致其知；致知在格物。物格而后知至，知至而后意诚，意诚而后心正，心正而后身修，身修而后家齐，家齐而后国治，国治而后天下平。自天子以至于庶人，一是皆以修身为本。”[2]——进一步说，为了更好地理解这段话，我们在当下的特定语境中，又应当把握住两个相关的要点。首先，这段话的最先一句，即所谓“古之欲明明德于天下者”，和这段话的最末一句，即所谓“一是皆以修身为本”，都是在挑明和重复着道德前提，也就是说，无论此后、此前存在着多少条目，都要以“明德”和“修身”为内容和准则。其次，这段话的论述或排比次序，毋宁是循环的或

1 曹丕：《典论·论文》，《全上古三代秦汉三国六朝文》，严可均编，北京：中华书局，1958 年，第 8180 页。

2 《礼记·大学》，《十三经注疏》，北京：中华书局，2009 年，第 3631 页。

颠倒的，也就是说，它一反一正地兜了个圈子，先是沿着“天下”“国”“家”“身”“心”“意”“知”“物”的顺序，后又转回了“物”“知”“意”“心”“身”“家”“国”“天下”的顺序。而这就意味着，在这段话里依次出现的，不过是一种论证的先后或逻辑的先后，而不应被理解为发生的先后或时间的先后；而由此又可知，实则在我们的生命过程中，这八个“条目”是会同时发生的，也只能是彼此支撑、互为因果的。

实际上，如果更放开了眼界来看看，孔子早在《论语》的第一句，即“学而时习之，不亦说乎”，[1]就已在强调“学”与“习”之间的关系了，因为这里所讲的“习”字，原本就有“练习”“实习”的意思，而不能被干巴巴地理解为“复习”。正因为这样，这里所讲的“有学有习”，当然也就意味着“有学有行”，而既然将此语放到了《论语》之首，也就突出强调了君子的“学”，必须进一步落实在“行”上；乃至于，无论君子的“言”，还是君子的“知”，甚至君子的“德”，也都同样必须落实在“行”上。——事实上，也只有如此地一气呵成、一体贯通，一个人的人格才能够趋于完整，而体现在“儒家之学”中的“伦理之道”，也才足以被顺势贯注到一切领域。

1 《论语·学而》,《十三经注疏》，北京：中华书局，2009 年，第 5335 页。

到了后世，把“有学有习”“有知有行”这两个侧面，强调与落实得尤为突出的，则要数明代的大儒王阳明了。缘此，一旦谈到了“知行合一”的命题，人们随即也就会联想到他。这一方面是因为，我们接下来马上就会看到，的确是他本人在反复强调着“知行合一”。另一方面也是因为，不光是他的种种传记的确表明了，这位被王士祯誉为“立德、立功、立言，皆居绝顶”的人物，曾经在学业与事业，或在“内圣”与“外王”两方面，都既齐头并进又同样精彩地得到了发展；而且，哪怕只是收入其《王阳明全集》中的那些公文，也确实说明了他真是做事的“干才”。——无论如何，尤其是在大思想家的行列中，他这种有内有外、有文有武的个人造化，自然要被归入特别“可圈可点”之列，即使是拿到世界范围的思想史中。

有意思的是，我们如果通读那套《王阳明全集》，会发现把什么都“合起来说”，正是他最突出、最独特的思想策略。也就是说，此公大发议论的诀窍之一，就是不管针对什么样的话题，都要从最高的角度和最终的角度，一以贯之地进行疏通与勾连；而由此在王阳明那里，就不光是“知”与“行”是“合一”的，“内”与“外”是“合一”的，“动”与“静”是“合一”的，“未发”与“已发”是“合一”的，乃至于，一切固有的思想范畴，只要是彼此构成了“对待”的，就统统都被说成是“合一”

的了。——有的时候，这类议论当然会显得手眼不凡，可有的时候，这类议论却也难免显得牵强附会、似是而非。

比如，且让我们随手试举一例，来略窥王阳明的这种巧辩："爱（弟子徐爱——引者注）因未会先生'知行合一'之训，与宗贤、惟贤往复辩论，未能决，以问于先生。先生曰：'试举看。'爱曰：'如今人尽有知得父当孝、兄当弟者，却不能孝、不能弟，便是知与行分明是两件。'先生曰：'此已被私欲隔断，不是知行的本体了。未有知而不行者。知而不行，只是未知。圣贤教人知行，正是安复那本体，不是着你只恁的便罢。故《大学》指个真知行与人看，说"如好好色，如恶恶臭"。见好色属知，好好色属行。只见那好色时已自好了，不是见了后又立个心去好。闻恶臭属知，恶恶臭属行。只闻那恶臭时已自恶了，不是闻了后别立个心去恶。如鼻塞人虽见恶臭在前，鼻中不曾闻得，便亦不甚恶，亦只是不曾知臭。'"[1] 我们自然也不难理解，像他这种抢白式的说法，是在强调"知中有行，行中有知"的意思。可即使如此，我们有时候仍不免觉得，这还是把作为人类活动的"行为"，和只要是这种"行为"现实地发出了，便也可包含在这种行为中的"动机"，给笼而统之、大而化之地混为一谈了。

1　王阳明：《传习录·上》,《王阳明全集》，卷一，上海：上海古籍出版社，2006年，第3—4页。

当然即使如此，这样的议论还是显得高人一筹，甚至于，这还使我们想起了约翰·奥斯汀“以言行事”的理论，也即语言，乃至语言所承载的意识，由于本身就具有相应的“施行性”（performativity），也便可以归于一种特定的实践活动。——当然，如果回到王阳明本人的语境中，他当年发出此类议论的目的，主要还是要反对割裂与支离，以纠正前朝儒生的相应失误。比如，如果再次打开他的《传习录》，会发现他对此有过清晰的辩解：“问‘知行合一’。先生曰：‘此须识我立言宗旨。今人学问，只因知行分作两件，故有一念发动，虽是不善，然却未曾行，便不去禁止。我今说个知行合一，正要人晓得一念发动处，便即是行了。发动处有不善，就将这不善的念克倒了。须要彻根彻底，不使那一念不善潜伏在胸中。此是我立言宗旨。’”[1]

实际上，我们如果再联系身边的情况，会发现所谓的“说一套，做一套”，恰又是屡见不鲜、千古如是的悄悄做法；当然也正因为这样，王阳明对于“知行合一”的要求，也同样可以说是针对这些后人的。比如，我在一篇旧文中曾经慨叹道：“仔细打量一下，身边确实不乏这样的朋友：凑到一起信口开河地神聊时，并没觉得他的问题意识多么片面，可等他写出来你再看，简

1 王阳明：《传习录·下》，《王阳明全集》，卷三，上海：上海古籍出版社，2006 年，第 96 页。

直就不能相信，那一路煞有介事的偏锋，竟是出自他的手笔！因为就算再糊涂他也能想到，这些被他放大的问题，跟那些被他忽略的问题，其实是搅在一起相互发酵的！而作为意识形态的职业制造者，知识分子又特别会自我合法化，不怕编不出进行这种忽略的理由，于是，从‘不敢写’到‘不想写’再到‘不屑写’，往往就只剩下一步之遥了。”[1]

此间饶有趣味的是，如果非要从“知而不行，只是未知”的角度来解释，那么，王阳明的立场还是得到捍卫的，因为那类“说一套，做一套”的奸人，也可以说是在心中存在着两种“认知”，也就是既知道了当代中国的诸多麻烦，又更知道一旦讲出这些麻烦，会给自己带来什么样的麻烦；或者说，是既知道了官僚主义的诸多不好，又更知道一旦去逢迎威权，会给自己带来什么样的好处；甚至于，如果不理解王阳明此论的初衷，那么就连“出卖良心”的恶劣行径，也照样可以算是“知行合一”的，因为“良心”在这里也是有它的“价码”的，社会上的潜规则已为它明码标价了。——这样一来，我们就再次看到了一个理论盲点，它来自在完全否决了荀子之所见以后，理学本身在概括方面出现的盲区。否则的话，要是针对鸡鸣狗盗之术、溜须拍马之

1　刘东：《警惕人为的“洋泾浜学风”》，《理论与心智》，杭州：浙江大学出版社，2015年，第17页。

功，就断没有再以“知行合一”的说法，催促人们快点付诸实施的道理。

当然话说回来，也可以说王阳明是比我们幸运，当他讲出“知是行的主意，行是知的功夫；知是行之始，行是知之成。若会得时，只说一个知已自有行在，只说一个行已自有知在”[1]时，大概还没念及如此邪恶的“知”，只想到要把具有伦理内容的“良知”，给切实有效地落实到“履践”之中，不光不要落得个“知行分离”，也不要落得个“知先行后”。——不难想象，像他这种特定的“问题意识”，对于“议论未定”而“兵马过河”的前朝，也未始不是某种有的放矢的矫正。比如，让我们再来对比一下相应的落差。在一方面，真德秀这位朱熹的传人，可以在奏折上如此慷慨陈词，确乎高度地表现出了士人的风骨：“臣闻天下有不可泯没之理，根本于人心、万世犹一日者，公议是也。自有天地以来，虽甚无道之世，破裂天常、隳坏人纪、敢为而弗顾者，能使公议不行于天下，不能使公议不存于人心。善乎先正刘安世之论曰：公议即天道也。天道未尝一日亡，顾所在何如耳！”[2]可在另一方面，如果再根据当时人的记载，此公却绝没有

1　王阳明：《传习录·上》，《王阳明全集》，卷一，上海：上海古籍出版社，2006年，第4页。

2　真德秀：《庚午六月十五日轮对奏札二》，《西山先生真文忠公文集》，卷二，上海：商务印书馆，1937年，第30页。

王阳明的那份才干:“真文忠负一时重望,端平更化,人徯其来,若元祐之涑水翁也。是时楮轻物贵,民生颇艰,意谓真儒一用,必有建明,转移之间,立可致治。于是民间为之语曰:‘若欲百物贱,直待真直院。’及童马入朝,敷陈之际,首以尊崇道学,正心诚意为第一义,继而复以《大学衍义》进。愚民无知,乃以其所言谓不切于时务,复以俚语足前句云:‘吃了西湖水,打了一锅面。’市井小儿,嚣然诵之。(中略)公居文昌几一岁,洎除政府,不及拜而薨。”[1]

经由这样来联系实际,我们再来回想本章的标题,也即“怎样才算是知行合一?”,也就更容易找出它的深层解答了。无论如何,王阳明这里所讲的“知行合一”,其前提仍是被理学先行奠定的,只在特指人们先天具有的“德性之知”,而非后天生成的“闻见之知”;这样的命题在理学话语中,也可表述为“天命之性”与“气质之性”。而无论如何,这都不是在指那些江湖上的潜规则,或者拿不上台面的邪恶知识,比如哪些制度有空子可钻,哪些人物有油水可沾,因为后者显然都脱离了伦理约束。由此可见,这个“知行合一”的命题,也同样表达了“殷勤劝善”的意思,要求人们只要已然认识到了,哪一件事情是

1 周密:《癸辛杂识前集·真西山入朝诗》,杨瑞点校,杭州:浙江古籍出版社,2015年,第40—41页。

正确和积极的，就应当毫不犹豫地，甚至不计代价地予以履践。——当然我们从一个方面，也可以同情地对之予以辩解：即使伦理对于知识有了这样的约束，也还不至违反儒家的“认识本位”，因为说到底，儒家的道义本身，还是先要经由认识才能获得的，由此方可以确定哪些事情应做、哪些事情不应做。不过另一方面，我们由此也就更可以确信，所谓“心学”和“理学”之间的区分，无论如何都还只是相对而言的，也就是说，它所给出的那个“心外无理”的命题，其前提还在先要确认下来理学的“天理”，所以在这个意义上，它也只是突出了理学的某一个侧面。

无论如何，如果从积极的层面来看，这个“知行合一”的心学命题，还在于要把儒者的伦理关切与焦虑，尽量贯彻和推广到社会行动中。正因为这样，我们才会顺理成章地看到，尽管他本人绝对属于难得的干才，然而王阳明在选择人才时，却又把“心术”或“德性”放到了首位，正如其弟子高景逸就此追述的：“有问钱绪山曰：‘阳明先生择才，始终得其用，何术而能然？’绪山曰：‘吾师用人，不专取其才，而先信其心。其心可托，其才自为我用。世人喜用人之才而不察其心，其才只足以自利其身已矣，故无成功。’愚谓此言是用才之诀也。然人之心地不明，如何察得人心术？人不患无才，识进则才进，不患无量，见大则量大，皆得之于学也。”[1]值得一提的是，梁启超不仅从《明儒学案》里，把这段话转抄到《德育鉴》中，还特地又为它写下了一句案语，想必他对此也是深有感触：“此言用才之诀与鉴心之术，最为博深切明。”[2]——当然，我们从“不专取其才，而先信其心”这句话，也可以验证伦理对才干的约束；这意味着，这些理学家只是在特重“德性之知”，并非当真没有见过“闻见之知”。

不管怎么说，在所谓“德性之知”的前提下，再来提出“知行合一”的命题，就意味着照王阳明看来，总不能把“圣贤书”上的话语，也只是当作某种书本知识，甚至仅仅流于“稻粱之谋”。事实上，正因为在那样的书本上，已是充溢着伦理训诫和道德话语了，所以，如果从“三不朽”的要求来看，一个人是否已经“立德”，往往也就只有在他的“立功”中，才能获得相应的显现与验证。——梁启超在前边的第三章中，曾以他自己的亲身经历与感慨，说明了“有学有习”“学而时习”的重要性：“试以当今通行语解之，今与人言爱国也，言合群也，彼则曰吾既已知之矣；非惟知之，而且彼亦与人言之，若不胜其激昂慷慨也。而激昂慷慨之外，则无余事矣，一若以为吾有此一知而吾之责任皆已尽矣。是何异曰：识得孝字之点画，则已为孝子；识得忠字

1　梁启超：《德育鉴·应用第六》，南京：译林出版社，2022年，第165—166页。

2　同上书，第166页。

之点画，则已为忠臣也。”[1]我们由此更可以会心地想象，不知道受过了多少恶刺激，大约总在目睹“说一套，做一套”的口耳之学，才会引出任公如此辛辣的挖苦，即“识得孝字之点画，则已为孝子；识得忠字之点画，则已为忠臣也”。

进一步说，在这个“三不朽”的次序中间，“立功”的重要性还表现在，它无论如何都要盖过后边的“立言”，尤其在人们只图着“立言”的时候。前文中已经讲过，即使在古风尚未泯灭的时代，由于在这样的世俗世界中，对于日常生活中的书生而言，无论是“立德”还是“立功”，都显得陈义过高、难于企及，他们就往往只去抓住最后那个“立言”，既然这也算得上“经国之大业，不朽之盛事”，也足以让自己扬名立万、青史留名了。而一旦这样的心理流传到现代，则更在“不出版，就灭亡”的西化压力下，转换成了学者们，特别是年轻学者们的唯一要务。于是，也正是鉴于这方面的流弊，年轻人更是“有言无行”“有学无习”，甚至只把“做学问”当作谋私手段了，我才无论在燕园还是在清华园，都把“立功”当作了教书育人的主要标准，乃至当成了对于道德文章的“测谎器”，——正如有一位记者曾经就此转述的：

1 梁启超：《德育鉴·知本第三》，南京：译林出版社，2022 年，第 68 页。

这种对于功业的渴望，在刘东那里，显然构成了某种动力。“每一个孩子来我这儿读研究生，第一课都是一样的：向他们提出‘三不朽’的准则——立德、立功、立言，这三者不仅是不可偏废的，其次序还是不可颠倒的。也就是说，最重要的首先是德，如不能在这方面先立其大，即使智识有所增长，也难保不成为邪恶的智慧。接下来，内圣又终究要表现为外王，也就是说，立德终究要通过立功和立言来表现，在这中间，尽管立言的活动也很重要，但由于它已被现代专利制度所污染，甚至成为个人营私的不二法门，所以我从来都不贪图这个。然而我决不讳言，我这个人却是很贪功的。”[1]

当然，既然所谓“三不朽”都是很重要的，这样讲也并不代表，我已认定写作并不重要了。恰恰相反，我也会在“应当发笔”的时机，催促我自己和我的学生，要尽快地把“所思所想”写下来：“当然一个人最初不能不写，否则社会在无法了解其素质的情况下，不会给他这样一种学术工作。但我主张一上来不要写得很多：一方面是那时候写得不成熟，说不定反而给将来

1 刘东：《为国家社稷而贪功》，《坚守坐拥的书城》，南京：江苏人民出版社，2019年，第492页。

留下陷阱，还要麻烦自己写文章去更正；另一方面是写得没有读得快，所以强行多写的人，反而不容易达到相应的阅读深度，达到精神的饱满与成熟，而往往只是早熟。——然而，等到你的精神真正成熟了，等到你真觉得有那么多话要说了，这时候你一定要坚定不移地写！在这方面，关键是要掌握那个最佳时间点，因为再晚的话，你会走向衰老，带着你的一肚子学问去殉葬。”[1]然而，又鉴于当前的学术体制，往往会逼着年轻人只是在“干挤”，只图着尽量凑够足够的发表数量，以挤掉这方面不那么麻利的同侪，终至于“写的”比“想的”还要多，我们还是要对他们耳提面命，让他们去回想孔子的古风：“有德者必有言，有言者不必有德。”[2]——事实上，即使只是从“立言”的角度来严守，早期如此“干挤”的必然代价，也一定是晚期悲惨的“早衰”。

无论如何，真正的危险从来都在于，所谓“坐而论道”和“起而行之”，虽说常被人们一口气说出来，却又在任何时间和任何地点，都有可能出现脱节、分解或异化。如果就昔日的情况而言，这种脱节最容易发生在科场，尽管我们也不能由此就认定，科举制只有它的负面意义。可话说回来，我们也只有把握了这个

1 刘东：《为何写作与何时写作》，《前期与后期：困境中的生命意识》，上海：上海人民出版社，2020 年，第 155 页。

2 《论语 · 宪问》，《十三经注疏》，北京：中华书局，2009 年，第 5453 页。

前提，知道这已普遍为士人不齿，才可以心领神会地理解到，王阳明为什么要反过来讲，“只要良知真切，虽做举业，亦不为心累。（中略）任他读书，只是调摄此心而已，何累之有？”[1]而同样参加过科举的梁启超，也随即就为此写下了他的案语：“程子言‘举业不患妨功，惟患夺志’，王子此言，正本于彼。夫学至举业，可谓污贱矣，然苟良知真切，犹不为心累。然则日日入学校习科学，更何能累之有？故世有以讲道学为妨科学，而因以废道学者，可以前条正之。又或以讲科学为妨道学，而因以废科学者，可以本条正之。但惟患夺志一语，最当注意。刻刻在学校习科学，刻刻提醒良知，一丝不放过，此学之要也。”[2]饶有趣味的是，如果说梁启超只是享受过科场的“成功”，则王阳明却遇到过科场的“失利”；不过，对于这种真正胸有大志的人，这种琐事是根本不必介怀的。——也正因为这样，当有人为了他哪次“名落孙山”，而向王阳明表示抚慰的时候，他才会既不动声色又惊世骇俗地说出：“世以不第为耻，吾以不第动心为耻。”[3]

于是就又说到了现在。既然以往的“科场”或“举业”，已被代换成了“应考”或“发表”，那么就不妨把前边程颐的话，

1　梁启超：《德育鉴·知本第三》，南京：译林出版社，2022年，第70页。

2　同上书，第70—71页。

3　转引自［日本］冈田武彦：《王阳明大传：知行合一的心学智慧》，上卷，杨田等译，重庆：重庆出版社，2014年，第110页。

也代换成“应考不患妨功，惟患夺志”，或者“发表不患妨功，惟患夺志”。而与此同时，只要对此能有相应的自觉，足以警惕足以“夺志”的因素，也就同样可以把王阳明的话，再代换成“只要良知真切，虽去应考，亦不为心累”，或者“只要良知真切，虽去发表，亦不为心累”。——无论如何，这里又有根危险的平衡木，需要小心把握其间的中道。一方面，即使这种从外部舶来的教育体制，特别是追求“一流”的大学体制，同昔年的科举制一样有其局限，有可能去束缚人们的全面发展，特别是精神和人格层面的发展；不过，在此外也已别无选择的情况下，从事学术工作仍属于很不错的选择，而且相对于其他行业而言，倒是更易贴合“知行合一”的要求，只要当事人能守住治学的“良心”。但另一方面，就算一开始奋力应考的动机，也只能限制在想尽办法“考上”，然而，要是全部志向都仅限于此，甚至在“考上”以后也不能去“变化气质”，那么，只怕一个人的全部出息，也就被这浅近的目的给限制住了，而这也正是程颐所讲的“夺志”和王阳明所讲的“心累”了。

由此可见，虽说“知行合一”是仅限于理学话语的，换言之只是指“德性之知”的，但若就这种话语的积极意义而言，总还是要勉励人们回归读书的初衷，摆正学习的本意。如果在这样的前提下，再来重温“三不朽”的古训，就不致走火入魔地忘记了：读书首先既是为了“做人”，也同样是为了“做事”的。唯其如此，一个人的学业和事业、道义与应用，才可以在“立德、立功、立言”的次序中，水乳交融、一气呵成地贯通起来。——也就是说，一方面从儒家的“伦理之道”出发，即使出去谋求外王或事功，也仍要把它当成对于人格的磨砺，这就是王阳明所谓“事上磨炼”的精义。比如当有人颇于“静处”有得时，他就会从问题的另一面提出：“良知明白，随你去静处体悟也好，随你去事上磨炼也好。”；[1] 又如当有人一旦遇到事情，便觉得破了“静坐”之功时，他也会从“知行合一”的角度提示：“功夫一贯，何须更起念头？人须在事上磨炼做功夫，乃有益。若只好静，遇事便乱，终无长进。那静时功夫，亦差似收敛，而实放溺也。”[2] 而对阳明这种“事上磨炼”的讲法，想必梁启超也是良有会心的，故而才为此写下了一句案语：“事上磨炼工夫，亦是王子立教一要点，益可见致良知非以独善其身也。”[3]

而另一方面又不可忘记，而且在前文中也已反复指出，不光读书是为了“做人”的，而且“做人”还是为了“做事”的。无论如何，既然经由持续的阅读与思考，而获得了相应的“伦

1 王阳明：《传习录·下》，《王阳明全集》，卷三，上海：上海古籍出版社，2006 年，第 105 页。

2 同上书，第 92 页。

3 梁启超：《德育鉴·知本第三》，南京：译林出版社，2022 年，第 71 页。

理之道”“德性之知”，那么，价值与历史、应然与实然之间的种种落差，就理应激发出自己内心中的焦虑，就像孔子当年对弟子们所讲的：“德之不修，学之不讲，闻义不能徙，不善不能改，是吾忧也。”[1]既然是这样，我们自己内心中的道德关怀，就势必要转化为淑世济民的“事功”行为，而我们借以养心的“内圣”功夫，也势必要外化为匡正时弊的“外王”活动。无论我们读什么样的书，都不能流于纸上工夫和口耳之学；更不要说，有些人还是在读着“圣贤书”，那就更应看不下去“生民涂炭”了。

说到这里，又免不了要再次向大家示警，如果有人还想借着“圣贤书”，来达到牟取私利的隐秘图谋，那么这就比去做任何别的勾当，哪怕就是“鼓上蚤”时迁的那种勾当，都要来得更令人不齿，也更加有害。——也正因为这样，对于这帮专门来“吃圣贤饭”，而绝不做任何“正经事”的伪君子，当年的王阳明就已经表示恨之入骨了：“后世良知之学不明，天下之人用其私智以相比轧，是以人各有心，而偏琐僻陋之见，狡伪阴邪之术，至于不可胜说：外借仁义之名而内以行其自私自利之实，诡辞以阿俗，矫行以干誉，掩人之善而袭以为己长，讦人之私而窃以为己

1 《论语·述而》，《十三经注疏》，北京：中华书局，2009年，第5390页。

直，忿以相胜而犹谓之徇义，险以相倾而犹谓之疾恶，妒贤忌能而犹自以为公是非，恣情纵欲而犹自以为同好恶；相凌相贼，自其一家骨肉之亲，已不能无尔我胜负之意、彼此藩篱之形，而况于天下之大、民物之众，又何能一体而视之？则无怪于纷纷藉藉，而祸乱相寻于无穷矣。”[1]

由此又可见，能不能踏踏实实地“做事”，恰恰可以作为一面镜鉴，来照察是否认认真真地“做人”，因为“立功”的前提恰在于“立德”，足可检验一个人的“是非之心”。正是在这个意义上，明代理学家刘宗周的说法，就无论如何都值得大家听取：“权度虽在我，而轻重长短之形仍听之于物，我无与焉，所以‘情顺万事而无情’也。故事无大小，皆有理存，劈头判个是与非。见得是处，断然如此，虽鬼神不避；见得非处，断然不如此，虽千驷万钟不回。又于其中条分缕析，铢铢两两，辨个是中之非，非中之是，似是之非，似非之是，从此下手，沛然不疑，所行动有成绩。”[2]而不在话下，梁启超又专门为这段话，写下了他自己的案语：“世之论者每谓阅历多则识见必增，此固然也，然知其一而未知其二也。如镜然，其所以照物而无遁形者，非恃其所照物之多而已，必其有本体之明以为之原。若昏霾之镜，虽日

1　梁启超：《德育鉴 · 知本第三》，南京：译林出版社，2022 年，第 72 页。

2　梁启超：《德育鉴 · 应用第六》，南京：译林出版社，2022 年，第 166 页。

照百物，其形相之不确实如故也。”[1]——值得一提的是，他在这里也用了“镜子”的比喻，希望准此来照察具体的当事人，究竟是随着阅历增多，而变得日渐“心境去火”，还是随着气血已衰，而变得日渐“和光同尘”。

说到底，既已落到了这样的意义上，那么，人们对于外在事功的追求，也就同样成了对于内在价值的追求。说到这里，我们都知道在《论语》中记述过一句对于孔子的嘲讽：“子路宿于石门。晨门曰：‘奚自？’子路曰：‘自孔氏。’曰：‘是知其不可而为之者与？’”[2]而此中真正耐人寻味的，则是孔门弟子不仅照直记录了下来，后来还干脆把“知其不可而为之”一语，反倒当成了自己的鲜活写照。——正如梁启超后来在讲演中所讲的：“知其不可为而为之——不知或不信分限，不是勇气；必要知其不可为而为之，才算勇气。明知山上有金矿动手去掘的人，那（不）算有勇；要明知不可为，而知道应该去做的人，才算伟大。这句话很可以表现孔子的全部人格，也可以作为知命与努力的注脚，‘知其不可为’便是知命，‘而为之’便是努力，孔子的伟大和勇气，在此可以完全看出了。”[3]事实上，只有从这种“做人”的精神

---

1 梁启超：《德育鉴·应用第六》，南京：译林出版社，2022 年，第 167 页。

2 《论语·宪问》，《十三经注疏》，北京：中华书局，2009 年，第 5460 页。

3 梁启超：《知命与努力》，《梁启超全集》，第十六集，北京：中国人民大学出版社，2018 年，第 396 页。

出发，我们才能理解梁启超同友人的共勉："吾侪不努力，负此国民多"，[1] 也才能理解梁漱溟充满担当的豪言："吾曹不出，如苍生何。"[2] 由此可见，正因为既有了"是非之心"，又有了"恻隐之心"，无论外边的恶势力又多么强大，也绝不忍再去像老庄那样"躺平"了。

说到这里，前文讲述过的、围绕着梁启超生平的两种误解，即要么"只以政治家的成败来论英雄，把梁启超写完《欧游心影录》后的选择，完全看作从政坛上的逃遁与败走，看作是失意政客在打发无聊日子"，要么"只是以学问家的成果来论得失，乃至把梁启超的早期活动，包括在办报时代写作的文章，和政治活动中的宣传文字，都看成粗疏的、急就的和不够成功的学术论文"，也就足以得出进一步的澄清了。——在一方面，正如早年必然要四处奔走、期望落实道义的孔子一样，梁启超并没有从早年就"两耳不闻窗外事"，否则，即使他确实是在"一心只读圣贤书"，也仍不会获得那样的眼界与器识。甚至，如果他在国势危如累卵的情况下，还一心只顾自己的"名山事业"，那干脆也就可以被判为"没有心肝"了。可在另一方面，要是一旦

1 梁启超：《壮别》，《梁启超文集》，北京：北京燕山出版社，1997 年，第 745 页。

2 梁漱溟：《吾曹不出如苍生何》，《梁漱溟全集》（第四卷），济南：山东人民出版社，2005 年，第 524 页。

从自己的书房出走，就决计一辈子都“投笔从政”，而从此便忘掉必须日就月将的进学，那么，这个人也照样会落得“无足挂齿”，更不会又成为清华园的一大导师了。甚至，如果他就此陷身于难免污浊的政坛，满心只念着马基雅维利式的狡计，也完全有可能再“异化”为纯粹的政客，尽管自己原本是最痛恨这样的人。

更妙的是，就像奥斯汀所讲的“以言行事”一样，我们接着还有可能再碰到一种转化，那就是在某种特定的场合，不光“立功”本身是来自“立德”，而且“立言”的行为也可以“立功”。事实上，梁启超所以后来又“弃政从教”，也正是在现代的大学体制下，又看到了完成“双重使命”的可能，而由此便更加丰富了“知行合一”的内涵。也正是在这个意义上，我才指出“梁启超到清华国学院来，就绝不是一次遁逃或一次落败，而是其生命中一次进取式的升华和蜕变”。[1]——此外，写到了这里，如果也可以“现身说法”的话，那么，我本人也是由类似的境遇所决定，往往要把“立言”本身当作“立功”的，而且也正因此，我才一方面表现得特别“贪功”；而另一方面，又不大在意具体由谁来“立言”，故而才获得了相对充沛的心力，创办和主持了较

1 刘东：《未竟的后期：〈欧游心影录〉之后的梁启超》，《中国学术》第三十辑，北京：商务印书馆，2011 年，第 129 页。

多的翻译工程："生命是有限的，总要尽量为社会多做点事。所以这种贪功，不会表现为一己个人的立言，而是为我们整个民族的立言。这表现在，无论发下来的表格如何验收，你都直道而行、我行我素：有时当然不妨自己写，有时更要组织大家写，有时当然不妨自己译，有时还要组织大家译，有时当然不妨自己讲，有时更要主持别人讲，有时当然把别人的译介过来，有时更把我们的推广出去……这些活动看起来眼花缭乱，内在的心结却只有一个——我就是不愿接受那样一种可怕的对比：中国文化可以不断的衰败，唯有我个人的中国文化研究，却还能独善其身地大部头地写下去，甚至不断到外部去博取喝彩！"[1]

也正是基于这种心劲儿，我才在二十几年前的讲演中，向哈佛的同事们这样来指出："介身局外的人，总喜欢耸人听闻地生造出各家各派，但说句甘苦之言，相对于促进学术出版繁荣的使命，真要划分派别的话，也只能分为'动手派'和'袖手派'。"[2] 这自然是因为，我们在遭遇了一系列动荡之后，就必须悉心去解决一系列的难题，其中"包括恢复学术自信、重振治学队伍、验证学识价值、建立学术规范、拓展资金来源、优化学科布局、确

1　刘东：《为国家社稷而贪功》，《坚守坐拥的书城》，南京：江苏人民出版社，2019 年，第 492—493 页。

2　刘东：《中国大陆学术出版的现状》，《坚守坐拥的书城》，南京：江苏人民出版社，2019 年，第 321 页。

立研究机制、创办发表园地、理顺图书市场、团聚读者群体等等”。[1]事实上，只要心中稍微存有一丝懈怠，那么看到了这么多的繁难问题，或不免都要闪出“躺平”或“犬儒”之念。所以在这种情况下，无论是所谓“知难行易”，还是“知易行难”，要不就是“言胜于行”，或者“行胜于言”，都远不及王阳明的“事上磨炼”或者“知行合一”，来得更加平衡、贴切与自然。——在一方面，既已将这种作为“立功”的“立言”，看成了对于自家“德性”的检验与砥砺，那么，除了带着“知其不可而为之”的精神，去不计成败地、一点一滴地做起，我们原本也并没有别的选择了。而在另一方面，当然也不是没有这样的可能：正是在这种具有儒者风范的努力中，终究还是会出现“水滴石穿”的历史后果，从而让隐性存在于内心的价值，也终能显现出它应有的社会功能。

讲到了最后，还有必要再对“知行合一”这个命题，从学理的层面来进一步发挥。

首先应当看到，由于儒学所表现出的人间性质，或者说，由于它深深地扎根于世俗社会，所以在人们的“知”与“行”之间，原本就应是一道贯之、了无间隔的。也就是说，打从这种生

1　刘东：《中国大陆学术出版的现状》，《坚守坐拥的书城》，南京：江苏人民出版社，2019年，第322—323页。

活中发出的“智识”，本就属于生命实践中的“智识”，所以，日常生活的具体“实践”，也就从特定的“行”的角度，对于人们的“知”构成了规定性。既然如此，也就只有坚持“内圣外王”之道，才能既让“智识”从“实践”中涌现，也让“实践”中贯注了“智识”。由此可见，这种内部与外部、学业与事功的一致性，正是由儒学的清醒本性决定的；而反过来说，一旦沉湎于宗教式的迷狂中，或者陷入形而上学式的思辨中，则思想与行动、内省与外功，就难免要出现修道院式的脱节了。事实上，也正因为诸如此类的脱节，由“两希文明”杂凑起来的西方，才只好在“六天犯错”“一天忏悔”之间，去在冲突中寻找脆弱的平衡；而反过来说，从孔子所谓“四十而不惑，五十而知天命，六十而耳顺，七十而从心所欲，不逾矩”[1]的自述中，我们所看到的却是日益圆融，——当然也不妨形容为“知行合一”。不待言，受这样的“人生解决方案”决定，既然不需要像遁入修道院那样，干脆去避开或退出人间的生活，所以在由此产生的文化景观中，也就只有供人读书的学堂，而无供人忏悔的教堂了。

其次，即使如此，我们还是需要心存警惕地，再跳开理学造成的思想盲区，来更准确地理解儒学的“知行观”。在我看来，

---

1 《论语・为政》,《十三经注疏》，北京：中华书局，2009 年，第 5346 页。

只需再看看人类的近亲黑猩猩，我们就足以从所谓“孟荀之争”中，既简单易行，又如释重负地挣脱出来。一方面，正因为它们的智商已经足够高了，这种与我们同属“灵长类”的动物，自然就学会了耍心眼、使诡计、行欺骗，而在抵达这一个“进化台阶”之前，这原是其他动物根本不具备的能力。可另一方面，也正因为它们的智商已经足够高了，这种与我们同属“灵长类”的动物，哪怕只是在“生存竞争”中不得已地，也要产生出一种对于“公正”的本能要求，以便对集体行动构成相应的约束，否则整个群体都只能步入消亡。——由此可见，从一开始就是智力的进化或知性的发达，才导致了荀子只看到的“性恶”，也才导致了孟子只看到的“性善”。而事实上，所有这一切都是来自“知识本位”的，也就是说，一旦人们的智商足够满足这一侧面了，他们的智商也就同时满足了那一侧面。

我们再从这个角度，来回顾前引的一段“子曰”，也即“饭疏食，饮水，曲肱而枕之，乐亦在其中矣。不义而富且贵，于我如浮云”，[1] 就可找出此间更深入的道理了。我在前文中也已经说过，此中最吃紧的是那个“亦”字，也就是说，孔子“是把这一个‘也有’，来跟疏食饮水的生活相连，来说明即使清贫也仍有

1 《论语·述而》，《十三经注疏》，北京：中华书局，2009 年，第 5392 页。

‘快乐’。所以关键在于，这个‘亦’字旨在告诫弟子们，即使如此也仍是快乐的，因为君子虽不会主动去追求穷困，然而穷困也绝不能夺其心志。”[1]而我们眼下借助于这段话，还可以更进一步地看到，正由于理学所提倡的“知行合一”，是基于“德性之知”的单薄前提，而径行撇开了主张“性恶”的荀子，所以，它在显出了积极意义的同时，却也难免暴露出了相应的盲区，——或者不妨说，那就是故意的“视而不见”，也即只有干脆闭上眼睛，拒不承认“闻见之知”也属于“知”，这种理论才能勉强自圆其说。

事实上，还是这段话中的那个“亦”字，才吐露出了此中究竟精义何在，因为这个“也有”显然是在进行“对比”，换句话说，孔子之所以要“饭疏食，饮水，曲肱而枕之”，是因为他在结果不同的选项中，进行过了义无反顾的道德选择，并且也甘愿承担这种选择的后果。也就是说，跟那句“不义而富且贵”相对应的，还应当有一句潜在的“守志则贫且贱”，而且也正因为这样，他所讲的那个“亦”字才可落实、才能成立。与此相通，孔子还说过一句类似的话，尽管这一次不再是自述的了：“子曰：‘贤哉回也！一箪食，一瓢饮，在陋巷，人不堪其忧，回也不改

1 本书，“有无属于自己的时间？”。

其乐。贤哉，回也！’”[1]而我们现在也同样可以领会了，他这句赞扬也同样是基于某种选择，也就是为了“守志”而宁可“贫且贱”；这也可以验之于孔子的另一句话，即“天下有道则见，无道则隐。邦有道，贫且贱焉，耻也；邦无道，富且贵焉，耻也”。[2]由此可见，其实既不是像先秦的道家那样，在任何情况下都要“躺平不干”，也不是像宋明的理学家那样，一味刻板地强调“知行合一”，而是在一切都了然于胸的情况下，也仍在某种“责任伦理”的选择中，能够既“有所为”而又“有所不为”，这才符合更加周正的儒家学理。

毕竟，在有的时间和有的地点，“打死也不做”，反而才是最符合道德的，——而且，这一点眼下对于我们，也反而是最为重要的。

---

1 《论语·雍也》，《十三经注疏》，北京：中华书局，2009 年，第 5383 页。

2 《论语·泰伯》，《十三经注疏》，北京：中华书局，2009 年，第 5402 页。

题解十四（应用第六）

有多少取决于当下一念？

跟上一章的内容密切相连，既然在所思与所为、学业与事业之间，存在着如此要紧的关系，那么，我们就不妨调用莎士比亚的句式——“去做，还是不做”（to do or not to do），因为这也是一个“值得考虑的问题”。

正是在这个意义上，王阳明提出的“知行合一”观念，虽说也确实存在固有的盲区，却又仍有相对积极的意义，毕竟强调了“德性之知”或曰“良知”的施行；而如果连这一点都不能落实，那么，即使经由前边的讲说，大家已对不能“尽如人意”的现实，从内心中获得了自己的看法，还是会觉得相对于外部现实的强固和外部势力的强悍，道德判断显得太过微茫了，如果不是根本“无济于事”的，那么至少也属于“缓不济急”的。——正因为这样，我们到了本书的最后一章，就还需再谈谈“有多少取决于当下一念”的问题。尽管我们已经反复说过了，本体论意义上的“天人合一”，实际上只是一个虚假的命题；可反过来说，毕竟仅限于现象界的“物我合一”，就它不可能是完全达到的，也仍应是我们不懈追求的。

我们曾经在前边的多处，约略触及“道德运气”的问题，而眼下也不妨再从它来谈起。就我所知，这个话题最早是由伯纳德·威廉斯挑起的，由此也就揭示出了人生中的一种矛盾：“现在有一个紧迫的问题：那个道德概念提供了多少东西？到论证的这个阶段为止，对于它所发生的事情，它到底有多么重要？不管运气是否是生成性的，是否影响了一个人的决定与道德的关系，或者只是影响了一个人的行为的最终结果，运气对于道德生活来说都具有很重要的意义。”[1]具体说来，这种人生中的尖锐矛盾，是表现在客体与主体、偶然与必然之间。也就是说，一方面，既因为生命本身的偶然性，也由于生命本身的唯一性，我们自己作为肉身的生命体，究竟会落生在什么样的环境中，是从来都不能由本人来选择的，而只能是或然的，或曰“撞大运”的；也正因为这样，无论它表现得是好还是坏，是丰足还是匮乏，是顺遂还是多舛，是安全还是凶险，对于作为特定个体的我们来说，就只能表现为一种不得不接受的“宿命”。——可另一方面，偏偏随着内在生命力的扩张，我们又势必要成长为“道德”主体，由此我

1 ［英国］伯纳德·威廉斯：《道德运气》，徐向东译，上海：上海译文出版社，2007 年，第 57 页。

们从内心执守的“价值”观念，只要它还当真属于一种“价值”，又应当表现为必然的、不为外在环境所摇动的。

正因此，玛莎·纳斯鲍姆才会接过了这个话题，又以“善的脆弱性”这样的命题，来说明偶然遭遇恶劣的环境，会对保持必然姿态的道德主体，乃至想要追求善好生活的生命主体，构成什么样的障碍、碾压，甚至毁灭：“即使我们不去问，在使我们变得明智、勇敢或者首先是让我们变得公正这件事情上，运气究竟起了什么作用，我们也可以看到，在使我们能够或者不能公正地行动，并因此过一种伦理上完整的生活这件事情上，运气看来也扮演了一个重要的伦理角色。对古希腊诗人来说，正如至少对某些哲学家来说，似乎很难否认的是，倘若一个人因为长期生病而丧失了能力，或者一个人被投入监狱、受到折磨，或者一个女人受到敌人强奸、沦为女奴，那么这样一个人至少就丧失了过一种欣欣向荣的人类生活所必需的某些伦理上重要的要素。这种人不仅很不幸，而且也没有什么东西可以用来过一个完整的好生活，甚至没有什么东西可以用来换取这样一种生活。”[1]

的确，不管在具体情况下“走好运”，还是“走背运”，这对于我们都不过是偶然的和概率性的；然而作为具有伦理自觉的

---

1 ［美国］玛莎·纳斯鲍姆：《善的脆弱性：古希腊悲剧和哲学中的运气与伦理》，徐向东、陆萌译，南京：译林出版社，2007 年，第 3 页。

主体，我们偏偏又不愿意随波逐流，不愿样样都被外在环境所决定，于是，也就总可能碰到“道德运气”的问题，从而在外在条件的偶然变故中，随时准备让自己的“良心”接受考验。——在这个意义上，孔子当年那段有名的慷慨自述，即“富与贵，是人之所欲也；不以其道得之，不处也。贫与贱，是人之所恶也；不以其道得之，不去也。君子去仁，恶乎成名？君子无终食之间违仁，造次必于是，颠沛必于是”，[1]也正是在偶然变异的人生境遇中，表达出了内在必然的道德追求；当然同时也可认为，那也正是他在“道德运气”的问题上，同样遭遇到了道德选择的困境。

然而，问题的严峻性却又在于，只要还打算做一个“道德主体”，我们说到底又是根本“没有选择”的。事实上，正是在这个很要紧的问题上，我才向李泽厚老师的“历史主义”态度，委婉表达出了分道扬镳的看法，因为他的运思方向是正好相反，竟要把“经验上升为先验，心理上升为本体，历史上升为理性”。[2]可无论如何，不管他怎样用“实践-积淀”的说法，去黏合皮亚杰和荣格，或者黏合黑格尔和康德，我们介身于其中的、充满偶然的人类历史，都无法上升为必然的道德律令，否则的话，那才

1 《论语·里仁》，《十三经注疏》，北京：中华书局，2009年，第5366页。

2 这先是我对于他的哲学倾向的概括，后被李老师采纳到了《历史本体论》一书中。

真是“一切坚固的东西”转瞬间就都“烟消云散”了，而“历史”一词也就要完全寂灭于“黑暗”之中了。正因为这样，对于“历史与伦理”的这种背反，不管它是何等的“悲剧性”，都绝不能以消解人类意志的方法，轻描淡写地去进行相对主义处理；换言之，我们不能把一切都推诿给历史，而忘了自己应当承负的伦理责任和自己应当采取的主体姿态。——正如我曾在一篇旧文中指出的：

> 我们必须清醒地意识到：照搬黑格尔所谓“历史与伦理二律背反”的命题，亦即把“获得”当成“失去”的理由（或者把“失去”当成“获得”的前提），不仅在理论上是毫无根基的，而且在实践上是极其有害的。在“线性进步”概念早已广遭质疑的今天，严肃的思想家们根本就不具备那种为历史主义所必备的理性主义预设，完全不能指望冥冥之中还有一位上帝来担保人类洪福齐天；另外，在技术变化已对人类的基本生存状态构成了巨大变因的危机关头，把一切责任都推诿给历史的软弱无力的宿命论，也会使人忘记自己应当承担的义务和应当采取的姿态。无论在过去、现在还是未来，人类的文明进程都绝非由命中注定，它总是取决于许多偶发的诱因，其中也当然包含我们自己的努力或不

努力。[1]

当然即使如此，我们还是要清醒地看到，体现在偶然的历史变迁与必然的伦理要求之间的，随时随地都可能爆发的冲突，毕竟会给作为“道德主体”的特定个人，带来极其深重的压力，乃至极其惨痛的折磨。针对这一点，前文中已经说过了，具有“神秘主义”倾向的孟子，索性就以某种“道德目的论”的口吻，把“穷且益坚”说成了“天降大任”的必要条件。只可惜，如果我们不相信这样的目的论，那么，他就此所讲的种种折磨困顿，也即“先苦其心志，劳其筋骨，饿其体肤，空乏其身，行拂乱其所为”，[2] 总是无论如何都不值得羡慕的。——而与此同时，前边也曾引述过孔子那句“人莫不饮食也，鲜能知味也”[3] 的名言，以及他那种“食不厌精，脍不厌细”的品位，[4] 乃至他那种“有盛馔，必变色而作”[5] 的风度，这也都同样说明了孔子的灵活态度，也就是说，即使只是在论及物质生活的方面，就算对于孔子这般高尚的人，也终归是走了“好运”才算“幸运”的。

1 刘东：《应对网络社会的挑战》，《理论与心智》，杭州：浙江大学出版社，2015 年，第 265 页。

2 《孟子 · 告子下》，《十三经注疏》，北京：中华书局，2009 年，第 6009 页。

3 《礼记 · 中庸》，《十三经注疏》，北京：中华书局，2009 年，第 3528 页。

4 《论语 · 乡党》，《十三经注疏》，北京：中华书局，2009 年，第 5419 页。

5 同上书，第 5421 页。

不过，前文中也同样说明过了，对于具有坚定内在操守的孔子，这种取决于外部的“走运”即使再好，却又属于“有了更好”“没有也罢”的，换句话说，一应的外在条件都属于“可变”的，唯有做个君子的坚持才是“不变”的。也正是出于这个缘故，我们才在他那种“无可无不可”的灵动中，又见出了他“匹夫不可夺志”的追求。他甚至会极而言之地讲，“富而可求也，虽执鞭之士，吾亦为之。如不可求，从吾所好”。[1]那么，究竟什么才算是“不可求”的呢？这就不能单纯从外在条件来理解，而应从内部与外部的契合来理解了，因为很有可能某些所谓的“机运”，只是在机会主义分子那里才能算“机会”。所以，一旦遭遇到了严峻的“道德选择”，由于这对于君子原本就“无可选择”，孔子便又会在两相权衡之下，转而把物质享受看得很轻、简直可有可无：“君子食无求饱，居无求安，敏于事而慎于言，就有道而正焉，可谓好学也已。”[2]甚至，他还从另一侧面指出过，既然对于“士君子”而言，唯有“道义”原则才是不容商量的，所以“士而怀居，不足以为士矣”；[3]而且“士志于道，而耻恶衣恶食者，未足与议也”。[4]事实上，如果“道德”往往要意味着“牺牲”，那

1 《论语·述而》，《十三经注疏》，北京：中华书局，2009 年，第 5391 页。

2 《论语·学而》，《十三经注疏》，北京：中华书局，2009 年，第 5338 页。

3 《论语·宪问》，《十三经注疏》，北京：中华书局，2009 年，第 5453 页。

4 《论语·里仁》，《十三经注疏》，北京：中华书局，2009 年，第 5367 页。

么这种在权衡之下的“道德选择”，也就意味着自觉自愿的“牺牲”，——等写到下边，我们还会再来回顾这个问题。

可无论如何，毕竟事事都希望“走运”，乃至一辈子都希望“走运”，这也属于“人之常情”吧？说到这里，也就想起昔日在北大的一段往事了。由于彼时自己正在比较文学研究所教书，就总是免不了进行文本的对比，于是有一次也就跟我的研究生们，一起来比较两部二战的影片了，其中一部是美国的《巴顿将军》，另一部则是苏联的《莫斯科保卫战》，而前者的主人公当然是巴顿，后者的主人公其实是朱可夫。——可出乎意料且又耐人寻味的是，在老师和学生的阅读反应中，竟然马上出现了戏剧性的分化：“我现在的研究生几乎全都是共产党员，但他们却几乎全都认同于巴顿；唯独我本人坚守着‘群而不党’，可我又坚定地认同于朱可夫。”[1]

这引起过我良久的沉思。这些涉世未深的年轻人，当然不喜欢生命中“不能承受之重”，而希望自己能更“走运”一些。——“他们不喜欢沉重的背负，哪怕是背负道义的责任；他们更热爱轻松的自由，哪怕这自由显得多少有点张狂。在这个意义上，选择去做巴顿，也就是选择了命运的偏爱，至少是对这种

1 刘东：《做巴顿，还是做朱可夫？》，《道术与天下》，北京：北京大学出版社，2011 年，第 10 页。

偏爱的企求。因为说到底，这两位英雄的麻烦并不在一个层面：就连巴顿为之苦不自胜的东西，也都值得朱可夫心生羡慕。另外，且不说《莫斯科保卫战》中那单调乏味的宣传语调，以及《巴顿将军》更合年轻胃口的大片风格，就是那个令我如此深爱的朱可夫形象，也并不容易引起年轻人的共鸣，因为那中间毕竟隐藏着太多的委屈和沉重；而且更重要的是，大家只怕还存在着这样的心理：不管朱可夫的使命何等迫切，他毕竟是被笼罩在令人窒息的恐怖统治之下，毕竟在服从和服务于一个合法性相当可疑的政权。”[1]

可是我自己呢？我为什么会反而心仪朱可夫？如果从浅层的意义来看，那么当然也可以说，我只是在着眼于“立功”的层面。在我看来，朱可夫当年所立下的赫赫战功，以及这对于他那个民族的意义，原本就不是巴顿可以比拟的，后者并没有那种挽救性的、一锤定音的意义。——正因为这样，尽管从心理上选择前者，也就势必意味着选择更多的苦难，可即使只是为了“出息大小”，我也会对这种选择毫不犹豫：“这两位大英雄的生平都可以说是轰轰烈烈，但如果命运真的如此慷慨地允许选择，那么，尽管明知道这并非选择命运的偏爱，明知道要为此忍受更多的磨

1 刘东：《做巴顿，还是做朱可夫？》，《道术与天下》，北京：北京大学出版社，2011 年，第 10 页。

难、惊恐与牺牲，我仍愿做一位朱可夫，因为所有那些煎熬都不会是白白蒙受的，它毕竟有可能换来更大的历史主动性。人生毕竟只有短暂的一次，所以每看一次《莫斯科保卫战》，我的眼角总是为之湿润：在人类已把自己繁衍得多于蝼蚁的星球上，在所有的雄心都要让位于口腹之欲的平庸年代，人类的文明史居然还能闪现出这样一个机会，它使得全民族乃至全人类的盛衰枯荣和生存死灭，都碰巧要取决于某个个人的知识、选择与毅力，取决于他的作为或者不作为，这是何等的不可思议！”[1]

这又使人油然想起，朱可夫还有一位同时代人，那就是作家帕斯捷尔纳克。虽则说，就像人之常情是希望“走运”一样，人们当然也都希望更加“自由”；然而，这位卓有成就的世界级作家，却竟写下了这样的话：“我需要非自由，一只沸水中的虾。”[2]那么，这只属于一种“受虐”的病态心理吗？——当然不是。德米特里·贝科夫在他的传记中，向我们讲述了俄罗斯的历史传统：正因为“苦难”在俄国文学的调色板上，向来都属于必不可少的主要色调，所以，对于帕斯捷尔纳克的魂灵来说，就并非迫不得已地落入了“苦难”，而是在有意识地需要“苦难”，或者

1 刘东：《做巴顿，还是做朱可夫？》，《道术与天下》，北京：北京大学出版社，2011年，第11—12页。

2 ［俄罗斯］德·贝科夫：《帕斯捷尔纳克传》，下卷，王嘎译，北京：人民文学出版社，2016年，第521页。

说，是主动地在为自己的生命“设限”，而由此才能在警觉的反抗意识中，获得更充沛、更聚敛，也更警觉的创作心力。正是在这个意义上，一种“非自由”或者“不自由”，就反而要比所谓的“自由自在”，更能激发他去为俄国人民写作，当然也就更能激发他成为一代文豪。

在这个意义上，相当吊诡的事实是，如果转而从“立功”的角度来看，受到了无数限制的帕斯捷尔纳克，就似乎比“自由国家”的那些作者，反而具备了更多的“成功”条件，从而也就反倒显得更加“幸运”了。——正如我在一篇未竟的文章中说的，命运的弄人之处恰在于，如果你的确想当个大作家，那反而是在最为压抑的苏联，更可能成就你心目中的“功业”：“尽管美利坚合众国的综合国力，以及该国人民的‘幸福’指数，都肯定是俄罗斯，特别是苏联时期的俄罗斯，所绝对无法相提并论的，然而，又几乎可以同样肯定的是，就算把所有的美国作家全都加起来，其分量也不能跟这本书描写的传主，以及他那几个‘镜中人’相比拟，因为那群人中共时性地包括了马雅可夫斯基、茨维塔耶娃、勃洛克、曼德尔施塔姆、阿赫马托娃等等。也正因此，我们虽然没有必要去巴望着‘国家不幸诗家幸’，毕竟那意味着太多的苦难和折磨，但总应当能对历史中的复杂构成，以及并不完全被这种历史结构所决定的、人们兴许还能自由焕发的巨大主动性，留下深刻而富于启发的印象了。”[1]

当然，对这种事后盘点的“幸运”，千万不要进行机械的理解，毕竟即使是当事人自己，也在时时痛感和每每抱怨着“不幸”。不过话又说回来，这至少也可让我们转念想到，即使经常会遭遇“道德运气”的问题，然而在那个代表“运气”的外在条件和代表“道德”的内在企求之间，并不存在简单机械的决定性关系。而说到这里，如果再回到“做巴顿，还是做朱可夫”的问题，那么最需要挑明的，还在于这样一种微妙的关系，那就是不能把个人能否“立功”，以及在多大程度上“立功”，完全归咎于他们所处的历史条件，特别是社会制度，——正如我已在前揭文中指出的：“并非历史上的所有主要功业，都能够在足以被后世认可的政治合法性的基础上完成；恰恰相反，其实迄今为止绝大部分的此类功业，都并无幸运来倚赖某种足以被后人认作当然普适价值的统治类型。反过来说，倒正是仰仗着这些功业的层层积累，人类文明——包括作为文明之突出成就的政治文化——才会得到不断的损益和更迭；而且唯其如此，也才能使得后人轻易就能达到某种历史高度，足以借此一眼看穿前人的身材还不够高大。在这个意义上，我们必须旗帜鲜明地反对某种荒唐的归

1 刘东：《多大程度上，我们可以分享他？——读贝科夫〈帕斯捷尔纳克传〉》（未刊稿）。

谬逻辑，它总是把具体的历史功业简单地还原为具体的政治架构。这实际上是在一叶障目地苛责全部的人类文明史，而且，这种非要等黄河彻底变清才愿出山的念头，恰恰是犬儒主义的最佳借口。”[1]

写到这里，如果再来回顾孔子的情况，我们就更足以身临其境地发现，要是也存在一种“成功指数”的话，它其实跟寻常所讲的“幸福指数”，并不能构成一一对应的关系。我们知道，孔子总是处在“不得志”的困顿中，大概也正是出于这个缘故，他才会讲出“不曰‘如之何，如之何’者，吾末如之何也已矣”。[2]从内在的企求而言，他所以要时不我待地四处奔走，当然是为了替自己心中的道义，寻访一个适于发挥的社会环境。然而，在不相干的路人看来，他这样四处碰壁，却又不知回头，总难免显得有点狼狈和过于急切。正因为这样，《论语》中才会留下了这样的记载：“微生亩谓孔子曰：‘丘何为是栖栖者与？无乃为佞乎？’孔子曰：‘非敢为佞也，疾固也。’”[3]甚至于，如果再根据司马迁的记载，还是因为他的栖栖不安、风尘仆仆，不光有人说他是“累累若丧家之狗”，而且，就连他自己听到了这种形容，也非但未

1 刘东：《做巴顿，还是做朱可夫？》，《道术与天下》，北京：北京大学出版社，2011 年，第 11 页。

2 《论语·卫灵公》，《十三经注疏》，北京：中华书局，2009 年，第 5469 页。

3 《论语·宪问》，《十三经注疏》，北京：中华书局，2009 年，第 5459 页。

曾露出任何愠色，还欣然笑道："谓似丧家之狗，然哉！然哉！"[1]

可无论如何，正因为"不尽如人意"的外部世界，如今已然是礼崩乐坏、天下大乱，孔子就不可能不看重"事功"的层面，毕竟那关系到整个社会的安全与福祉。我们由此就看到，他那种不可遏制的入世愿望，以及他为了匡时救民的灵活权衡，鲜明地反映到了下面这两段对话中。其一是，当学生子路针对管仲的下述行为，即"桓公杀公子纠，召忽死之，管仲不死"，而心怀疑虑地认定他"未仁乎"[2]的时候，孔子却并不迂腐地为之辩解说："桓公九合诸侯，不以兵车，管仲之力也。如其仁！如其仁！"[3]其二是，当学生子贡再次就此提出了疑问，即"管仲非仁者与？桓公杀公子纠，不能死，又相之"[4]的时候，孔子又从事功层面为之辩解说："管仲相桓公，霸诸侯，一匡天下，民到于今受其赐。微管仲，吾其被发左衽矣。岂若匹夫匹妇之为谅也，自经于沟渎而莫之知也。"[5]——耐人寻味的是，孔子"一以贯之"的"伦理之道"，如果以西方哲学的话语来定义或归类，就既不属于伦理学上的"义务论"，因为它显然又考虑到了"效果"；也不属于伦

1 司马迁：《史记·卷四十七·孔子世家》，北京：中华书局，1982 年，第 1922 页。

2 《论语·宪问》，《十三经注疏》，北京：中华书局，2009 年，第 5456 页。

3 同上。

4 《论语·宪问》，《十三经注疏》，北京：中华书局，2009 年，第 5457 页。

5 同上。

理学上的“功利论”，因为它显然也考虑到了“动机”，所以毋宁说，这更像是兼顾了上述两者的“责任伦理”。

只可惜，一旦碰到了高度污浊的环境，这种对于“动机”与“效果”的兼顾，仍有可能马上就遇到顾此失彼的尴尬。所以，真正摆在孔子面前的严重问题，还不像要么“知遇”，要么“不遇”这么简单，而在于正如前边已经讲过的，有些“时机”如从道德角度来衡量，根本就算不上什么真正的“机会”。事实上，我们从下面的这场对话中，就可看出孔子也早就料想到了，一旦在心中明确建立了“道义”，那么在“世风日下”的恶劣环境下，就很难不被逼到这样的墙角：除非去委屈乃至违背自己的良心，也就只剩下“知其不可而为之”了：“柳下惠为士师，三黜。人曰：‘子未可以去乎？’曰：‘直道而事人，焉往而不三黜？枉道而事人，何必去父母之邦？’”[1]——甚至于，我们再从下述的师生对话中，还可直接看出他对当时的执政者，已经持有怎样“不屑一顾”的态度：

子贡问曰：“何如斯可谓之士矣？”子曰：“行己有耻，使于四方，不辱君命，可谓士矣。”

1 《论语·微子》，《十三经注疏》，北京：中华书局，2009 年，第 5494 页。

曰："敢问其次。"曰："宗族称孝焉，乡党称弟焉。"

曰："敢问其次。"曰："言必信，行必果，硁硁然，小人哉！抑亦可以为次矣。"

曰："今之从政者何如？"子曰："噫！斗筲之人，何足算也。"[1]

当然在一方面，孔子也曾尽量去委曲求全，他毕竟也盼着能开个好头，为政治操作逐渐打上道德的烙印，那也正是他要推行的"德性政治"。正因为这样，《论语》才会先后记载了这两件轶事："阳货欲见孔子，孔子不见，归孔子豚。孔子时其亡也而往拜之，遇诸涂。谓孔子曰：'来，予与尔言。'曰：'怀其宝而迷其邦，可谓仁乎？'曰：'不可。''好从事而亟失时，可谓知乎？'曰：'不可！''日月逝矣，岁不我与！'孔子曰：'诺，吾将仕矣。'"[2]"佛肸召，子欲往。子路曰：'昔者由也闻诸夫子曰："亲于其身为不善者，君子不入也。"佛肸以中牟畔，子之往也，如之何？'子曰：'然，有是言也。不曰坚乎，磨而不磷。不曰白乎，涅而不缁。吾岂匏瓜也哉？焉能系而不食！'"[3]可在另一方面，这

1 《论语·子路》，《十三经注疏》，北京：中华书局，2009 年，第 5448 页。

2 《论语·阳货》，《十三经注疏》，北京：中华书局，2009 年，第 5484 页。

3 同上书，第 5485 页。

样的灵活“权变”毕竟又是有底线的，那底线又恰恰来自道德的操守，所以，也顶多只是在它还允许的范围内，才可能为孔子闪出相应的选择空间。我们由此才可以理解，何以在《论语》中还会有另一段议论：“子曰：‘直哉史鱼！邦有道如矢，邦无道如矢。君子哉蘧伯玉！邦有道则仕，邦无道则可卷而怀之。’”[1]虽则看上去，仍可有史鱼和蘧伯玉的不同选择，即要么是“邦有道如矢，邦无道如矢”，要么是“有道则仕，邦无道则可卷而怀之”；可终究说起来，提供的选择余地毕竟还是有限的，——那限度要么就来自“刚直”的行事风格，要么就来自“君子”的做人风范。

无论如何，一旦环境太过于肮脏污浊，再去尽心尽力地推行“德性政治”，也已经显得无异于“缘木求鱼”了，那么，此处就不再有“君子”的容身之地了，而再怎么去“知其不可而为之”也不过“聊尽人事”了，正如孔子想让子路告诉那位隐者的：“君子之仕也，行其义也。道之不行，已知之矣。”[2]当然也正因为这样，才会屡屡发生“子畏于匡”“子困于陈”的危机。于是，还是那位鲁直的学生子路，就又跟老师发生了这样的对话：“在陈绝粮，从者病，莫能兴。子路愠见曰：‘君子亦有穷乎？’

1 《论语·卫灵公》,《十三经注疏》，北京：中华书局，2009 年，第 5468 页。

2 《论语·微子》,《十三经注疏》，北京：中华书局，2009 年，第 5496 页。

子曰：'君子固穷，小人穷斯滥矣。'"[1]事实上，正如前文中已经说过的，跟孟子虚拟的"道德目的论"不同，孔子并不是"自讨苦吃"之人，他也同样希望能有点"道德运气"。只不过，又由于道德本身就意味着底线，意味着不容商量、不可妥协的原则，所以他这里所讲的"君子固穷"，就绝非在提倡安于乃至乐于穷困，而是即使于穷困中，亦不坠青云之志。——也正因为这样，他才跟他的另一位学生子思，又进行了下面的这一段对话："宪问耻。子曰：'邦有道，谷；邦无道，谷，耻也。'"[2]

如果细细地来体会，那么上面那句"'邦有道，谷；邦无道，谷，耻也'"，和下面要引证的这段话，都体现了孔子所理解的社会分工："君子谋道不谋食。耕也，馁在其中矣；学也，禄在其中矣。君子忧道不忧贫。"[3]所以，尽管也有人曾对他讲的"禄在其中"表达了非难，然而我想这些人并没有意识到，这不过是对于"社会分工"的如实描述罢了。事实上，这恰恰说明了在孔子的心目中，唯有对于"道义"的掌握，才是君子唯一的谋生手段，也唯有去推行"道义"，才组成君子的分工责任。既然如此，君子在"十有五而志于学"的时候，也就应当对这一点有所预期，

---

1 《论语·卫灵公》,《十三经注疏》，北京：中华书局，2009年，第5467页。
2 《论语·宪问》,《十三经注疏》，北京：中华书局，2009年，第5453页。
3 《论语·卫灵公》,《十三经注疏》，北京：中华书局，2009年，第5470—5471页。

缘此孔子才会说:“三年学,不至于谷,不易得也”;[1] 而与此同时,所谓的“谋道不谋食”,乃至“忧道不忧贫”,也就势必属于君子的“分内事”了。也正因为这样,一旦遭遇到了太坏的“运气”,无法再向社会推行这种“道义”了,那么,君子也就被堵住了效力社会的门径。——事实上,我们只有顺着这样的心情,才足以理解下面这段记载:“子曰:‘道不行,乘桴浮于海。从我者,其由与?’子路闻之喜。子曰:‘由也好勇过我,无所取材。’”[2] 这是因为,如果单纯从字面来阅读和理解,那么这句“无所取材”便会显得很是突兀,乃至会让人觉得无所适从,毕竟孔子刚刚点名要子路来跟从,而子路也很乐于去追随老师;可是,我们接着再读《论语》的下一句,即“孟武伯问子路仁乎?子曰:‘不知也。’又问。子曰:‘由也,千乘之国,可使治其赋也,不知其仁也’”,[3] 也就可以从中找到理解的门径了,因为如果从孔子的角度来看,这学生也不过就是“有把子力气”而已,以致听到了“乘桴浮于海”的气话,不仅没有为老师的命运担忧,反而马上就显得喜形于色了。——他就不能同情地想一想吗:如果连一块立足的地面都没有了,那么,孔子还能到哪里去推行道义,而他的生

---

1 《论语·泰伯》,《十三经注疏》,北京:中华书局,2009 年,第 5402 页。

2 《论语·公冶长》,《十三经注疏》,北京:中华书局,2009 年,第 5372 页。

3 同上。

命还能有什么意义?

接下来，我们又要再从孔子的特殊境遇，上升到“历史与伦理”的一般问题。一方面，当然也是不在话下，在天体运行的过程中，和在自然进化的过程中，就连我们自身都禀有这种“过程性”，也就是说，就连我们自己获得的生命、我们自己获得的身体，也都是被进化的历史所决定的，而由此也完全可以说，作为历史的“中间物”，我们本身就是历史过程，而历史进程也正是我们本身。——就此而论，我们当然也就有“被决定”的一面，无论是我们占有的时间、空间，还是我们所属的种族、语言，抑或我们获得的体质、肤色，乃至我们背靠的文明、文化，甚至于，我们潜意识中的文化前理解……既然如此，其实轻轻松松地跟着说一句：历史车轮，不可阻挡，顺之则昌，逆之则亡，听起来是再顺理成章，也再机灵讨巧不过的了。

可另一方面，再想一想索尔仁尼琴笔下的《红轮》，我们又很难不从负面效应意识到，这历史车轮又有太过无情的一面，而且就它对历史主体的压抑乃至残害而言，它也是经常会犯下错误，甚至滔天大罪的。正因为这样，如果我们自己并不是那些车轮本身，而只是落到了车轮之下的、行将被碾轧成肉泥的生灵，也难免会生出内心中的牢骚和不满，甚至会像索尔仁尼琴那样去反抗，正如他另一本书的标题《牛犊顶橡树》。就算我们只是软弱的孟姜女，总还有向万里长城痛哭一场的权利吧？所以，索尔仁尼琴也在他的前言中写道：“绞索套在我的颈上已有两年，但还没有拉紧。这个春日我想用生命作一次小小的冒险。是挣断绞索，还是被缢致死，也是难以预料的。我正被夹在两块巨石之间。一块已经推开，在另一块巨石前我感到卑怯，我争得了一个短暂的喘息机会……”[1]——而千载难逢的莫大幸运则是，“当时谁也未曾料到，这头牛犊竟会如此长寿，几乎又活了将近一倍的时间，长成了须发皆白的老牛，而终能先看到橡树的倒下，然后自己再从容地作古！”[2]

虽则说，我们自己的那点现代文学，比不上俄罗斯的伟大传统，可当诗人郭小川举目仰望星空时，还是不禁要提笔来自叹卑微；而且，据说他这首被批判为“极端虚无主义”的诗，也是同样委婉地吐露了在“左”倾的压制下，于创作过程中只能去“抑制自我”“丧失自我”的感受：

呵，
望星空，

1 ［俄罗斯］索尔仁尼琴：《牛犊顶橡树》，陈淑贤等译，长春：时代文艺出版社，1998 年，第 1—2 页。

2 刘东：《苦痛生珠》，《思想的浮冰》，上海：上海人民出版社，2014 年，第 247 页。

我不免感到惆怅。

说什么：

身宽气盛，

年富力强！

怎比得：

你那根深蒂固，

源远流长！

……

千堆火，

万盏灯，

不如一颗小小星光亮。

千条路，

万座桥，

不如银河一节长。

……

远方的星星呵，

你看得见地球吗？

——一片迷茫！

远方的陆地呵，

你感觉到我们的存在吗？

——怎能想象！

……

在伟大的宇宙的空间，

人生不过是流星般的闪光。

在无限的时间的河流里，

人生仅仅是微小又微小的波浪。

呵，星空，

我不免感到惆怅。[1]

这首诗中所提到的“小大之辩”，使人不禁想起了庄子的说法，即所谓“小知不及大知，小年不及大年。奚以知其然也？朝菌不知晦朔，蟪蛄不知春秋，此小年也。楚之南有冥灵者，以五百岁为春，五百岁为秋；上古有大椿者，以八千岁为春，八千岁为秋。而彭祖乃今以久特闻，众人匹之，不亦悲乎！”[2] 的的确确，仅仅只拥有“小年”的我们，不光显得如此脆弱，还又显得如此短暂。在时光机器的轰鸣声中，我们如此娇弱的生命，也不过就是它的一次转动；在历史长河的奔涌声中，我们如此单薄的生命，也不过就是它的一朵浪花。那既然如此，都已然是“朝菌

1 郭小川：《望星空》，《郭小川诗选》，北京：人民文学出版社，2001 年，第 98—101 页。

2 《庄子・逍遥游》，北京：中华书局，2010 年，第 3 页。

不知晦朔，蟪蛄不知春秋”了，我们还能有什么资格来确认历史、检讨历史，乃至于反抗历史、修正历史呢？难道庄子没说过“井蛙不可以语于海”，而“夏虫不可以语于冰”[1]吗？——要不，就再换一个克尔恺郭尔式的比喻：历史就好比刚刚织到一半的地毯，而我们就好比那半张地毯上的线头，既然如此，还轮得到我们来议论那上面的图案吗？

然而，且慢像庄子那样就此躺平。就算我们有幸获得的生命，又不幸地带上了诸多的局限，可无论如何，我们总还能用心去“思想”吧，纵使这种思想本身也同样是“有限”的？要不，就再换上帕斯卡尔的那个比喻：尽管从一个侧面来说，人不过是极脆弱的“一根苇草”，可从另一个侧面来说，他偏又是一根“能思想的苇草”。——“（这根苇草——引者注）用不着整个宇宙都拿起武器来才能毁灭他；一口气、一滴水就足以致他死命了。然而，纵使宇宙毁灭了他，人却仍然要比致他于死命的东西更高贵得多；因为他知道自己要死亡，以及宇宙对他所具有的优势，而宇宙对此却是一无所知。”[2]于是乎，当然也便可以这么说，一方面，就连我们的“思想”能力本身，也同样属于“物种”演化的产物；可另一方面，恰又是“思想”所带来的驱动力，才推

1 《庄子·秋水》，北京：中华书局，2010年，第259页。

2 ［法国］布莱兹·帕斯卡尔：《思想录》，何兆武译，北京：商务印书馆，2019年，第176页。

动了我们向着“智人”的进化过程。所以，真正具有讽刺意味的是，即使果然有过什么“造物主”的话，他也肯定不会为我们造出“思想”的功能；而且，如果这位“造物主”至今都还健在的话，他也肯定会最为恼怒我们的这种“思想”功能。

无论如何，也正是这种有限的“思想”能力，才赋予了我们同样有限的“自由”，使得无论在我们身上有多少东西被“决定”了，总还有一件不能被“决定”，或至少不能被完全“决定”的东西，那就是活跃于我们头脑中的“思想”。正是凭借着这样的“思想”，我们才有可能既去解构又来建构自己的“价值”观念；也正是凭借着这样的“思想”，以及由此推导出的“价值”观念，我们才有可能既去考察又去反抗外在的历史进程。当然也正因为这样，也才在“历史与伦理”的永恒关系中，导致了永恒存在的矛盾与紧张，——那紧张既可能是无数悲剧的终极渊薮，也可能是修正历史的持续动力。

毫无疑问，这种经由有限“思想”而得到的“自由”，注定也只能是相当有限的，且不说，还往往只是在“知其不可而为之”的情况下，才于偶然间侥幸地突破了限制的。由此又可以看出，儒家的处世态度是迥异于道家的。说起来，我们虽已讲过了庄子的“小大之辩”，可大家千万不要因此就误以为，他所憧憬的就只在于“鲲鹏展翅”的壮阔，即所谓“北冥有鱼，其名为鲲。鲲之大，不知其几千里也。化而为鸟，其名为鹏。鹏之背，不知其几千里也；怒而飞，其翼若垂天之云”，[1] 和所谓“穷发之北，有冥海者，天池也。有鱼焉，其广数千里，未有知其修者，其名为鲲。有鸟焉，其名为鹏，背若太山，翼若垂天之云，抟扶摇羊角而上者九万里，绝云气，负青天，然后图南，且适南冥也”。[2]——事实上，只要是还能被列入这种“小大之辩”的，在庄子看来就仍属于“有限”的，可他真正醉心或向往的，却并非这种可怜的有条件的“有待”，而毋宁是完全无条件的“无待”：“夫列子御风而行，泠然善也，旬有五日而后反。彼于致福者，未数数然也。此虽免乎行，犹有所待者也。若夫乘天地之正，而御六气之辩，以游无穷者，彼且恶乎待哉！故曰：至人无己，神人无功，圣人无名。”[3]

于是，为了逃避这样的“有限性”，道家也就只好寻求“出世”了。然而，对于坚守人间的儒者来说，他们的宗旨却只在于“入世”，所以也就只有去面对这样的“有限性”。这意味着，他们自知既不是神仙，也不是动物，所以无巧不巧，而且不多不少，充其量只有“有限的自由”；甚至更为严峻的是，就连到底

---

1 《庄子·逍遥游》，北京：中华书局，2010 年，第 2 页。

2 同上书，第 3 页。

3 同上。

能否享有这点“有限的自由”，还要取决于自己的努力或者不努力。故而，正因为有没有“自由”的可能性，仅仅表现为或然的或者开放的，他们才需要时时去激发自己的警觉，才需要事事去进行谨慎的权衡，才需要以“知其不可而为之”的态度，去试试“道德”主体这一回的“运气”。应当说，无论是卡尔·马克思的那种看法，也即个人不过是社会关系的总和，还是卡尔·曼海姆的那种看法，也即意识总要依赖于人的社会地位，都仅仅强调了我们“被决定”的一面，而没有看到我们还有“不被决定”的一面。——于是看来有点吊诡的是，这种“决定论”还是有其自身缺口的，因为只要把这样的理论贯彻到极端，那么就连它们本身也无法被创造出来了；也许正因为这样，他们才会要么用“主观能动性”，要么用“自由漂浮”，来堵住各自理论的缺口。

由此，“历史与伦理”的微妙关系，也就导致了生活中的两面性。一方面，我们的确置身于历史中，总是被其激流所冲刷、所裹挟，所以我们往往难免随波逐流，不知会被哗哗的流水带往何方，甚至于，不知何时会被卷进一个致命的漩涡。可另一方面，即使不可能完全控制住水流，我们总还是要尽量去与水搏击，以便尽量让身体保持住平衡，乃至于，尽量警觉地去向远方瞭望，看看河道中还有什么得救的机会。于是乎，我们也正是在“宿命”的基础上，又尽量不完全“被决定”，尽量争取把握住

“有限的自由”。而且说到底，就像帕斯卡尔在前边已讲过的“宇宙对此却是一无所知”一样，我们之所以如此警觉地去“思想”，也恰是因为那个盲目的历史过程，别看它也是由我们共同组成的，其本身却无论如何都不会“思想”，——也就是说，无论它本身的趋势是上升还是下降，也无论它把我们带向了生存还是毁灭，总归都不失为某种“客观”的历史过程。

也正因为这样，我们才必须在困境中挺身而出，去尽量抓住和利用自己“有限的自由”，哪怕是以“知其不可而为之”的态度。——事实上，正如我在先前的文章中所说的，这种唯独能“不被决定”的立身态度，差不多就是过往历史中唯一的积极因素了：“到了现在这般田地，我们更能稍微全面一点地看到，在过往的文明进程中，从来就存在两种相互对冲的力量，它们一个在拖拽着历史下沉，另一个却在牵引着历史上升，一个在腐蚀得共同体走向发散，另一个却在凝聚得共同体走向一体，——由此我们的文明才达到了健康的平衡，获得了动态的张力。由此放眼来看便会发现，其实早从孔子那个时代开始，人们就已在不断地惊呼世风日下、人心不古了，所以，若非同样也是从那个时代起，有识之士就不断地挺身而出，来以文明的价值来约束和感化大家，从而范导出了具有道德规范的生活，那么，在任凭下坠的力量来主导历史的情况下，中国人的精神状态早都步步退化成类人猿了！”[1]

比如，《资治通鉴》中有一段记载，恰可说明正是在历史的“下沉”中，又从哪里来了一股“上升”的力量，以“我欲仁，斯仁至矣”[2]的气派，把中国社会的乱局给托举到了“贞观之治”：“上之初即位也，尝与群臣语及教化，上曰：‘今承大乱之后，恐斯民未易化也。’魏徵对曰：‘不然。久安之民骄佚，骄佚则难教；经乱之民愁苦，愁苦则易化。譬犹饥者易为食，渴者易为饮也。’上深然之。封德彝非之曰：‘三代以还，人渐浇讹，故秦任法律，汉杂霸道，盖欲化而不能，岂能之而不欲邪！魏徵书生，未识时务，若信其虚论，必败国家。’徵曰：‘五帝、三王不易民而化，昔黄帝征蚩尤，颛顼诛九黎，汤放桀，武王伐纣，皆能身致太平，岂非承大乱之后邪！若谓古人淳朴，渐至浇讹，则至于今日，当悉化为鬼魅矣，人主安得而治之！’上卒从征言。”[3]——如果对照一下，那么魏徵在这里所讲的“若谓古人淳朴，渐至浇讹，则至于今日，当悉化为鬼魅矣”，尽管在遣词用语上略有不同，却跟我在前边讲过的“在任凭下坠的力量来主导历史的情况下，中国人的精神状态早都步步退化成类人猿了”，无非都是在

1 刘东：《价值传统的积极面》，《自由与传统》，北京：北京大学出版社，2015 年，第 65—66 页。

2 《论语 · 述而》，《十三经注疏》，北京：中华书局，2009 年，第 5394 页。

3 司马光：《资治通鉴 · 卷一百九十三》，第十三册，（元）胡三省音注，北京：中华书局，2010 年，第 6084 页。

述说着同一个道理。

心理攸同的是，曾国藩也同样在“风行草偃”的意义上，强调了道德教化的重要性，以及一代大儒的历史主动性，而且，他的话也被编进了《德育鉴》中：“风俗之厚薄奚自乎？自乎一二人之心之所向而已。民之生庸弱者，戢戢皆是也。有一二贤且智者，则众人君之而受命焉。尤智者，所君尤众焉。此一二人者之心向义，则众人与之赴义；一二人者之心向利，则众人与之赴利。众人所趋，势之所归，虽有大力，莫之敢逆，故曰‘挠万物者，莫疾乎风’。”[1]——于是就可以预料，平生最佩服曾文正的梁启超，也会紧跟着写下自己的案语：“王阳明《与聂双江书》及曾文正此文，言之无余蕴矣。顾亭林之论世风也，曰‘观哀平之可以变而为东京，五代之可以变而为宋，则知天下无不可变之风俗’，而以归功于光武明章、艺祖真仁之提倡。其论当矣，然犹未尽也。风俗之变，其左右于时主者不过什之一二，其左右于士大夫者乃什之八九。”[2]

与此同时，前边提到的那封《与聂双江书》，也同样会被梁启超编选进来：“仆诚赖天之灵，偶有见于良知之学，以为必由之而后天下可得治，是以每念斯民之陷溺，则为之戚然痛心，忘

1 梁启超：《德育鉴 · 应用第六》，南京：译林出版社，2022 年，第 170 页。

2 同上书，第 171 页。

其身之不肖而思以此救之，亦不自知其量者。天下之人见其若是，遂相与非笑而诋斥之，以为是病狂丧心之人耳。呜呼，是奚足恤哉！吾方疾痛之切体，而暇计人之非笑乎？”[1]——于是我们又可以想象，同样是在强调“知行合一”，以图“救民于水火”的梁启超，也肯定要在他自己的案语中，再次为王阳明来辩解与伸张：“难者又曰：‘以子王子之魄力，终身提倡此义，而当时之人心，不闻其缘此而遽易。此可见其道至逆，而非可以达于天下也。’应之曰：‘此其事之难，不俟论也。然乌可以难焉而已也？自古一代之学风，恒不过有力者数人倡之焉尔，而影响所及，其泽不斩者或数十年百年。曾文正之论人才，言之既博深切明矣，亦安见其不能易也？《诗》曰“鼓钟于宫，声闻于外”，亦在有志者之自振而已。’”[2]

最妙的是，经由上面的论述可以看到，无论是孔子还是王阳明，也无论是曾国藩还是梁启超，由于各自都只享有一次生命过程，而且这过程还必然表现出固有的周期，所以，他们真想在自己的生命实践中，渐次体会到做人的相应道理，也就要历经一系列的时间节点，从而使得各自生平画出的轨迹，得以表现出相应的转折与曲率。也正因为这样，我们才会在他们的生命实践中，

1 梁启超：《德育鉴 · 知本第三》，南京：译林出版社，2022 年，第 72 页。

2 同上书，第 76—77 页。

看到一种系谱学或地形学意义上的同构关系。再具体联系到这一章的主题，这样的同构关系就突出表现在：他们都是不约而同地看到了这样的道理：无论那历史进程与社会结构，从外部显得何等森严与窒息，好像把一切都给我们“决定”好了；然而，我们毕竟还是可以去“思想”的，而且也正是借助于自己的“思想”，还可以去寻找足以撬动历史的缝隙，而这就表现为历史主体的“有限的自由”。——所以无论如何，该做的事情不管如何艰难，还要从当下此刻起就动手去做！

既然这样，那就更不能囿于“独善其身”的“私德”了。在前文中已经约略提到过，所谓“德性政治”可以具有广、狭两种含义；而我们现在又可以进一步看到，它的狭义和广义还是互为依托、彼此支撑的。也就是说，如果单从狭义的政治而言，就像孔子所讲的“政者，正也。子帅以正，孰敢不正”，[1] 或者“为政以德，譬如北辰居其所而众星共之”[2] 那样，是在利用一种“政治伦理学”，先来约束当政者的道德；那么，再从广义的政治而言，则又像孔子所讲的“‘孝乎惟孝，友于兄弟。’施于有政，是亦为政。奚其为为政”，[3] 是在利用一种“德性伦理学”，来营造全社会

1 《论语·颜渊》,《十三经注疏》，北京：中华书局，2009年，第5439页。

2 《论语·为政》,《十三经注疏》，北京：中华书局，2009年，第5346页。

3 同上书，第5349页。

的道德风习，而这终又会成为“德性政治”的基础。正是在这个意义上，我们才又在《论语》中读到了“天下之无道也久矣，天将以夫子为木铎”。[1]——而这也就意味着，即使在上层高度封闭的情况下，身为士君子的儒者也绝不会无事可做；恰恰相反，他们仍足以传递出“道义”的讯号，去警醒和激发当世和后世的人心，以至于终会像梁启超在前边概括的：“风俗之变，其左右于时主者不过什之一二，其左右于士大夫者乃什之八九。”

除此之外，还是像孔子当年做出的选择一样，即使并没有在自己的入世活动中，立即获得自己最初预期的、匡时救民的那种效果，然而，也仍可以在这样的实践与磨炼中，获得相应的历史经验与道德判断，并且紧接着就把这种鲜活的思考，带到“开门授徒”和“著书立说”的文化活动中，以便把这一切再向此后的历史传递，留给今后也同样要追求“内圣外王”的来者。——我们看到，这同样是一种“介入社会”的方式，而且，又正是在由此打开的选择空间中，一则自己的行为更加进退裕如了；另一方面，考虑到孔子思想的巨大身后影响，又可说其历史主动性也随之变得更大了。

由此也就触及了另一种微妙的平衡，这在孔子身后的两千多

1 《论语·八佾》,《十三经注疏》，北京：中华书局，2009年，第5361页。

年间，一直都需要儒者去小心地保持，而涉及了“有道无道”乃至“用行舍藏”的问题。我们先来回顾孔子本人的态度，看看他是如何对待“道德运气”的。在《论语》中，他曾经对南容的选择表示过赞赏，因其做到了“邦有道，不废；邦无道，免于刑戮”。[1]与此同时，他也曾把自己的选择告诉了颜渊，并由此肯定了这位弟子的做派：“用之则行，舍之则藏，唯我与尔有是夫！”[2]而对于此间的“平衡”讲得最为透彻的，则是他的另一段更长的发挥：“笃信好学，守死善道。危邦不入，乱邦不居。天下有道则见，无道则隐。邦有道，贫且贱焉，耻也；邦无道，富且贵焉，耻也。”[3]——当然，这里所讲的“危邦不入”“乱邦不居”，和“有道则见”“无道则隐”，还是就春秋时代的政治疆域所说的，那时候尚未出现“大一统”的情势，由此朱熹才可能在他的注解中说，“不守死，则不能以善其道；然守死而不足以善其道，则亦徒死而已……乱邦未危，而刑政纪纲紊矣，故洁其身而去之……无道，则隐其身而不见也”。[4]甚至于，为了避开“无道”的“危邦”“乱邦”，以便保护自己最为珍视的、哪怕是相当

1 《论语·公冶长》，《十三经注疏》，北京：中华书局，2009 年，第 5371 页。

2 《论语·述而》，《十三经注疏》，北京：中华书局，2009 年，第 5391 页。

3 《论语·泰伯》，《十三经注疏》，北京：中华书局，2009 年，第 5402 页。

4 朱熹：《论语集注·泰伯》，《四书章句集注》，上海：上海古籍出版社，2001 年，第 122—123 页。

有限的自由，孔子还曾设想过更为激进的做法，由此我们才会又在《论语》中读到“子欲居九夷。或曰：‘陋，如之何？’子曰：‘君子居之，何陋之有？’”[1]

心同此理的是，或者说，又在系谱学的意义上显出那种同构曲线的是，两千五百年后的我们，仍能体验到与孔子类似的那种困境。也正因为这样，我才在前年发表于韩国的讲演中，嘲笑自己是如此地离不开书房，简直像只乌龟总是离不开它的壳，而由此就弄得自己的生活很是笨重。——不过，我紧接着又笔锋一转地说道：“中国古语中的‘坐拥书城’，却也自有它的一番好处。这些厚重的书，能够帮你挡住外面的风，使得无论外边春夏秋冬，反正在四壁之间的方丈中，都保持了恒常而安然的温度。”[2]因此，“无论外间有多少‘不方便说’的，到了这里都没有‘不允许想’的”。[3]

也正因为这样，虽说这样的“自由”仍属“有限”的，然而，“这种用图书围起的城墙，仍不是‘四不透风’的牢狱，也不会是‘只进不出’的黑洞。我们阅读和写作的信息，仍在频繁地有进有出，跟外部世界进行着交换，仍在发挥着潜移默化的、

1 《论语·子罕》，《十三经注疏》，北京：中华书局，2009年，第5409页。
2 刘东：《代后记》，《坚守坐拥的书城》，南京：江苏人民出版社，2019年，第531页。
3 同上。

有时虽说不免迟缓的影响”。[1] 于是乎，正是在这种对于“有限自由”的贪恋中，我反而不知不觉地做了不少事：“不光是我的著述、我的翻译、我的授业，是出于私下的这种不甘愿，而且我那经年累月的主编工作——它已被咬牙坚持了三十多年——更是出自这种默默的不屈从。回味起来，毕竟后边的那类工作，都属于你‘自找’的麻烦，并没有谁从外部强求过你。”[2]

甚至于，坚守着这种思想上的“自由”，纵然它难免仍是相当“有限”的，还是可少许打消一点自卑感，不会觉得自己是“太没出息”了：“正因为这可说是‘自由’的，至少也应是‘不被决定’的，所以，我进而也就胆敢以为，它又算得上是体现了‘民主精神’的。无论如何，民主原本就有多种多样的形式，所以除了‘直接民主’和‘代议民主’之外，在政治学中还有一种‘多元民主’。”[3] 而进一步说，“这种‘多元民主’的精义就在于，只要我们社会中的不少人——更不要说是所有人了——都能寻找到或搭建起这样的‘方丈之地’，而至少在那块地方你是‘不被决定’的，那么，如此积累起来的多元空间，就会挤压出‘大社会’和‘小政府’来，也就不会无论再碰到什么事情，都只由一

1 刘东：《代后记》，《坚守坐拥的书城》，南京：江苏人民出版社，2019 年，第 531 页。

2 同上书，第 532 页。

3 同上。

个人或一小部分人‘说了算’”。[1]

我们讲到这里再来回顾，又不难从更深一层发现，其实“知其不可而为之”的说法，说白了是意味着这样一种心态：既先知道了有些事是“可为”的，也先觉到了有些事是“不可为”的，可不管它们终究会是怎样，总要亲身试过才能见分晓。否则的话，要么认定天下事皆属“可为”，要么认定天下事皆属“不可为”，那说到底都反而会“坏了大事”。——而且，正如梁启超曾经分析过的，这两种极端还是必然要暗中相通的，因为“假使有一不知命的人，不承认分限，甚至不知分限，或不注意分限，以为无论何事，我要如何便如何，可以达到目的。此种人勇气虽然很大，动辄行其开步走的主义，一往直前，可是，设使前边有一堵墙，拦住去路，人告诉他前面有墙，墙是走不过去的，而他悍然不顾，以为没有墙，我不信墙的限制，仍然前行……于是结果，他碰了墙，碰得头破脑裂，不得不回来，回来改变方向，仍是照这样碰墙，碰了几回之后，一经躺下，比任何软弱人还软弱，再无复起的希望。因他努力自信，总想超过他的希望，不想结果失望，自然一蹶不振，这种人的勇气，不能永久保持，一遇阻碍，必生厌倦，所以不知命——不信分限，专恃莽气的人是很

1　刘东：《代后记》，《坚守坐拥的书城》，南京：江苏人民出版社，2019 年，第 532 页。

难成功的”。[1]

由此也便可知，在“可为”和“不可为”的问题上，无论哪一种“以偏概全”的教条主义态度，从认识论来考察都属于无稽之谈，从伦理学来考察也都是站不住脚的；乃至于，一旦滑入了诸如此类的偏颇，就不光有可能丧失了外在的宝贵时机，也有可能丢失了内在的道德立场。——正因为这样，真正值得我们采取的态度，也就正如钱穆在叙述孔子时所说的：“孔子五十而知天命，非不知鲁国当时情势之不可为，而终于挺身出仕，又尽力而为，是亦由于‘知天命’。盖天命之在当时，有其不可为；而天命之在吾躬，则有其必当为。外之当知天命之在斯世，内之当知天命之在吾躬。”[2]

无可避免的是，既然在只能试试“道德运气”的情况下，偏又这样“知其不可而为之”，自然也就意味着做好了“接受失败”的准备。事实上，正如老浮士德在“事业悲剧”中所遭遇到的，“相对于这样一种伟大的事业来说，绝没有任何一个有限的生命可以走完这条通向自由的无限之路，绝没有任何一个人可以有足够的天年看到靡非斯陀的无条件投降”。[3]因此，只要一个人具有

1 梁启超：《知命与努力》，《梁启超全集》，第十六集，北京：中国人民大学出版社，2018 年，第 395—396 页。

2 钱穆：《孔子传》，北京：九州出版社，2011 年，第 45—46 页。

3 刘东：《西方的丑学：感性的多元取向》，成都：四川人民出版社，1986 年，第 136 页。

足够宽广的志气，那么，不管他终此一生是何等努力，也不管他经由努力获得过何种成功，最后他终究要面对那个“未完成”的问题。在这个意义上，既然我们只能获得“有限的自由”，并由此而只能获得“有限能动性”，也就终究在人生的“收官”阶段，面对部分遗憾，乃至相对残缺的人生。——于是乎，我们就终究会无可逃避地看到，如果连有限的“可为”也不屑一顾的道家，都难免要流于几分喜剧的成分，那么，只能在“不可为”面前一再碰壁的儒家，就会转而打上几分悲剧的色调了。

因此，当然还是纳斯鲍姆说得有道理，那些总是要追求“善好”的生命，又总是会在“命运”面前显得“脆弱”；而这样一来，“悲剧”也就总要成为生命的“底色”之一。也正因为这样，我才在以往的著作中反复强调，孔子的思想并不像后人所误解的，是要虚构出“上下同流”“天人合一”的本体论，以便一通百通、一了百了地，却又是只能是想入非非地，解决掉所有面对的人生难题，——“实际上，儒学并未打算去解决人生的‘所有问题’，而只打算把自己的运思限定在，看看还能切实地解决人生的‘哪些问题’。也正因此，儒学的精髓才不像过去误读或误解的那样，仅只表现为一种雷同于其他文明的、既完全过时又不经批判的形而上学；恰恰相反，它在体认到‘天边有一块乌云’的前提下，或者说，它在意识到‘未知生，焉知死’的生存大限后，毋宁表现为一种不再自我吹胀，从而不再作空头许诺的‘有限理性主义’。”[1]

然而，即便带有几分这种“悲剧感”，我们在遭遇“道德运气”的难题时，也不应在须臾间稍微忘记了，自己毕竟还是一个“道德主体”。正因为这样，这种与生俱来的矛盾与困境，就不能仅仅通过消解自身的道德，或者说，仅仅通过消解自身的主体性，来消极被动地进行鸵鸟式的回避。恰恰相反，即使天边总是飘着那块“乌云”，即使总要面对那个“不可为”的问题，我们作为这样的“道德主体”，仍然必须大声疾呼地讲出来：无论是“不合道德”的外在，还是“不合道德”的内在，都是我们永远不会甘心接受的。——当然一方面，在“知其不可而为之”的情况下，所有由此导致的惨痛碰壁行为，也可以被描述为某种“道德牺牲”。不过另一方面，既然去过一种“非道德”的生活，对自己来说又是更不可忍受的，那么，正如钱穆刚刚描述的孔子那样，我们对于由此导致的“命中注定”，也就不会再存有任何“非分之想”了。

由此也就说到了所谓“安贫乐道”。前文中曾经述及的那段“子曰”，曾通过对于颜回之德性的赞赏，而突出表达了孔子的态

1 刘东：《天边有一块乌云：儒学与存在主义》，南京：江苏人民出版社，2018 年，第 334—335 页。

度:“贤哉回也!一箪食,一瓢饮,在陋巷,人不堪其忧,回也不改其乐。贤哉回也!”[1]由此到了后来,便有人认为《论语》中的另一段问答,即“子贡曰:‘贫而无谄,富而无骄,何如?’子曰:‘可也。未若贫而乐,富而好礼者也’”,[2]其中恐怕是佚失了一个字,所以竟不如把其中的“贫而乐”,再径行地增补为“贫而乐道”。[3]而不管这种说法有无根据,总之“安贫乐道”或“贫而乐道”,都成了儒学的一个关键原则。所以,如果说周敦颐当年曾敦促程氏兄弟,要他们去“寻孔颜乐处,所乐何事”,[4]那么我们也就可以循此而理解,其实唯有对于内心道义的不离不弃,以及由此获得的心理稳定与充实,才可说是孔子和颜回得以快乐的根据。——再到了后来,明代的王艮又在他那首《乐学歌》中,讲到了“乐是乐此学,学是学此乐”,[5]也同样在抒发着这种背靠道义的快乐。

说起来既可叹又可悲,平生也曾见过不少这样的人,原本也对生活有过道德判断,可又因为没弄懂上面的道理,误以为读书人的“安贫乐道”,只是在“被逼无奈”的窘困情况下,不

1 《论语·雍也》,《十三经注疏》,北京:中华书局,2009年,第5383页。
2 《论语·学而》,《十三经注疏》,北京:中华书局,2009年,第5338页。
3 参见皇侃:《论语义疏》,上册,桂林:广西师范大学出版社,2018年,第50页。
4 《周敦颐传》,《宋史》,卷四百二十七,北京:中华书局,1977年,第12712页。
5 梁启超:《德育鉴·知本第三》,南京:译林出版社,2022年,第57页。

得已而生出的酸葡萄心理，所以，一旦碰到了可以投机的“机会”，也就马上现形成了个“机会主义者”，甚至以往曾经“嬉笑怒骂”过什么，现在就偏偏专门去做些什么。他们实则完全没弄明白，儒家那种“安贫乐道”的精神，原本就出于自身的主动选择，因而在“安于贫困”的姿态背后，显然是参验着孔子的下述区分：“邦有道，贫且贱焉，耻也；邦无道，富且贵焉，耻也”，[1] 并且由此才做出了“不义而富且贵，于我如浮云”[2] 的判断。——所以说到底，这无非是对于两种生活态度的选择。其中一种是，绝不向天下的“无道”低头妥协，绝不愿跟它和光同尘、同流合污；而且，即使要为此付出相应的代价，也无非是使得内在的生命力，不能如其所愿地尽情扩张，却还照样能找到自己的快乐。其中另一种则是，干脆就“钻进泥窝”去摸爬滚打，彻底归化到腐恶的势力中去，让自己也成为那势力的组成部分；这样一来，虽亦可以享受到一时的好处，主要是从身体欲望上“过把瘾”，却显然是失去了对生活的希望，甚至到头来反而会更觉得失落。

君不见，孔子基于对道义的坚守，早就区分过一高一低的两种“快乐”，也即“益者三乐，损者三乐。乐节礼乐，乐道人

---

1 《论语·泰伯》,《十三经注疏》，北京：中华书局，2009 年，第 5402 页。

2 《论语·述而》,《十三经注疏》，北京：中华书局，2009 年，第 5392 页。

之善，乐多贤友，益矣。乐骄乐，乐佚游，乐宴乐，损矣”。[1]而由此可知，所谓“安贫乐道”或“贫而乐道”，当然就是对人生“有益”的那种“快乐”。——只不过，到这里又需要小心澄清，同前边分析过的情况类似，儒者们即使谈到了“快乐”的问题，也不会像道家那样“要么全要”“要么不要”。由于他们在这里所选择的，并不是轻松“出世”的快乐，而只是坚定“入世”的快乐，或者说，并不是逃避此世的快乐，而只是立足此世的快乐，所以，他们就连在享受其中乐趣时，也不会忘记这只属于“有限”的。这也就意味着，在一方面，既然这种只属于现世的快乐，并非在刻意祈求来自形而上的保护，似乎只有得到上天的特别眷顾，才能终极地抚慰自己的心灵，那么，即使已从生活中找到了相当的乐趣，也并不能抹去那一层悲剧的底色。尤其是，在这个“未知生，焉知死”的有限语境中，还不知能否在自己的“有生之年”，就看到“黄河之水”果真已经变清了。

正因为这样，那么在另一方面，尽管庄子也肯定是出于故意，偏要把他虚构出来的荒唐寓言，编派到了孔子和颜回身上，然而所谓的“孔颜乐处”，却恰恰不能等同于他说的“坐忘”：“颜回曰：‘回益矣。’仲尼曰：‘何谓也？’曰：‘回忘仁义矣。’

1 《论语·季氏》，《十三经注疏》，北京：中华书局，2009年，第5478页。

曰：‘可矣，犹未也。’他日复见，曰：‘回益矣。’曰：‘何谓也？’曰：‘回忘礼乐矣。’曰：‘可矣，犹未也。’他日复见，曰：‘回益矣。’曰：‘何谓也？’曰：‘回坐忘矣。’仲尼蹴然曰：‘何谓坐忘？’颜回曰：‘堕肢体，黜聪明，离形去智，同于大通，此谓坐忘。’仲尼曰：‘同则无好也，化则无常也。而果其贤乎！丘也请从而后也。’”[1]——事实上，儒家所以要提倡“安贫乐道”，恰是为了借此守住自家的“道义”，由此可知，正因为根本就不能“忘情世事”，那么，即使是为了保护内心的快乐之情，他们又岂能去“忘仁义”“忘礼乐”？

然而也应当看到，《论语》中也确曾记载过，当“叶公问孔子于子路”，而子路又感到一时无言以对时，孔子则以自述的口吻代为答曰：“女奚不曰，其为人也，发愤忘食，乐以忘忧，不知老之将至云尔。”[2]——针对孔子这句精彩的自我概括，钱穆曾经充满赞赏地写道：“孔子已年六十有三，而仅曰‘老之将至’，又曰‘不知老之将至’，则孔子当时殆可谓实无丝毫老意入其心中。而此数年来，去卫过宋，去陈来蔡，所如不合，饥困频仍。若以言忧，忧亦可知。乃孔子胸中常若有一腔乐气盘旋，不觉有所谓忧者。其曰‘发愤忘食，乐以忘忧’，实已道出了其毕生志学好

1 《庄子·内篇·大宗师》，北京：中华书局，2010 年，第 118—119 页。

2 《论语·述而》，《十三经注疏》，北京：中华书局，2009 年，第 5392 页。

学，遑遑汲汲，志道乐道，矻矻孳孳，一番诚挚追求永无懈怠之心情。其生命，其年岁，其人，即全在其志学好学、志道乐道之无尽向往无尽追求中。其所愤，所乐，亦全在此。此以外则全可忘。”[1]

我也同样把孔子的这句自述，当成座右铭挂到了自己的书房，因为在我看来，“孔子所说的‘发愤忘食，乐以忘忧’这八个字，真是说尽了这位古代先哲的一生：前者可以概括他在寻求人生意义之时的迫不及待，后者可以概括他在构成一种价值系统之后的从容不迫，前者可以总结他于外在事功中推行道义时的据理力争，后者可以总结他于人格修养中渐入佳境时的心安理得。无论如何，虽说这两者是相互补充的，但前者却只是过程，后者才是目的，前者终将完结，后者必取而代之”。[2]事实上，正是孔子借此而阐发出的精义，也即既要去“发愤忘食”，又要能“乐以忘忧”，才提醒了我必须去念念不忘：即使这种“世俗主义之乐”确实是有限的，然而它获得的快感却又是真实的。而且，正如前文已经提到过的，一种“无宗教而有道德”的人生解决方案，如果当真想要贯彻到这个人间来，就必须进而落实为“无宗教而有快乐”的日常生活方式。——也只有到了这样的境地，我

1　钱穆：《孔子传》，北京：九州出版社，2011 年，第 71 页。

2　刘东：《审美文化的兴盛与失落》，中国社会科学院博士论文，1989 年，第 75—76 页。

们才能有充足的理由去反驳道，尽管这样的快乐是“的确有限”的，可毕竟也只有这种现实生活中的快乐，而不是凭借冥想虚构出来的快乐，才是作为人所“唯独可能”享受到的快乐。

的的确确，对于“不语怪、力、乱、神”的儒者来说，即使他们坚守着内心的道义，也仍可享受到所谓“世俗主义之乐”。这样的快乐，既包括雪夜围炉读书的乐趣，也包括静室操琴赏乐的快乐，既包括在家乡“悠然见南山”的快乐，也包括去名山“寻幽得佳胜”的快乐，既包括“以文会友，以友辅仁”的快乐，也包括“得天下英才而教育之”的快乐，既包括在生活中“四时佳兴与人同”的快乐，也包括在治学上“发前人之所未发”的快乐……而值得注意的是，所有这种堪称“风雅”的乐趣或爱好，其对于外在物质条件的要求，都远没有对内在素质的要求高。你看白居易的那首《问刘十九》，所谓“晚来天欲雪，能饮一杯无”，也无非就面对这一杯“浊酒”而已；你再看苏东坡的那篇《后赤壁赋》，也先是“有客无酒，有酒无肴”，后才凑够了一尾鱼、一坛酒，遂能“携酒与鱼，复游于赤壁之下”。如果跟消费时代的饕餮之徒相比，他们当年的那点儿物质条件，简直就属于“无足挂齿”的了。——不过也正因为这样，反而更能让我们幡然地领悟到，其实人们的“快乐”与“幸福”，先要取决于他们的精神素质和心理能力，换句话说，那并不是无限攫取财富，乃至既毁坏了大自然也毁坏了自家感觉的蛮力，而是在“有限的”生活条件下，利用自己的精致素雅的感知，去尽量地享受其中之乐趣的能力。

由此就再次联想到了在《论语》中，孔子在听过弟子们“各言其志”之后，为什么会唯独赞同曾点所讲的“莫春者，春服既成，冠者五六人，童子六七人，浴乎沂，风乎舞雩，咏而归”。[1]无论如何，他这种“吾与点也”的说法，都是言之凿凿地表达出了，沿着儒学内在的修身次第，能否基于“无宗教而有道德”进而达到“无宗教而有快乐”，正好说明了一个人的人格高度。由此可知，“悦乐精神”在思想的层级上，肯定是要高于“忧患意识”的，而正是从这样的思想逻辑出发，孔子才会既从修为次第上排定，要“兴于诗，立于礼，成于乐”，[2]也从进学顺序上排定，要“志于道，据于德，依于仁，游于艺”。[3]——更有意思的是，正是在儒学语境的总体制约下，即使以程颐那种“烈日秋霜”般的性格，一旦谈起那位如“春阳之温”的兄长，也会心悦诚服于他那种相反的气象：“先生德性充完，粹和之气盎于面背，乐易多恕，终日怡悦。立之从先生三十年，未尝见其有忿厉之容。接

1 《论语·先进》，《十三经注疏》，北京：中华书局，2009 年，第 5430 页。

2 《论语·泰伯》，《十三经注疏》，北京：中华书局，2009 年，第 5401 页。

3 《论语·述而》，《十三经注疏》，北京：中华书局，2009 年，第 5390 页。

人温然，无贤不肖，皆使之款曲自尽。”[1]“先生资禀既异，而充养有道：纯粹如精金，温润如良玉；宽而有制，和而不流……视其色，其接物也，如春阳之温，听其言，其入人也，如时雨之润。”[2]我们当然也可以想象，早在周敦颐令他们昆仲二人，去“寻孔颜乐处，所乐何事”之时，这样的思想逻辑就已先行确立下来了。

不过，即使存在着修为次第的区分与人格高度的不同，然而在享受着“世俗主义之乐”的同时，真正清醒的儒者也绝不会忘记，在原本就属于“有限”的人生中，从中得到的快乐也只是“有限”的。他们的这种警觉，最为清晰地表达在孟子“生于忧患，而死于安乐”[3]的说法中。我们由此便可以理解，尽管无论“忧患”还是“悦乐”，确实都属于儒者的必然心态之一，并且这两个不同的心理面向，也经常会导致人们顾此失彼，就像罗大经当年为之困惑的：“吾辈学道，须是打叠教心下快活。古曰无闷，曰不愠，曰乐则生矣，曰乐莫大焉。夫子有曲肱饮水之乐，颜子有陋巷箪瓢之乐，曾点有浴沂咏归之乐，曾参有履穿肘见、歌若

1 程颢、程颐：《河南程氏遗书·附录·门人朋友叙述并序》,《二程集》，王孝鱼点校，北京：中华书局，1981 年，第 330 页。

2 程颢、程颐：《河南程氏文集·卷十一·明道先生行状》,《二程集》，王孝鱼点校，北京：中华书局，1981 年，第 637 页。

3 《孟子·告子下》,《十三经注疏》，北京：中华书局，2009 年，第 6010 页。

金石之乐，周、程有爱莲观草、弄月吟风、望花随柳之乐。学道而至于乐，方能真有所得……或曰，君子有终身之忧。又曰：忧以天下。又曰：莫知我忧。又曰：先天下之忧而忧。此义又是如何”；[1] 可说到底，“悦乐”心态还是建基于“忧患”意识之上的，所以人们便只能是乐不忘忧，而不是一晌贪欢。

必须非常自觉地意识到，寻求“悦乐”心态的目的，也正跟保持“忧患”意识一样，都是为了建立人间的生活、保护生命的秩序。从学理来讲，“孔颜乐处”和“吾与点也”的境界，都是在一种有限的人生境遇中，甚至是在恶劣的社会环境中，又要以顽强的姿态来表现出，即使道德难免会意味着“牺牲”，然而选择了坚守道义的生活，也并非意味着样样都要“自苦”。只有这样，道德生活才是足堪毕生去坚持的，而“随遇而安”的简单而适意生活，也才能支撑起道义上的不妥协。于是也只有这样，所谓“曲肱饮水”“陋巷箪瓢”“浴沂咏归”“歌若金石”的生活姿态，才会表现为一种长久坚持的人格风范与道德姿态。在这个意义上，儒者们所说的“安贫乐道”，就意味着一种沉稳的坚守和一种耐心的等待，并且，就在这样的坚守与等待中，还能长久体验到“从容中道”的快乐。而唯其获得了这样的快乐，才能够更

1　罗大经：《丙编・卷二・忧乐》，《鹤林玉露》，上海：上海古籍出版社，2012 年，第 169 页。

加充分地表现出，去过一种符合道义的生活，并非出于一种被迫的接受，而是充满进取的主动选择。与此同时，也正是从容安排了自己的生活，才足以向那个“不如人意”的外部去表明，甚至就连我们自己的内在感受，都并不是要由历史结构来决定的。当然也正因为这样，作为“伦理主体”的我们本身，也就从未被“历史车轮”给压扁和毁灭，无论是在心理或灵性的意义上，还是在物理或肉身的意义上，——既然如此，我们一旦保护住了自己的生活，也就在保守内在道义的同时，自然地保持了扭转历史的后劲。

这才是儒家所理解的“安贫乐道”。而它的另一层精义又在于，既然人生的快乐，也是在以一种积极入世的姿态去寻求，那么，人们就更不能只因沉迷于此中，便一晌贪欢地乐而忘返。所以，就像孔子晚年的那种作为一样，即使既遭遇到了外在的限制，也遭遇到了人生的大限，却也总还有个“删诗书，定礼乐，赞周易，修春秋”的最后选择。也就是说，总还有一种“急流勇退”的办法，那就是以埋首于书斋的运思与总结，来作为一种“积极介入”的社会行动。在那里，你并不是在默默地等待着死亡，而是以积极进入的姿态表达出，自己是至死不渝地在等待着，而且如果“实在不行”的话，那么就干脆让自己的著作，承载着自己的思想去继续等待。——于是这样一来，面前的天地就更加广阔了，发言和写作就更可自由挥洒了，因为至少在“后期写作”的那个阶段，在打算“藏诸名山，传诸后世”的作品中，总是可以有足够的空间来讲“真话”；或者最起码的，也是再没什么必要讲“违心”的话了。

也正是出于这样的历史感，我才在前文中反复提到，越是进入了学术生涯的后期阶段，就越要自觉生活在“两个世界”：“当然，我在前文中已经预先澄清了，这里的‘两个世界’是打了引号的，并不意味着柏拉图式的‘判然两分’，或者宗教世界观中的‘上下两界’，而只意味着同一世界的‘两个层次’，或者同一人生的‘两种境界’。换言之，尽管‘如此宝贵’的生命又可惜‘只有一次’，或者反过来说，也正因为这‘只有一次’的生命又显得如此‘弥足珍贵’，我们就更应开发出它的所有潜能和层次，以便让它表现得更加丰富、充分而超拔，也借此而在自己今生所属的文明进程中，尽可能留下本人独特的生命轨迹与印痕来。”[1]——在这个意义上，我们于“安贫乐道”中的“以乐养心”，乃至于“以乐养生”，无非都是在争取更多的生存时间，以更加充分而深刻地思考人生，从而既把创造出的文化成果，既带入闪耀于头顶的文化星群，更留给要继续跟进思考的后代。与此同时，也只有到了这

1　刘东：《自觉生活在“两个世界”》，《前期与后期：困境中的生命意识》，上海：上海人民出版社，2020 年，第 196—197 页。

个人生阶段，我们才会更加紧迫地意识到，其实每一个人都并不比任何别人，既包括孔子、苏轼和王阳明，也包括苏格拉底、歌德或尼采，更缺乏来自“命运”的眷顾与垂青。

所以，只要这个生命还属于自己，看来还有很多东西要取决于，我们能否在当下此刻就心头一动，于心态陡转中获得“当下一念”。毫无疑问，历史的进程肯定也会“决定”很多东西，然而，偏偏我们要做个什么样的人，获得多高的道德水准，却并不是能被历史本身所“决定”的。不待言，这里所说的“当下一念”，并不是一下子“立地成佛”，而只是在自己“心念一转”之余，也便在人生中获得了“陡转之机”。无论如何，只要你足以采取这样的姿态了，那么就在这个当下此刻，所有此前磕磕绊绊的历史，也就会到达和收束到了你这里，而所有此后未可限量的历史，也都有可能就从你这里发出。——这才是我们在这一章想要挑明的主旨！

由此又不免想到，针对历史发展的终极动力问题，恩格斯看来是受着力学原理的启发，而提出过一种影响深远的“平行四边形”理论，即“历史是这样创造的：最终的结果总是从许多单个的意志的相互冲突中产生出来的，而其中每一个意志，又是由于许多特殊的生活条件，才成为它所成为的那样。这样就有无数互相交错的力量，有无数个力的平行四边形，由此就产生出一个合力，即历史结果，而这个结果又可以看作一个作为整体的、不自觉地和不自主地起着作用的力量的产物”。[1]不过，由于恩格斯在考虑这种“社会动力学”的时候，还特别看重黑格尔的下述语句，即“有人以为，当他说人本性是善的这句话时，是说出了一种很伟大的思想；但是他忘记了，当人们说人本性是恶的这句话时，是说出了一种更伟大得多的思想”，[2]所以这种理论的解释力还并不足够，甚至于，只要看看我们当下正遭遇的，就知道还很可能发生这样的情况，那就是这些来自单个意志的总和，正好对历史的发展构成了负面的拉动，从而导致了它的步步滑落与下沉。——这也就告诉了我们，如果在黑格尔哲学那里，完全同他对于“历史与伦理”的论述相似，还有一个作为神明代名词的“绝对精神”，来保证历史弯曲发展的最终合理性，那么，一旦拒绝了黑格尔式的历史决定论，就再也不能仅仅通过“恶”的积分，来确保一种瞄向“至善”的历史目的论了。

正因为这样，真正能够赋予历史以“目的”的，还是我们自己的“善良意志”，也就是说，只有能在心态的陡转中获得“当下一念”，决心以“己所不欲，勿施于人”的态度，和“己欲立

1 ［德国］恩格斯：《1890 年 9 月 21—22 日致约·布洛赫的信》，《马克思恩格斯选集》，第 4 卷，北京：人民出版社，1995 年，第 697 页。

2 ［德国］恩格斯：《路德维希·费尔巴哈和德国古典哲学的终结》，《马克思恩格斯选集》，第 4 卷，北京：人民出版社，1995 年，第 237 页。

而立人，己欲达而达人”的态度，来对待自己、对待他人、对待社会、对待代际、对待人类，乃至于对待自然，那才真正可能创造一种“善好”的生活；而历史的那种看似“客观”的曲线，也就会经由我们这一个个的“主体”，来获得决定性的、符合人类意愿的向上转折。——这种颠扑不破的“道德金律”，既是源自人类的至深本性，也是出于我们自觉的思考，根本不需要虚拟的“神道设教”。也正因为这样，在对比下述经典说法的时候，我们就足以得出更理性的判断了：

上帝说：“要有光，便有了光。”（《圣经·创世记》）

孔子曰：“我欲仁，斯仁至矣。”（《论语·述而》）

在这个意义上，无论历史怎么黑暗，社会怎么封闭，只要我们能有那“当下一念”，都堪称暗夜中的一道亮光，荆棘中的一条小路。这当然不会毕其功于一役，而需要一步一步地、一代一代地熬下去，甚至即使如此，也不可能完全打消预留心中的悲剧感。——可即使如此，既然除此之外也无路可走了，我们还是应当牢记孔子的这句话：“譬如为山，未成一篑，止，吾止也。譬如平地，虽覆一篑，进，吾往也”，[1] 从而把“伦理之道”的薪火代代相传下去。

---

1 《论语·子罕》，《十三经注疏》，北京：中华书局，2009 年，第 5410 页。